北京市高等教育精品教材立项项目

普通高等院校基础力学系列教材

工程力学

（第2版）

范钦珊 主编
唐静静 刘荣梅 范钦珊 编著

清华大学出版社
北京

内 容 简 介

根据教育部高等学校力学基础课程教学指导委员会 2009 年制订的"理论力学课程教学基本要求"和"材料力学课程教学基本要求"以及广大读者的意见，本书第 2 版在内容与体系方面作了如下调整：

(1) 引入大量工程实例，突出从"工程构件与结构"到"力学模型"的理论分析的基础；以及从"力学模型"与理论分析成果到解决"工程实际问题"的基本思路。(2) 新增"简单的静不定问题"一章，将原来分散在各章的静不定问题都归纳到这一章里。(3) 更新了部分例题和习题。(4) 彩色版全部采用彩色图形和图片，同时出黑白版。

全书除课程概论外，分为 3 篇，共 13 章。第一篇为静力学，包括：静力学的基本概念与物体受力分析、力系的等效与简化、力系的平衡条件与平衡方程共 3 章。第二篇为材料力学，包括：材料力学概述、杆件的内力分析与内力图、拉压杆件的应力变形分析与强度设计、圆轴扭转时的应力变形分析以及强度和刚度设计、弯曲强度问题、弯曲刚度问题、应力状态与强度理论及其工程应用、压杆的稳定性分析与稳定性设计共 8 章。第三篇为专题概述，包括：简单的静不定问题、动载荷与疲劳强度概述共 2 章。所需学时约为 66~76。

与本书配套的立体化教材有学生用的学习指导用书，教师用的电子助教。全套教材可供高等院校理工科各专业工程力学课程使用。

版权所有，侵权必究。举报：010-62782989，beiqinquan@tup.tsinghua.edu.cn。

图书在版编目（CIP）数据

工程力学/范钦珊主编. --2 版. --北京：清华大学出版社，2012.9（2024.1 重印）
（普通高等院校基础力学系列教材）
ISBN 978-7-302-30013-7

Ⅰ. ①工… Ⅱ. ①范… Ⅲ. ①工程力学 Ⅳ. ①TB12

中国版本图书馆 CIP 数据核字（2012）第 211243 号

责任编辑：佟丽霞
封面设计：常雪影
责任校对：刘玉霞
责任印制：杨 艳

出版发行：清华大学出版社
网　　址：https://www.tup.com.cn, https://www.wqxuetang.com
地　　址：北京清华大学学研大厦 A 座　　邮　编：100084
社 总 机：010-83470000　　邮　购：010-62786544
投稿与读者服务：010-62776969，c-service@tup.tsinghua.edu.cn
质量反馈：010-62772015，zhiliang@tup.tsinghua.edu.cn

印 装 者：三河市龙大印装有限公司
经　　销：全国新华书店
开　　本：185mm×260mm　　印　张：21.25　　字　数：505 千字
版　　次：2005 年 8 月第 1 版　2012 年 9 月第 2 版　　印　次：2024 年 1 月第 16 次印刷
定　　价：55.00 元

产品编号：047988-05

普通高等院校基础力学系列教材

编委会名单

主　任：范钦珊

编　委：王焕定　　王　琪　　刘　燕

　　　　祁　皑　　殷雅俊

第2版前言

普通高等院校基础力学系列教材

本书自2005年出版以来已经经历了6个年头，这期间很多高校都选用它作为"工程力学"课程教材。著者藉本书再版之际感谢教学第一线的老师和同学以及业余读者对本书的厚爱。

最近几年，著者一方面在教学第一线从事本科生教学工作；另一方面，藉到全国各地讲学之机，对我国高等学校"工程力学"的教学状况和对"工程力学"教材的需求进行了大量调研，征求了全国很多高校从事基础力学教学工作的老师，和学习"工程力学"课程的同学，关于"工程力学"教材使用和修改的意见。

大家一致认为，我们编写新时期"工程力学"教材的指导思想是正确的，这就是：在面向21世纪课程教学内容与体系改革的基础上，进一步对教学内容加以精选，下大力气压缩教材篇幅，同时进行包括主教材、教学参考书——教师用书和学生用书、电子教材——电子教案与电子书等在内的教学资源一体化的设计，努力为教学第一线的老师和同学提供高水平、全方位的服务。

新世纪中新事物层出不穷，没有也不应该有一成不变的教材，我们将努力跟上时代的步伐，以不断提高"工程力学"课程教学质量为己任，不断地从理念、内容、方法与技术等方面对"工程力学"教材加以修订，使之日臻完善。

根据教育部高等学校力学基础课程教学指导委员会2009年制订的"理论力学课程教学基本要求"和"材料力学课程教学基本要求"，以及广大读者的意见，本书第2版在内容与体系方面作了如下调整：

（1）引入大量工程实例，突出从"工程构件与结构"到"力学模型"和相应的力学分析；以及从"力学模型"与理论分析成果到解决"工程实际问题"的基本思路。力图在提高读者学习"工程力学"的兴趣的同时，提高读者的工程意识与解决实际问题的能力。

（2）新增"简单的静不定问题"一章，将原来分散在各章的静不定问题都归纳到这一章里。

（3）更新了部分例题和习题。

第2版除课程概论外，分为三篇，共3章。第一篇为静力学，包括：静力学的基本概念与物体受力分析、力系的等效与简化、力系的平衡条件与平衡方程共3章。第二篇为材料力学，包括：材料力学概述、杆件的内力分析与内力图、拉压杆件的应力变形分析与强度设计、圆轴扭转时的应力变形分析以及强度和刚度设计、弯曲强度问题、弯曲刚度问题、应力状态与强度理论及其工程应用、压杆的稳定性分析与稳定性设计共8章。第三篇为专题概述，包括：简单的静不定问题、动载荷与疲劳强度概述共 2 章。所需学时约为 66～76。本书由范钦珊主编，唐静静、刘荣梅、范钦珊编著，唐静静和刘荣梅分别是 2006 年和 2004 年全国青年力学教师讲课竞赛特等奖获得者，两位年轻老师的加盟，一方面有利于在新版教材中反映教学第一线的要求与教学改革成果；另一方面也有利于保持教材建设的连续性。

本书初稿是著者 2010 年 6—8 月间在加拿大多伦多休假期间完成的。衷心感谢旅居加拿大的赵渊先生和范心明女士为著者提供的良好的工作环境与生活条件。

衷心希望关爱本书的广大读者继续对本书的不足之处提出宝贵意见。

范钦珊

2011 年 1 月 11 日 于南京

PREFACE

普通高等院校基础力学系列教材

第 1 版序

  普通高等院校基础力学系列教材包括"理论力学"、"材料力学"、"结构力学"、"工程力学（静力学+材料力学）"。这套教材是根据我国高等教育改革的形势和教学第一线的实际需求，由清华大学出版社组织编写的。

  从 2002 年秋季学期开始，全国普通高等学校新一轮培养计划进入实施阶段。新一轮培养计划的特点是：加强素质教育、培养创新精神。根据新一轮培养计划，课程的教学总学时数大幅度减少，学生自主学习的空间将进一步增大。相应地，课程的教学时数都要压缩，基础力学课程也不例外。

  怎样在有限的教学时数内，使学生既能掌握力学的基本知识，又能了解一些力学的最新进展；既能培养和提高学生学习力学的能力，又能加强学生的工程概念？这是很多力学教育工作者所共同关心的问题。

  现有的基础力学教材大部分都是根据在比较多的学时内进行教学而编写的，因而篇幅都比较大。教学第一线迫切需要适用于学时压缩后教学要求的小篇幅的教材。

  根据"有所为、有所不为"的原则，这套教材更注重基本概念，尽量避免冗长的理论推导与繁琐的数学运算。这样做不仅可以满足一些专业对于力学基础知识的要求，而且可以切实保证教育部颁布的基础力学课程教学基本要求的教学质量。

  为了让学生更快地掌握最基本的知识，本套教材一方面在叙述概念、原理时提出问题、分析问题和解决问题的角度作了比较详尽的论述与讨论；另一方面通过较多的例题分析，特别是新增加的关于一些重要概念的例题分析帮助读者加深对基本内容的了解和掌握。

  此外，为了帮助学生学习和加深理解以及方便教师备课和授课，与每门课程主教材配套出版了学习指导、教师用书（习题详细解答）和供课堂教学使用的电子教案。

  本套教材内容的选取以教育部颁布的相关课程的"教学基本要求"为依据，同时根据各院校的具体情况，作了灵活的安排，绝大部分为必修内容，少部分为选修内容。

范钦珊
2005 年 7 月于清华大学

FOREWORD

普通高等院校基础力学系列教材

第1版前言

本书是为满足教学第一线的需要而编写的,其内容涵盖了"理论力学"中的"静力学"和"材料力学"中的大部分内容,适用于高等院校中少学时工程力学课程教学。

在面向21世纪基础力学课程教学内容与课程体系改革成果的基础上,笔者进一步对工程力学课程的教学内容、课程体系加以分析和研究,力图在新编的工程力学教材中,做到用有限的学时使学生既掌握最基本的经典内容,又能了解基础力学的工程应用以及最新进展;同时还希望这本新编的工程力学具有较大的适用范围,能够为广大院校所采用。

工程力学与很多领域的工程密切相关。通过工程力学课程的教学,不仅可以培养学生学习力学的能力,而且可以加强学生的工程概念。这对于他们向其他学科或其他工程领域扩展是很有利的。基于此,本书与以往的同类教材相比,难度有所下降,工程概念有所加强,引入了涉及广泛领域的大量工程实例,以及与工程有关的例题和习题。

本书从力学素质教育的要求出发,更注重基本概念,而不追求冗长的理论推导与繁琐的数学运算。

本书内容的选取以教育部颁布的"工程力学教学基本要求"为依据,同时考虑到20世纪60年代以来材料科学的发展和各种新材料不断涌现并且应用于广泛的工程实际的情况,特别增加了第13章"新材料的材料力学概述",以开阔学生视野,增强适应性。

全书除绪论外,分为3篇,共13章。第1篇为静力学,共3章;第2篇为材料力学,共8章;第3篇为专题概述,共2章。各部分所需学时建议如下:绪论约2学时;静力学约12~16学时;材料力学约46~50学时;专题概述约6~8学时。书中带"*"号的内容和习题,可根据学时情况选用。

为了满足教学第一线的需要,我们还编写了《工程力学教师用书》、研制开发了《工程力学电子教案》,方便教师备课和授课;同时编写了《工程力学学习指导》,以帮助学生学习和加深对课程内容的理解。

热诚希望广大教师与学生提出宝贵的意见与建议。

作 者
2005年5月于北京

CONTENTS

普通高等院校基础力学系列教材

目录

课程概论 ·· 1
  0.1 工程力学与工程密切相关 ··· 1
  0.2 工程力学的主要内容与分析模型 ····································· 5
      0.2.1 工程力学的主要内容 ··· 5
      0.2.2 工程力学的两种分析模型 ································· 6
  0.3 工程力学的分析方法 ··· 7
      0.3.1 两种不同的理论分析方法 ································· 7
      0.3.2 工程力学的实验分析方法 ································· 8
      0.3.3 工程力学的计算机分析方法 ····························· 8

第一篇　静　力　学

第1章　静力学的基本概念与物体受力分析 ······································ 13
  1.1 静力学模型 ·· 13
      1.1.1 物体的抽象与简化——刚体 ····························· 13
      1.1.2 集中力和分布力 ··· 13
  1.2 力与力系的基本概念 ·· 14
      1.2.1 力与力系 ·· 14
      1.2.2 静力学基本原理 ··· 14
  1.3 工程中的约束与约束力 ·· 17
      1.3.1 约束与约束力的概念 ··· 17
      1.3.2 绳索约束与带约束 ··· 17
      1.3.3 刚性光滑面约束 ··· 17
      1.3.4 刚性光滑铰链约束 ··· 18
  1.4 力对点之矩与力对轴之矩 ·· 20
      1.4.1 力对点之矩 ·· 20
      1.4.2 力对轴之矩 ·· 21
      1.4.3 合力矩定理 ·· 22
  1.5 受力分析方法与过程 ·· 23
  1.6 结论与讨论 ·· 26

  1.6.1 关于约束与约束力 ·································· 26
  1.6.2 关于受力分析 ······································ 27
  1.6.3 关于二力构件 ······································ 27
  1.6.4 关于静力学中某些原理的适用性 ············ 28
 习题 ·· 28

第2章 力系的等效与简化 ·· 31
 2.1 力系等效与简化的概念 ··· 31
  2.1.1 力系的主矢与主矩 ··· 31
  2.1.2 力系等效的概念 ·· 31
  2.1.3 力系简化的概念 ·· 32
 2.2 力偶及其性质 ··· 32
  2.2.1 力偶——最简单、最基本的力系 ··············· 32
  2.2.2 力偶的性质 ··· 33
  2.2.3 力偶系及其合成 ·· 34
 2.3 力系简化的基础——力向一点平移定理 ·············· 34
 2.4 平面力系的简化 ·· 35
  2.4.1 平面汇交力系与平面力偶系的合成结果 ····· 35
  2.4.2 平面一般力系的简化方法与过程 ················ 35
  2.4.3 平面一般力系的简化结果 ···························· 36
 2.5 固定端约束的约束力 ··· 38
 2.6 结论与讨论 ·· 39
  2.6.1 几个不同力学矢量的性质 ···························· 39
  2.6.2 平面一般力系简化的几种最后结果 ············ 39
  2.6.3 关于实际约束的讨论 ···································· 40
  2.6.4 关于力偶性质推论的应用限制 ···················· 40
 习题 ·· 40

第3章 力系的平衡条件与平衡方程 ····································· 43
 3.1 平面力系的平衡条件与平衡方程 ··························· 43
  3.1.1 平面一般力系的平衡条件与平衡方程 ········ 43
  3.1.2 平面一般力系平衡方程的其他形式 ············ 48
 3.2 简单的刚体系统平衡问题 ······································ 52
  3.2.1 刚体系统静定与静不定的概念 ···················· 52
  3.2.2 刚体系统平衡问题的特点与解法 ················ 53
 3.3 考虑摩擦时的平衡问题 ·· 56
  3.3.1 滑动摩擦定律 ·· 57
  3.3.2 考虑摩擦时构件的平衡问题 ························ 58
 3.4 结论与讨论 ·· 60
  3.4.1 关于坐标系和力矩中心的选择 ···················· 60

  3.4.2 关于受力分析的重要性 …………………………………………………… 60
  3.4.3 关于求解刚体系统平衡问题时要注意的几个方面 …………………… 61
  3.4.4 摩擦角与自锁的概念 …………………………………………………… 62
  3.4.5 空间力系特殊情形下的平衡方程 ……………………………………… 64
习题 …………………………………………………………………………………………… 65

第二篇 材 料 力 学

第4章 材料力学概述 ……………………………………………………………… 71
 4.1 材料力学的研究内容 ………………………………………………………… 71
 4.2 工程构件设计中的材料力学问题 …………………………………………… 71
 4.3 杆件的受力与变形形式 ……………………………………………………… 72
 4.4 关于材料的基本假定 ………………………………………………………… 74
  4.4.1 各向同性假定 …………………………………………………………… 74
  4.4.2 均匀连续性假定 ………………………………………………………… 74
  4.4.3 小变形假定 ……………………………………………………………… 75
 4.5 弹性体受力与变形特征 ……………………………………………………… 75
 4.6 材料力学的分析方法 ………………………………………………………… 77
 4.7 杆件横截面上的内力与内力分量 …………………………………………… 77
  4.7.1 内力主矢、主矩与内力分量 …………………………………………… 77
  4.7.2 确定内力分量的截面法 ………………………………………………… 78
 4.8 应力、应变及其相互关系 …………………………………………………… 78
  4.8.1 应力 ……………………………………………………………………… 78
  4.8.2 应力与内力分量之间的关系 …………………………………………… 79
  4.8.3 应变 ……………………………………………………………………… 80
  4.8.4 应力与应变之间的物性关系 …………………………………………… 81
 4.9 结论与讨论 …………………………………………………………………… 81
  4.9.1 刚体模型与弹性体模型 ………………………………………………… 81
  4.9.2 弹性体受力与变形特点 ………………………………………………… 81
  4.9.3 刚体静力学概念与原理在材料力学中的应用 ………………………… 81
习题 …………………………………………………………………………………………… 82

第5章 杆件的内力分析与内力图 ………………………………………………… 84
 5.1 基本概念 ……………………………………………………………………… 84
  5.1.1 整体平衡与局部平衡的概念 …………………………………………… 84
  5.1.2 杆件横截面上的内力与外力的相依关系 ……………………………… 85
  5.1.3 控制面 …………………………………………………………………… 85
 5.2 轴力图与扭矩图 ……………………………………………………………… 86
  5.2.1 轴力图 …………………………………………………………………… 86
  5.2.2 扭矩图 …………………………………………………………………… 87

5.3 剪力图与弯矩图 ··· 89
5.3.1 剪力和弯矩的正负号规则 ·· 89
5.3.2 截面法确定梁指定横截面上的剪力和弯矩 ·································· 90
5.3.3 剪力方程与弯矩方程 ·· 92
5.3.4 载荷集度、剪力、弯矩之间的微分关系 ··································· 94
5.3.5 剪力图与弯矩图 ··· 96
5.4 结论与讨论 ·· 99
5.4.1 关于内力分析的几点重要结论 ··· 99
5.4.2 正确应用力系简化方法确定控制面上的内力分量 ·························· 99
*5.4.3 剪力、弯矩与载荷集度之间的微分关系的证明 ····························· 100
习题 ·· 101

第 6 章 拉压杆件的应力变形分析与强度设计 ······································· 104
6.1 工程中承受拉伸与压缩的杆件 ··· 104
6.2 拉伸与压缩时杆件的应力与变形分析 ·· 105
6.2.1 应力计算 ·· 105
6.2.2 变形计算 ·· 105
6.3 拉伸与压缩杆件的强度设计 ··· 109
6.3.1 强度条件、安全因数与许用应力 ·· 110
6.3.2 三类强度计算问题 ·· 110
6.3.3 强度条件应用举例 ·· 111
6.4 拉伸与压缩时材料的力学性能 ··· 113
6.4.1 材料拉伸时的应力-应变曲线 ··· 113
6.4.2 韧性材料拉伸时的力学性能 ·· 114
6.4.3 脆性材料拉伸时的力学性能 ·· 114
6.4.4 强度失效概念与失效应力 ··· 115
6.4.5 压缩时材料的力学性能 ··· 115
6.5 结论与讨论 ·· 116
6.5.1 本章的主要结论 ··· 116
6.5.2 关于应力和变形公式的应用条件 ·· 117
*6.5.3 关于加力点附近区域的应力分布 ·· 118
*6.5.4 关于应力集中的概念 ··· 118
6.5.5 拉伸与压缩杆件斜截面上的应力 ·· 119
*6.5.6 卸载、再加载时材料的力学行为 ·· 120
*6.5.7 连接件强度的工程假定计算 ··· 121
习题 ·· 123

第 7 章 圆轴扭转时的应力变形分析以及强度和刚度设计 ··························· 127
7.1 圆轴在工程中的应用 ··· 127
7.2 受扭圆轴的扭转变形 ··· 128

7.3 剪应力互等定理 ………………………………………………………… 129
7.4 圆轴扭转时横截面上的剪应力分析 …………………………………… 129
    7.4.1 变形协调方程 …………………………………………………… 130
    7.4.2 弹性范围内的剪应力-剪应变关系 ……………………………… 130
    7.4.3 静力学方程 ……………………………………………………… 131
    7.4.4 圆轴扭转时横截面上的剪应力表达式 ………………………… 132
7.5 圆轴扭转时的强度与刚度设计 ………………………………………… 134
    7.5.1 扭转实验与扭转破坏现象 ……………………………………… 134
    7.5.2 圆轴扭转强度设计 ……………………………………………… 135
    7.5.3 圆轴扭转刚度设计 ……………………………………………… 137
7.6 结论与讨论 ……………………………………………………………… 138
    7.6.1 关于圆轴强度与刚度设计 ……………………………………… 138
    7.6.2 矩形截面杆扭转时的剪应力 …………………………………… 138
习题 ……………………………………………………………………………… 140

第8章 弯曲强度问题 ………………………………………………………… 142

8.1 承弯构件的力学模型与工程中的承弯构件 …………………………… 142
8.2 与应力分析相关的截面图形的几何性质 ……………………………… 145
    8.2.1 静矩、形心及其相互关系 ……………………………………… 146
    8.2.2 惯性矩、极惯性矩、惯性积、惯性半径 ……………………… 147
    8.2.3 惯性矩与惯性积的移轴定理 …………………………………… 148
    8.2.4 惯性矩与惯性积的转轴定理 …………………………………… 149
    8.2.5 主轴与形心主轴、主惯性矩与形心主惯性矩 ………………… 150
8.3 平面弯曲时梁横截面上的正应力 ……………………………………… 152
    8.3.1 基本概念 ………………………………………………………… 152
    8.3.2 纯弯曲时梁横截面上的正应力分析 …………………………… 153
    8.3.3 梁的弯曲正应力公式的应用与推广 …………………………… 156
8.4 平面弯曲正应力公式应用举例 ………………………………………… 158
8.5 梁的强度计算 …………………………………………………………… 161
    8.5.1 基于最大正应力点的强度条件 ………………………………… 161
    8.5.2 梁的弯曲强度计算步骤 ………………………………………… 161
8.6 斜弯曲 …………………………………………………………………… 165
8.7 弯矩与轴力同时作用时横截面上的正应力 …………………………… 168
8.8 结论与讨论 ……………………………………………………………… 170
    8.8.1 关于弯曲正应力公式的应用条件 ……………………………… 170
    8.8.2 弯曲剪应力的概念 ……………………………………………… 170
    8.8.3 关于截面的惯性矩 ……………………………………………… 171
    8.8.4 关于中性轴的讨论 ……………………………………………… 171
    8.8.5 提高梁强度的措施 ……………………………………………… 172
习题 ……………………………………………………………………………… 176

第9章 弯曲刚度问题 … 182
9.1 基本概念 … 182
9.1.1 梁弯曲后的挠度曲线 … 182
9.1.2 梁的挠度与转角 … 183
9.1.3 梁的位移与约束密切相关 … 183
9.1.4 梁的位移分析的工程意义 … 184
9.2 小挠度微分方程及其积分 … 185
9.2.1 小挠度曲线微分方程 … 185
9.2.2 积分常数的确定　约束条件与连续条件 … 186
9.3 工程中的叠加法 … 188
9.3.1 叠加法应用于多个载荷作用的情形 … 188
9.3.2 叠加法应用于间断性分布载荷作用的情形 … 192
9.4 梁的刚度设计 … 194
9.4.1 梁的刚度条件 … 194
9.4.2 刚度设计举例 … 194
9.5 结论与讨论 … 196
9.5.1 关于变形和位移的相依关系 … 196
9.5.2 关于梁的连续光滑曲线 … 197
9.5.3 基于逐段刚化的叠加法 … 197
9.5.4 提高弯曲刚度的途径 … 199
习题 … 200

第10章 应力状态与强度理论及其工程应用 … 203
10.1 应力状态与强度理论的基本概念与分析方法 … 203
10.1.1 应力状态的基本概念 … 203
10.1.2 应力状态分析的基本方法 … 204
10.1.3 建立复杂受力时失效判据的思路与方法 … 205
10.2 平面应力状态分析——任意方向面上应力的确定 … 205
10.2.1 方向角与应力分量的正负号约定 … 205
10.2.2 微元的局部平衡方程 … 206
10.2.3 平面应力状态中任意方向面上的正应力与剪应力 … 206
10.3 应力状态中的主应力与最大剪应力 … 207
10.3.1 主平面、主应力与主方向 … 207
10.3.2 平面应力状态的三个主应力 … 208
10.3.3 面内最大剪应力与一点的最大剪应力 … 208
10.4 分析应力状态的应力圆方法 … 211
10.4.1 应力圆方程 … 211
10.4.2 应力圆的画法 … 212
10.4.3 应力圆的应用 … 213

*10.5 三向应力状态的特例分析 ………………………………………… 215
  10.5.1 三组特殊的方向面 …………………………………… 215
  10.5.2 三向应力状态的应力圆 ……………………………… 216
10.6 复杂应力状态下的应力-应变关系 应变能密度 ……………… 217
  10.6.1 广义胡克定律 ………………………………………… 217
  10.6.2 各向同性材料各弹性常数之间的关系 ……………… 219
  10.6.3 总应变能密度 ………………………………………… 220
  10.6.4 体积改变能密度与畸变能密度 ……………………… 221
10.7 工程设计中常用的强度理论 ……………………………………… 221
  10.7.1 第一强度理论 ………………………………………… 221
  *10.7.2 第二强度理论 ………………………………………… 222
  10.7.3 第三强度理论 ………………………………………… 223
  10.7.4 第四强度理论 ………………………………………… 224
10.8 圆轴承受弯曲与扭转共同作用时的强度计算 …………………… 226
  10.8.1 计算简图 ……………………………………………… 226
  10.8.2 危险点及其应力状态 ………………………………… 227
  10.8.3 强度设计准则与设计公式 …………………………… 227
10.9 薄壁容器强度设计简述 …………………………………………… 230
  10.9.1 薄壁容器承受内压时的环向应力与纵向应力 ……… 230
  10.9.2 承受内压薄壁容器的强度设计简述 ………………… 231
10.10 结论与讨论 ……………………………………………………… 232
  10.10.1 关于应力状态的几点重要结论 ……………………… 232
  10.10.2 平衡方法是分析应力状态最重要、最基本的方法 … 232
  *10.10.3 关于应力状态的不同的表示方法 …………………… 233
  10.10.4 正确应用广义胡克定律 ……………………………… 233
  10.10.5 应用强度理论需要注意的几个问题 ………………… 234
习题 ……………………………………………………………………… 235

第11章 压杆的稳定性分析与稳定性设计 …………………………… 238
11.1 工程结构中的压杆 ………………………………………………… 238
11.2 基本概念 …………………………………………………………… 239
  11.2.1 刚体平衡稳定性的概念 ……………………………… 239
  11.2.2 压杆的平衡构形、平衡路径及其分叉 ……………… 240
  11.2.3 判别弹性平衡稳定性的静力学准则 ………………… 241
  11.2.4 细长压杆临界点平衡的稳定性 ……………………… 241
11.3 两端铰支压杆的临界载荷 欧拉公式 …………………………… 242
11.4 不同刚性支承对压杆临界载荷的影响 …………………………… 244
11.5 临界应力与临界应力总图 ………………………………………… 245
  11.5.1 临界应力与长细比的概念 …………………………… 245
  11.5.2 三类不同压杆的不同失效形式 ……………………… 245

11.5.3 三类压杆的临界应力公式 ……………………………………………… 246
11.5.4 临界应力总图与 λ_P、λ_s 值的确定 …………………………………… 246
11.6 压杆稳定性设计的安全因数法 …………………………………………… 249
11.6.1 稳定性设计内容 …………………………………………………… 249
11.6.2 安全因数法与稳定性安全条件 ……………………………………… 249
11.6.3 稳定性设计过程 …………………………………………………… 250
11.7 结论与讨论 ………………………………………………………………… 251
11.7.1 稳定性设计的重要性 ……………………………………………… 251
11.7.2 影响压杆承载能力的因素 …………………………………………… 252
11.7.3 提高压杆承载能力的主要途径 ……………………………………… 253
11.7.4 稳定性设计中需要注意的几个重要问题 …………………………… 253
习题 ……………………………………………………………………………… 255

第三篇 专题概述

第12章 简单的静不定问题 …………………………………………………… 261
12.1 静不定问题的概念与方法 ………………………………………………… 261
12.1.1 静定与静不定的概念 ……………………………………………… 261
12.1.2 多余约束的概念与静不定次数 ……………………………………… 261
12.1.3 求解静不定问题的基本方法 ………………………………………… 262
12.2 简单的静不定问题 ………………………………………………………… 263
12.2.1 拉压静不定问题 …………………………………………………… 263
12.2.2 扭转静不定问题 …………………………………………………… 264
12.2.3 简单的静不定梁 …………………………………………………… 265
12.3 结论与讨论 ………………………………………………………………… 269
12.3.1 关于静不定结构性质的讨论 ………………………………………… 269
12.3.2 对称性在分析与求解静不定问题中的应用 ………………………… 270
习题 ……………………………………………………………………………… 271

第13章 动载荷与疲劳强度概述 …………………………………………… 275
13.1 达朗贝尔原理(动静法) …………………………………………………… 275
13.2 等加速度直线运动时构件上的惯性力与动应力 ………………………… 276
13.3 旋转构件的受力分析与动应力计算 ……………………………………… 277
13.4 构件上的冲击载荷与冲击应力计算 ……………………………………… 280
13.4.1 计算冲击载荷所用的基本假定 ……………………………………… 280
13.4.2 机械能守恒定律的应用 …………………………………………… 281
13.4.3 冲击时的动荷系数 ………………………………………………… 282
13.5 疲劳强度概述 ……………………………………………………………… 284
13.5.1 交变应力的名词和术语 …………………………………………… 284
13.5.2 疲劳失效特征 ……………………………………………………… 287

13.6 疲劳极限与应力-寿命曲线 …………………………………………… 289
   13.7 影响疲劳寿命的因素 ……………………………………………… 290
      13.7.1 应力集中的影响——有效应力集中因数 ………………………… 290
      13.7.2 零件尺寸的影响——尺寸因数 …………………………………… 290
      13.7.3 表面加工质量的影响——表面质量因数 ………………………… 291
   13.8 基于无限寿命设计方法的疲劳强度 ……………………………… 291
      13.8.1 构件寿命的概念 …………………………………………………… 291
      13.8.2 无限寿命设计方法——安全因数法 ……………………………… 292
      13.8.3 等幅对称应力循环下的工作安全因数 …………………………… 292
      13.8.4 等幅交变应力作用下的疲劳寿命估算 …………………………… 293
   13.9 结论与讨论 ………………………………………………………… 294
      13.9.1 不同情形下动荷系数具有不同的形式 …………………………… 294
      13.9.2 运动物体突然制动或突然刹车的动载荷与动应力 ……………… 294
      13.9.3 提高构件疲劳强度的途径 ………………………………………… 294
   习题 ……………………………………………………………………… 295

附录 A 型钢规格表 ……………………………………………………… 298

附录 B 习题答案 ………………………………………………………… 309

附录 C 索引 ……………………………………………………………… 315

主要参考书目 …………………………………………………………… 320

课程概论

工程力学(engineering mechanics)涉及众多的力学学科分支与广泛的工程技术领域。作为高等工科学校的一门课程,本书所论工程力学只是其中最基础的部分。它涵盖了原有"理论力学"中的"静力学"和"材料力学"的大部分内容,同时,适当地增加了面向21世纪的新内容。

"工程力学"课程不仅与力学密切相关,而且紧密联系于广泛的工程实际。

0.1 工程力学与工程密切相关

20世纪以前,推动近代科学技术与社会进步的蒸汽机、内燃机、铁路、桥梁、船舶、兵器等,都是在力学知识的累积、应用和完善的基础上逐渐形成和发展起来的。

20世纪产生的诸多高新技术,如高层建筑(图0-1)、大型桥梁(图0-2)、海洋石油钻井平台(图0-3)、精密仪器、航空航天器(图0-4和图0-5)、机器人(图0-6)、高速列车(图0-7)以及大型水利工程(图0-8)等许多重要工程更是在工程力学指导下得以实现,并不断发展完善的。

(a) 上海浦东金茂大厦　　　　(b) 金茂大厦中庭

图 0-1　高层建筑

图 0-2 大型桥梁

图 0-3 海洋石油钻井平台

图 0-4 我国的长征火箭家族

图 0-5 航天飞机

图 0-6 工业生产与控制系统中的机器人

图 0-7 高速列车

图 0-8 我国的长江三峡工程

20世纪产生的另一些高新技术,如核反应堆工程、电子工程、计算机工程等,虽然是在其他基础学科指导下产生和发展起来的,但都对工程力学提出了各式各样的、大大小小的问题。例如,核反应堆堆芯与压力壳(图0-9),在核反应堆的核心部分——堆芯的核燃料元件盒,由于热核反应产生大量的热量和气体,从而受到高温和压力作用,当然还受到核辐射作用。在这些因素的作用下,元件盒将产生怎样的变形,这种变形又将对反应堆的运行产生什么影响?此外,反应堆压力壳在高温和压力作用下,其壁厚如何选择才能确保反应堆安全运行?

又如计算机硬盘驱动器(图0-10),若给定不变的角加速度,如何确定从启动到正常运行所需的时间以及转数;已知硬盘转台的质量及其分布,当驱动器达到正常运行所需角速度时,驱动电动机的功率如何确定,等等,也都与工程力学有关。

图0-9 核反应堆堆芯与压力壳

图0-10 计算机硬盘驱动器

跟踪目标的雷达(图0-11)怎样在不同的时间间隔内,通过测量目标与雷达之间的距离和雷达的方位角,才能准确地测定目标的速度和加速度。这也是工程力学中最基础的内容之一。

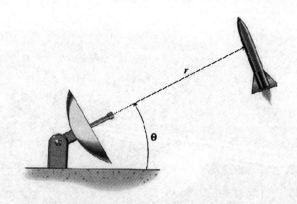

图0-11 雷达确定目标的方位

舰载飞机(图0-12)在飞机发动机和弹射器推力作用下从甲板上起飞,于是就有下列工程力学问题:若已知推力和跑道的可能长度,则需要多大的初始速度和时间间隔才能达到飞离甲板时的速度;反之,如果已知初始速度、一定时间间隔后飞离甲板时的速度,那么需要飞机发动机和弹射器施加多大的推力,或者需要多长的跑道。

图 0-12　舰载飞机从甲板上起飞

需要指出的是,除了工业部门的工程外,还有一些非工业工程也都与工程力学密切相关,体育运动工程就是一例。图 0-13 所示的棒球运动员用球棒击球前后,棒球的速度大小和方向都发生了变化,如果已知这种变化即可确定棒球受力;反之,如果已知击球前棒球的速度,根据被击后球的速度,就可确定球棒对球所需施加的力。赛车结构(图 0-14)为什么前细后粗。为什么车轮也是前小后大?这些都是工程力学的基础知识。

图 0-13　击球力与球的速度

图 0-14　赛车结构

0.2　工程力学的主要内容与分析模型

0.2.1　工程力学的主要内容

工程力学(engineering mechanics)所包含的内容极其广泛,本书所论之"工程力学"只包含**静力学**(statics)和**材料力学**(mechanics of materials)两部分。

静力学研究作用在物体上的力及其相互关系。材料力学研究在外力的作用下,工程基本构件内部将产生什么力,这些力是怎样分布的;将发生什么变形,以及这些变形对于工程构件的正常工作将会产生什么影响。

工程构件(泛指结构元件、机器的零件和部件等)在外力作用下丧失正常功能的现象称为"**失效**"(failure)或"**破坏**"。工程构件的失效形式很多,但工程力学范畴内的失效通常可分为三类:**强度失效**(failure by lost strength)、**刚度失效**(failure by lost rigidity)和**稳定失**

效(failure by lost stability)。

强度失效是指构件在外力作用下发生不可恢复的塑性变形或发生断裂。

刚度失效是指构件在外力作用下产生过量的弹性变形。

稳定失效是指构件在某种外力(如轴向压力)作用下,其平衡形式发生突然转变。

例如,机械加工用的钻床的立柱(图 0-15),如果强度不够,就会折断(断裂)或折弯(塑性变形);如果刚度不够,钻床立柱即使不发生断裂或者折弯,也会产生过大弹性变形(图中虚线所示为夸大的弹性变形),从而影响钻孔的精度,甚至产生振动,影响钻床的在役寿命。

稳定失效的例子多见于承受轴向压力的工程构件。图 0-16 所示汽车吊液压机构中的顶杆,如果承受的压力过大,或者过于细长,就有可能突然由直变弯,发生稳定失效。

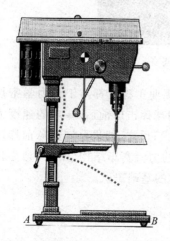

图 0-15 钻床立柱的强度与刚度

图 0-16 承受轴向压力的构件

工程设计的任务之一就是保证构件在确定的外力作用下正常工作而不发生强度失效、刚度失效和稳定,即保证构件具有足够的**强度**(strength)、**刚度**(rigidity)与**稳定性**(stability)。

所谓强度是指构件受力后不能发生破坏或产生不可恢复的变形的能力。

所谓刚度是指构件受力后不能发生超过工程允许的弹性变形的能力。

所谓稳定是指构件在压缩载荷的作用下,保持平衡形式不能发生突然转变的能力(例如细长直杆在轴向压力作用下,当压力超过一定数值时,在外界扰动下,杆会突然从直线平衡形式转变为弯曲的平衡形式)。

为了完成常规的工程设计任务,需要进行以下几方面的工作:

(1) 分析并确定构件所受各种外力的大小和方向;

(2) 研究在外力作用下构件的内部受力、变形和失效的规律;

(3) 提出保证构件具有足够强度、刚度和稳定性的设计准则与设计方法。

工程力学课程就是讲授完成这些工作所必需的基础知识。

0.2.2 工程力学的两种分析模型

实际工程构件受力后,几何形状和几何尺寸都要发生改变,这种改变称为变形,这些构件都称为**变形体**(deformation body)。

当研究构件的受力时,在大多数情形下,变形都比较小,忽略这种变形对构件的受力分析不会产生什么影响。由此,在静力学中,可以将变形体简化为不变形的**刚体**(rigid body)。

当研究作用在物体上的力与变形规律时,即使变形很小,也不能忽略。但是在研究变形问题的过程中,当涉及平衡问题时,大部分情形下依然可以沿用刚体模型。

例如,图 0-17(a)所示的塔式吊车起吊重物后,组成塔吊的各杆件都要发生变形,这时可以认为塔吊是变形体;但是,如果仅仅研究保持塔吊平衡时重物重量与配重之间的关系时,又可以将塔吊整体视为刚体,如图 0-17(b)所示。

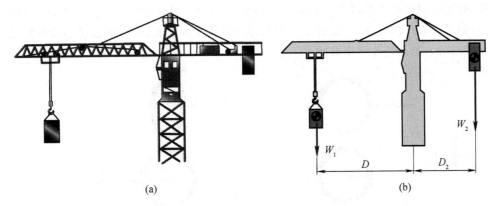

图 0-17 塔式吊车的两种不同的模型

工程构件各式各样,根据几何形状和几何尺寸可以大致分为杆、板、壳和块体等几类。

(1) 若构件在某一方向上的尺寸比其余两个方向上的尺寸大得多,则称为**杆**(bar)。**梁**(beam)、**轴**(shaft)、**柱**(column)等均属杆类构件。杆横截面中心的连线称为轴线。轴线为直线者称为直杆;轴线为曲线者称为曲杆。所有横截面形状和尺寸都相同者称为等截面杆;不同者称为变截面杆。

(2) 若构件在某一方向上的尺寸比其余两个方向上的尺寸小得多,为平面形状者称为**板**;为曲面形状者称为**壳**(shell),穹形屋顶、化工容器等均属此类。

(3) 若构件在三个方向上具有同一量级的尺寸,则称为**块体**(body)。水坝、建筑结构物基础等均属此类。

本课程仅以等截面直杆(简称等直杆)作为研究对象。壳以及块体的研究属于"板壳理论"和"弹性力学"课程的范畴。

0.3 工程力学的分析方法

传统的力学分析方法有两种,即理论方法和实验方法。

0.3.1 两种不同的理论分析方法

工程力学中的静力学与材料力学两部分,由于所研究的问题各不相同,分析方法也因此而异。

在静力学中,其分析研究的对象是刚体,所要研究的问题是确定构件的受力,所采用的方法是平衡的方法。与此相关,必须正确分析各物体之间接触与连接方式,以及不同的方式将产生何种相互作用力。

在材料力学中,其研究对象是变形体,在外力作用下,会产生什么样的变形、什么样的内力,这些变形和内力对构件的正常工作又会产生什么样的影响。因此,在这一类问题中,重要的是学会分析变形,分析内力和应力。并应用于解决工程设计中的强度、刚度和稳定性问题。

需要指出的是,工程静力学中所采用的某些原理和方法在材料力学中分析变形问题时是不适用的。例如,图 0-18(a)所示作用在刚性圆环上的两个力,可以沿着二者的作用线任意移动,对刚性圆环的平衡没有任何影响。但是,对于图 0-18(b)所示作用在弹性圆环上的一对力,如果沿着作用线移动,这时虽然对圆环的整体平衡没有影响,但读者不难发现,这对于物体变形的影响却是非常明显的。

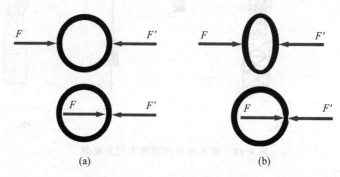

图 0-18 静力学中某些原理的适用性

0.3.2 工程力学的实验分析方法

钱学森院士 1997 年 9 月在致清华大学工程力学系建系 40 周年的贺信中写道:"20 世纪初,工程设计开始重视理论计算分析,这也是因为新工程技术发展较快,原先主要靠经验的办法跟不上时代了,这就产生了国外所谓应用力学这门学问","为的是探索新设计、新结构,但当时主要因为计算工具落后,至多只是电动机械式计算器,所以应用力学只能探索发展新途径,具体设计还得靠试验验证。"

工程力学的实验分析方法大致可以分为以下几种类型:

(1) 基本力学量的测定实验,包括位移、速度、加速度、角速度、角加速度、频率等的测定。

(2) 材料的力学性能实验,通过专门的试验机测定不同材料的弹性常数(例如杨氏模量)、材料的物性关系等。

(3) 综合性与研究型实验,一方面,研究工程力学的基本理论应用于实际问题时的正确性与适用范围;另一方面,研究一些基本理论难以解决的实际问题,通过实验建立合适的简化模型,为理论分析提供必要的基础。

0.3.3 工程力学的计算机分析方法

由于计算机的飞速发展和广泛应用,工程力学又增加了一种分析方法,即计算机分析方法。而且，即使是传统的理论方法和实验方法，也要求助于计算机。在理论分析中，人们可以借助于计算机推导那些难以导出的公式，从而求得复杂的解析解。在实验研究中，计算机不仅可以采集和整理数据、绘制实验曲线、显示图形，而且可以选用最优参数。图 0-19 为采用计算机分析豪华游艇各部分受力的结果，图中红色表示受拉力，蓝色表示受压力，颜色越深，受力越大。

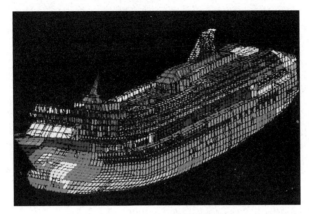

图 0-19　豪华游艇的计算机分析

正如钱学森院士所指出的"到了 60 年代，能快速进行计算的芯片计算机已出现，引起计算能力的一场革命。到现在每秒能进行几亿次浮点运算的机器已出现。随着力学计算能力的提高，用力学理论解决设计问题成为主要途径，而试验手段成为次要的了。""由此展望 21 世纪，力学加电子计算机将成为工程新设计的主要手段，就连工程型号研制也只用电子计算机加形象显示。由于都是虚的，不是实的，所以称为虚拟型号研制。最后就是实物生产了。"

不难看出，由于计算机的不断进步，工程力学的研究方法也需要更新。更重要的是，由于研究方法和研究手段革命性变革，"工程力学走过了从工程设计的辅助手段到中心主要手段，不是唱配角，而是唱主角了。"

第一篇 静 力 学

力系(system of forces)是指作用于物体上的若干个力所形成的集合。

本篇主要研究三方面问题：物体的受力分析、力系的等效简化、力系的平衡条件及其应用。

静力学(statics)的理论和方法不仅是工程构件静力设计的基础，而且在解决许多工程技术问题中有着广泛应用。

第一篇 动力学

第1章 静力学的基本概念与物体受力分析

本章主要介绍静力学模型——物体的模型、连接与接触方式的模型、载荷与力的模型，同时介绍物体受力分析的基本方法。

1.1 静力学模型

所谓模型是指实际物体与实际问题的合理抽象与简化。静力学模型包括三个方面：
（1）物体的合理抽象与简化；
（2）受力的合理抽象与简化；
（3）连接与接触方式的合理抽象与简化。

1.1.1 物体的抽象与简化——刚体

实际物体受力时，其内部各点间的相对距离都要发生改变，这种改变称为**位移**（displacement）。各点位移累加的结果，使物体的形状和尺寸改变，这种改变称为**变形**（deformation）。物体变形很小时，变形对物体的运动和平衡的影响甚微，因而在研究力的作用效应时，可以忽略不计，这时的物体便可抽象为**刚体**（rigid body）。如果变形体在某一力系作用下处于平衡，则忽略变形，将实际变形体抽象为刚体，其平衡不变，称为**刚化原理**（rigidity principle）。

1.1.2 集中力和分布力

物体受力一般是通过物体间直接或间接接触进行的。接触处多数情况下不是一个点，而是具有一定尺寸的面积。因此无论是施力体还是受力体，其接触处所受的力都是作用在接触面积上的**分布力**（distributed force）。在很多情形下，这种分布力的分布规律比较复杂。例如，人的脚掌对地面的作用力以及脚掌上各点受到地面的支撑力都是不均匀的。

当分布力作用面积很小时，为了工程分析计算方便起见，可以将分布力简化为作用于一点的合力，称为**集中力**（concentrated force）。例如，静止的汽车通过轮胎作用在桥面上的力，当轮胎与桥面接触面积较小时，即可视为集中力（图 1-1(a)）；而桥面施加在桥梁上的力则为分布力（图 1-1(b)）。

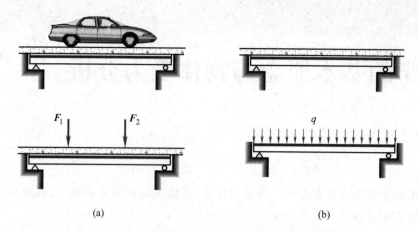

图 1-1 集中力与分布力

1.2 力与力系的基本概念

1.2.1 力与力系

力(force)是物体间的相互作用,这种作用将使物体的运动状态发生变化——**运动效应**(effect of motion),或使物体发生变形——**变形效应**(effect of deformation)。力是**矢量**(vector)。当力作用在刚体上时,力可以沿着其作用线滑移,而不改变力对刚体的作用效应,这时的力是**滑移矢量**(slip vector);当力作用在变形体上时,力既不能沿其作用线滑移,也不能绕作用点转动,这表明,作用在变形体的力的作用线和作用点都是固定的,所以这时的力是**定位矢量**(fixed vector)。国际单位制中用牛顿(N)或千牛顿(kN)作为力的单位。

力在直角坐标系中的表示如图 1-2 所示,力的矢量表达式为

$$F = F_x i + F_y j + F_z k \quad (1-1)$$

式中,i, j, k 分别为 x, y, z 方向上的单位矢量;F_x, F_y, F_z 分别为力矢量 F 在 x, y, z 轴上的投影,为代数量。

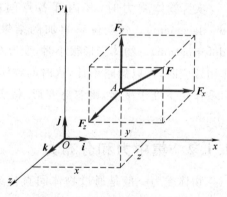

图 1-2 力的直角坐标系表示

作用在物体上的力的集合称为**力系**(system of forces)。

1.2.2 静力学基本原理

1. 等效力系

使同一刚体产生相同作用效应的力系称为等效力系。

如果某力系与一个力等效,则这一个力称为力系的**合力**,而力系中的各个力则称为此合力的**分力**。作用于刚体、并使刚体保持平衡的力系称为平衡力系,或称零力系。

2. 二力平衡原理

不计自重的刚体在两个力作用下平衡的必要和充分条件是：这两个力沿着同一作用线，大小相等，方向相反。这称为**二力平衡原理**，其数学表达式为

$$F_1 = -F_2 \qquad (1-2)$$

在工程问题中，有一些构件可简化为只在两点处各受到一个力作用的刚体，这样的构件又称为**二力构件**（members subjected to the action of two forces）。由于工程上的二力构件大多数是杆件，所以二力构件常被简称为**二力杆**。二力杆可以是直杆、也可以是曲杆。图 1-3 所示为二力平衡构件的一例。

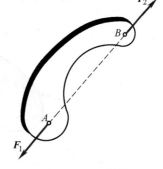

图 1-3 二力构件

3. 加减平衡力系原理

在作用于刚体的力系中，加上或减去任意个平衡力系，不改变原力系对刚体的作用效应，这称为**加减平衡力系原理**。

加减平衡力系原理是**力系简化**（reduction of force system）的重要依据之一。

推论Ⅰ：作用于刚体上的力可沿其作用线滑移至刚体内任意一点，而不改变力对刚体的作用效应。这称为**力的可传性定理**（principle of transmissibility of a force）。

证明：设 F 为作用于刚体上点 A 的已知力（图 1-4(a)），在力的作用线上、刚体内任意一点 B 加上一对大小均为 F 的平衡力 F_1、F_2（图 1-4(b)），根据加减平衡力系原理，新力系（F、F_1、F_2）与原来的力 F 等效。而 F 和 F_1 构成一对平衡力系，减去这一力系后不改变力系的作用效应（图 1-4(c)）。于是，力 F_2 与原来的力 F 等效。力 F_2 与力 F 大小相等，作用线和指向相同，只是作用点由 A 变为 B。

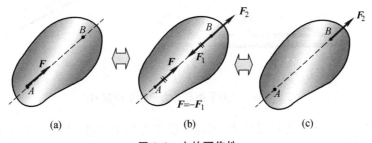

图 1-4 力的可传性

这一推论表明，对于刚体，**力的三要素**（three elements of a force）变为：**力的大小、方向和作用线**。

可以沿作用线移动的矢量称为**滑移矢量**（slip vector）。作用于刚体上的力是滑移矢量。

推论Ⅱ：作用于刚体上的三个力，若构成平衡力系，且其中两个力的作用线汇交于一点，则三个力必在同一平面内，而且第三个力的作用线一定通过汇交点。这称为**三力平衡汇交定理**。

证明：设刚体受 F_1、F_2 和 F_3 三个力作用而平衡（图 1-5(a)），根据力的可传性定理，将

F_1 和 F_2 分别沿其作用线移至二者作用线的交点 O 处(图 1-5(b)),将二力按照平行四边形法则合成,得到它们的合力 F_{12}。这时的刚体就可以看作为只受 F_{12} 和 F_3 两个力的作用。由二力平衡原理,力 F_{12} 和 F_3 必共线,由此 F_3 的作用线必通过点 O。同时,由于 F_{12} 是 F_1 和 F_2 构成的平行四边形的对角线,所以 F_{12} 与 F_1 和 F_2 共面,亦即 F_3 与 F_1 和 F_2 共面。

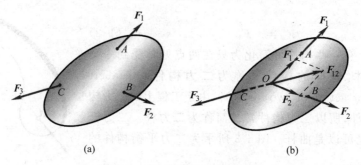

图 1-5 三力平衡汇交定理证明

图 1-6(a)所示的吊车结构的杆 BC 和梁 AB 为二力平衡与三力平衡汇交的实例。其中的直杆 BC,如果是平衡的,杆两端的约束力 F'_{RC} 和 F'_{RB} 必然大小相等、方向相反,并且同时沿着同一直线(对于直杆即为杆的轴线)作用,如图 1-6(c)所示;另一方面,如果作用在构件两端的力大小相等、方向相反,并且同时沿着同一直线作用,则构件一定是平衡的。而梁 AB 则在三个力作用下保持平衡,这三个力的作用线汇交于一点,如图 1-6(b)所示。

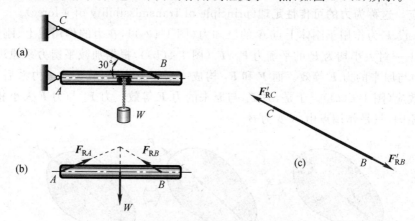

图 1-6 二力平衡与三力平衡汇交实例

需要注意的是,对于只能承受拉力、不能承受压力的柔性体,上述二力平衡条件只是必要的,而不是充分的。例如图 1-7 所示的绳索,当承受一对大小相等、方向相反的拉力作用时可以保持平衡,但是如果承受一对大小相等、方向相反的压力作用时,绳索便不能平衡。

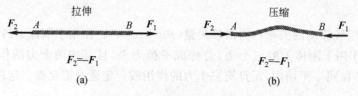

图 1-7 二力平衡条件对于柔性体是必要的而不是充分的

1.3 工程中的约束与约束力

1.3.1 约束与约束力的概念

工程中的机器和结构都是由若干零件和构件通过相互接触和相互连接而成。**约束**（constraint）则是接触和连接方式的简化模型。

物体的运动，如果没有受到其他物体的直接制约，如飞行中飞机、火箭、人造卫星等，则称这类物体为**自由体**（free body）。物体的运动，如果受到其他物体直接制约，如在地面上行驶的车辆受到地面的制约、桥梁受到桥墩的制约、各种机械中的轴受到轴承的制约等，则称这类物体为**非自由体**或**受约束体**（constrained body）。

约束的作用是对与之连接物体的运动施加一定的限制条件。地面限制车辆在地面上运动；桥墩限制桥梁的运动，使之保持固定的位置；轴承限制轴只能在轴承中转动等。

1.3.2 绳索约束与带约束

缆索、工业带、链条等都可以理想化为单侧约束，统称为**柔索**（cable）。这种约束的特点是其所产生的约束力只能沿柔索方向的单侧约束力，并且只能是拉力，不能是压力。

例如，在图 1-8 中的带轮传动机构中，带虽然有紧边和松边之分，但两边的带所产生的约束力都是拉力，只不过紧边的拉力要大于松边的拉力。

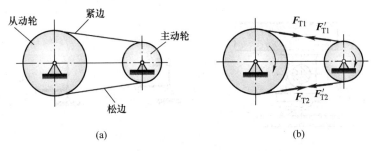

图 1-8 带约束力

1.3.3 刚性光滑面约束

约束体与被约束体都是刚体，因而二者之间为刚性接触，这种约束称为刚性约束。

两个物体的接触面处光滑无摩擦时，约束物体只能限制被约束物体沿二者接触面公法线方向的运动，而不限制沿接触面切线方向的运动。这种约束称为**光滑面约束**（smooth surface constraint）。

光滑面约束的约束力只能沿着接触面的公法线方向，并指向被约束物体（单面约束）。图 1-9 中(a)和(b)所示分别为光滑曲面对刚性球的约束和齿轮传动机构中齿轮的约束。

桥梁、屋架结构中采用的**辊轴支承**（roller support），又称辊轴支座（图 1-10(a)），也是一种光滑面约束。采用这种支承结构，主要是考虑到由于温度的改变，桥梁长度会有一定量的伸长或缩短，为使这种伸缩自由，辊轴可以沿伸缩方向前后作微小滚动。当不考虑辊轴与接

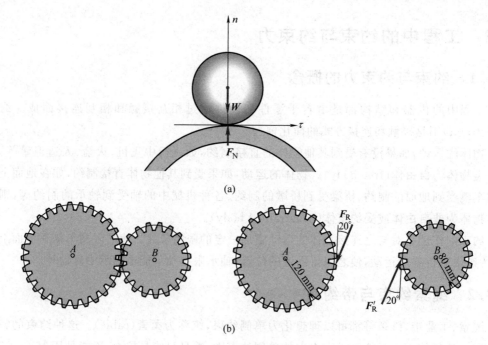

图 1-9 光滑面约束

触面之间的摩擦时,辊轴支承实际上是光滑面约束。其受力简图和约束力方向如图 1-10(b) 或(c)所示。

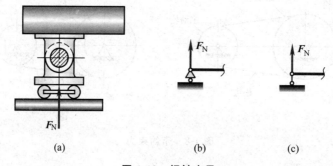

图 1-10 辊轴支承

需要指出的是,某些工程结构中的辊轴支承,既限制被约束物体向下运动,也限制向上运动。因此,约束力 F_N 垂直于接触面,可能背向接触面,也可能指向接触面(双面约束)。

1.3.4 刚性光滑铰链约束

1. 光滑圆柱铰链约束

光滑圆柱铰链(smooth cylindrical pin)又称为**柱铰**,或者简称为铰链,若约束物体为固定支座,则又称这种约束为固定铰支座。其结构简图如图 1-11(a)所示:约束与被约束物体通过销钉连成一体。这种连接方式的特点是限制了被约束物体只能绕销钉轴线转动,而不能有移动。

若将销钉与被约束物体视为一整体,则其与约束物体(固定支座)之间为线(销钉圆柱体的母线)接触,在平面图形上则为一点。

接触线(或点)的位置随载荷的方向而改变,因此在光滑接触的情况下,这种约束的约束力通过圆孔中心,但其大小和方向均不确定,通常用分量表示。在平面问题中这些分量分别为 F_x、F_y,即 $F_R=(F_x,F_y)$。

这种约束的力学符号如图 1-11(b)或(c)所示。图 1-11(d)所示为实际结构中的光滑圆柱铰链约束。

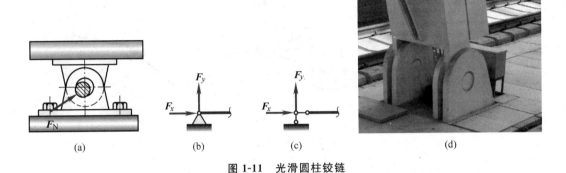

图 1-11 光滑圆柱铰链

支承传动轴的**向心轴承**(图 1-12(a)),也是一种固定铰支座约束,其力学符号如图 1-12(b)所示。

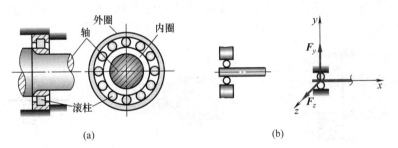

图 1-12 向心轴承

实际工程结构中,铰链约束除了上述约束物体为固定铰支座外,还有两个构件通过铰链连接,称为**活动铰链**,其实际结构简图如图 1-13(a)所示。这时两个相连的构件互为约束与被约束物体,其约束力与固定铰支座相似,如图 1-13(b)所示。图 1-13(c)所示为这种铰链的力学符号。

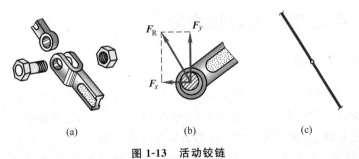

图 1-13 活动铰链

2. 球形铰链约束

球形铰链(ball-socket joint)简称球铰。与一般铰链相似也有固定球铰与活动球铰之分。其结构简图如图 1-14(a) 所示,被约束物体上的球头与约束物体上的球窝连接。这种约束的特点是被约束物体只绕球心作空间转动,而不能有空间任意方向的移动。因此,球铰的约束力为空间力,一般用三个分量 F_x, F_y, F_z 表示(图 1-14(b)),$F_R = (F_x, F_y, F_z)$。其力学符号如图 1-14(c) 所示。

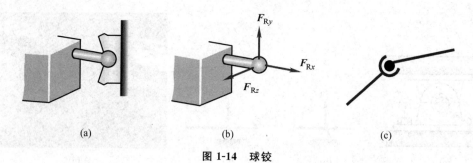

图 1-14 球铰

3. 止推轴承约束

图 1-15(a) 中所示的止推轴承,除了与向心轴承一样具有作用线不定的径向约束力外,由于限制了轴的轴向运动,因而还有沿轴线方向的约束力(图 1-15(b))。其力学符号如图 1-15(c) 所示。

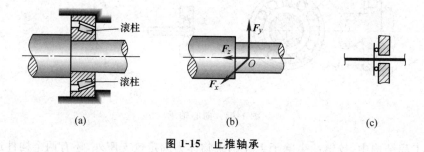

图 1-15 止推轴承

需要指出的是,工程上还有一种常见的固定端约束,由于约束力分布比较复杂,需要加以简化,因此,这种约束的约束力将在第 2 章中介绍。

1.4 力对点之矩与力对轴之矩

1.4.1 力对点之矩

物理学中已经阐明,**力对点之矩**(moment of a force about a point)是力使物体绕某一点转动效应的量度。这一点称为**力矩中心**(center of moment),简称**矩心**。

在物理学的基础上,现在考查空间任意力对某一点之矩。

如图 1-16 所示,设力 $F = F_x i + F_y j + F_z k$;点 O 到力 F 作用点 A 的矢量称为**矢径**

(position vector),矢径 $r = xi + yj + zk$。

定义：力对点 O 之矩等于矢径 r 与力 F 的矢量积(或称为叉积)，即

$$M_O(F) = r \times F = \begin{vmatrix} i & j & k \\ x & y & z \\ F_x & F_y & F_z \end{vmatrix} = M_{Ox}i + M_{Oy}j + M_{Oz}k \qquad (1-3)$$

其中，M_{Ox}、M_{Oy}、M_{Oz} 分别为 $M_O(F)$ 在过点 O 的 x、y、z 轴上的投影。根据式(1-3)得

$$M_{Ox} = yF_z - zF_y, \quad M_{Oy} = zF_x - xF_z, \quad M_{Oz} = xF_y - yF_x \qquad (1-4)$$

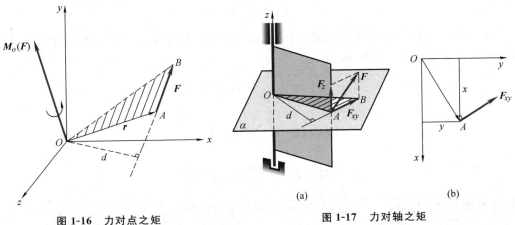

图 1-16 力对点之矩 　　　　　图 1-17 力对轴之矩

1.4.2 力对轴之矩

力对轴之矩(moment of a force about an axis)是力使物体绕某一轴转动效应的量度。图 1-17(a) 所示可绕轴转动的门，在其上点 A 作用有任意方向的力 F。将 F 分解为 $F = F_z + F_{xy}$，其中，F_z 平行于 z 轴，F_{xy} 垂直于 Oz 轴。力 F 对门所产生的绕 Oz 轴转动的效应是其两个分力(F_z，F_{xy})所产生效应的叠加结果。由于与 Oz 轴共面的 F_z 对门不产生绕 Oz 轴转动的效应，所以只有分力 F_{xy} 对门产生绕 Oz 轴转动的效应。这一转动效应可用垂直于 Oz 轴平面上的分力 F_{xy} 对点 O 之矩 $M_{Oz}(F_{xy})$ 度量，如图 1-17(b) 所示。

根据图 1-17，有

$$M_{Oz}(F) = M_{Oz}(F_{xy}) = xF_y - yF_x \qquad (1-5)$$

比较式(1-4)与式(1-5)，有

$$M_z(F) = M_{Oz} = [M_O(F)]_z \qquad (1-6)$$

类似的还有

$$M_x(F) = M_{Ox} = [M_O(F)]_x$$
$$M_y(F) = M_{Oy} = [M_O(F)]_y$$

即力对点之矩在过该点的轴上的投影等于力对该轴之矩(代数量)，此即**力矩关系定理**，如图 1-18 所示。

力对轴之矩为代数量，按右手定则：四指握拳方向与力对轴之矩方向一致，拇指指向与坐标轴正向一致者为正，反之为负。

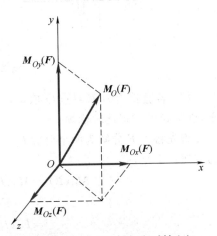

图 1-18 力对点之矩与力对轴之矩

1.4.3 合力矩定理

若力系存在合力,由力系等效原理不难理解:合力对某一点之矩,等于力系中所有力对同一点之矩的矢量和,此即**合力矩定理**(theorem of the moment of a resultant):

$$\boldsymbol{M}_O(\boldsymbol{F}) = \sum_{i=1}^{n} \boldsymbol{M}_O(\boldsymbol{F}_i) \tag{1-7}$$

其中

$$\boldsymbol{F} = \sum_{i=1}^{n} \boldsymbol{F}_i$$

需要指出的是,对于力对轴之矩,合力矩定理则为:合力对某一轴之矩,等于力系中所有力对同一轴之矩的代数和,即

$$\left. \begin{array}{l} M_{Ox}(\boldsymbol{F}) = \sum\limits_{i=1}^{n} M_{Ox}(\boldsymbol{F}_i) \\ M_{Oy}(\boldsymbol{F}) = \sum\limits_{i=1}^{n} M_{Oy}(\boldsymbol{F}_i) \\ M_{Oz}(\boldsymbol{F}) = \sum\limits_{i=1}^{n} M_{Oz}(\boldsymbol{F}_i) \end{array} \right\} \tag{1-8}$$

【例题 1-1】 支架受力 $\boldsymbol{F}$ 作用,如图 1-19 所示,图中 l_1、l_2、l_3 与 α 角均为已知。求:$\boldsymbol{M}_O(\boldsymbol{F})$。

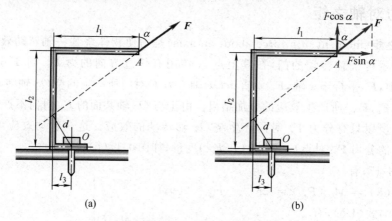

图 1-19 例题 1-1 图

解: 若直接由力 $\boldsymbol{F}$ 对点 O 取矩,即 $|\boldsymbol{M}_O(\boldsymbol{F})| = Fd$,其中 d 为力臂。显然,在图示情形下,确定 d 的过程比较麻烦。

若先将力 $\boldsymbol{F}$ 分解为两个分力 $\boldsymbol{F}_x = (F\sin\alpha)\boldsymbol{i}$ 和 $\boldsymbol{F}_y = (F\cos\alpha)\boldsymbol{j}$,再应用合力矩定理,则较为方便。于是,有

$$\begin{aligned} \boldsymbol{M}_O(\boldsymbol{F}) &= \boldsymbol{M}_O(\boldsymbol{F}_x) + \boldsymbol{M}_O(\boldsymbol{F}_y) \\ &= -(F\sin\alpha)l_2 \boldsymbol{k} + (F\cos\alpha)(l_1 - l_3)\boldsymbol{k} \\ &= F[(l_1 - l_3)\cos\alpha - l_2\sin\alpha]\boldsymbol{k} \end{aligned}$$

显然,根据这一结果,还可算得力 $\boldsymbol{F}$ 对点 O 的力臂为

$$d = |(l_1 - l_3)\cos\alpha - l_2\sin\alpha|$$

上述分析与计算结果表明,应用合力矩定理,在某些情形下将使计算过程简化。

1.5 受力分析方法与过程

分析静力学问题时,往往必须首先根据问题的性质、已知量和所要求的未知量,选择某一物体(或几个物体组成的系统)作为分析研究对象,并将所研究的物体从与之接触或连接的物体中分离出来,即解除其所受的约束而代之以相应的约束力。

解除约束后的物体,称为**分离体**(isolated body)或隔离体。分析作用在分离体上的全部主动力和约束力,画出分离体的受力简图——**受力图**。这一过程即为受力分析。

受力分析是求解静力学问题的重要基础。具体步骤如下:
(1) 选定合适的研究对象,确定分离体;
(2) 画出所有作用在分离体上的主动力(一般皆为已知力);
(3) 在分离体的所有约束处,根据约束的性质画出相应的约束力。

当选择若干个物体组成的系统作为研究对象时,作用于系统上的力可分为两类:系统外物体作用于系统内物体上的力,称为**外力**(external force);系统内物体间的相互作用力称为**内力**(internal force)。

应该指出,内力和外力的区分不是绝对的,内力和外力,只有相对于某一确定的研究对象才有意义。由于内力总是成对出现的,不会影响所选择的研究对象的平衡状态,因此,不必在受力图上画出。

此外,当所选择的研究对象不止一个时,要正确应用作用与反作用定律,确定相互联系的物体在同一约束处的约束力,作用力与反作用力应该大小相等、方向相反(参见例 1-5、例 1-6)。

【**例题 1-2**】 重量为 F_P 的杆 AB 放置在刚性槽内,如图 1-20(a)所示。假设杆与槽的所有接触处均为光滑接触。试画出杆 AB 的受力图。

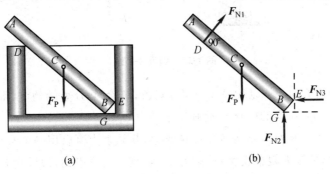

图 1-20 例题 1-2 图

解:(1) 确定研究对象:以杆 AB 为研究对象,将其从刚性槽中分离出来。
(2) 画出主动力:在分离体上画上主动力 F_P,其分离体图如图 1-20(b)所示。
(3) 画出约束力:因为 D、G、E 三处均为光滑面接触,故这三处约束力均沿着各自接触面(刚性槽的内壁面)的法线方向。

于是，杆 AB 的受力图如图 1-20(b)所示。

【例题 1-3】 重力为 F_P、表面光滑的圆柱体，放置在刚性光滑墙面与刚性凸台之间，接触点分别为 A 和 B 两点，如图 1-21(a)所示。试画出圆柱体的受力图。

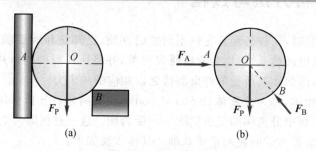

图 1-21 例题 1-3 图

解：(1) 选择研究对象：取圆柱体为研究对象，将其从系统中分离出来。

(2) 画出主动力：圆柱体所受的重力 F_P，沿铅垂方向向下，作用点在圆柱体的重心 O 处。

(3) 画出约束力：因为墙面和圆柱体表面都是光滑的，所以，在 A、B 两处均为光滑面约束，根据光滑面的约束性质，A 处约束力 F_A 垂直于墙面，指向圆柱体中心；圆柱体与凸台间接触也属于光滑面约束，所以 B 处约束力 F_B 作用线沿二者的公法线方向，即沿连线 BO 方向，指向点 O。

于是，圆柱体的受力图如图 1-21(b)所示。

【例题 1-4】 梁 AB 的 A 端为固定铰链支座，B 端为辊轴支座，支承平面与水平面夹角为 30°，梁中点 C 处作用有集中力 F_P（图 1-22(a)）。如不计梁的自重，试画出梁的受力图。

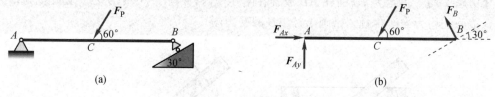

图 1-22 例题 1-4 图

解：(1) 选择研究对象：以梁 AB 为研究对象，解除 A、B 处的约束，将梁分离出来。

(2) 画出主动力：在梁的中点 C 处画出主动力 F_P。

(3) 画出约束力：因为 A 端为固定铰链支座，其约束力可以用一个水平分力 F_{Ax} 和一个垂直分力 F_{Ay} 表示；B 端为辊轴支座，约束力 F_B 垂直于支承平面，假设指向左上方。

于是，梁的受力图如图 1-22(b)所示。

【例题 1-5】 二直杆 AC 与 BC 在点 C 用光滑铰链连接，二杆在点 D 和点 E 之间用绳索相连。A 处为固定铰链支座，B 端放置在光滑水平面上。杆 AC 的中点处作用有集中力 F_P，其作用线垂直于杆 AC（图 1-23(a)）。如果不计二杆自重，试分别画出杆 AC 与杆 BC 组成的整体结构的受力图，以及杆 AC 和杆 BC 的受力图。

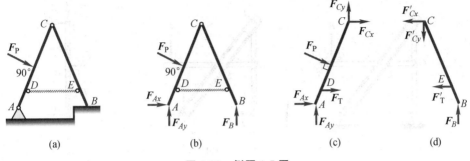

图 1-23 例题 1-5 图

解：(1) 整体结构受力图

以整体为研究对象，解除 A、B 两处的约束，得到分离体。作用在整体的外力有：

主动力——F_P；

约束力——固定铰支座 A 处的约束力 F_{Ax}、F_{Ay}；B 处光滑接触面的约束力 F_B。

于是，整体结构的受力图如图 1-23(b) 所示。

需要注意的是，画整体受力图时，铰链 C 处以及绳索两端 D、E 两处的约束都没有解除，这些部分的约束力，都是各相连接部分的相互作用力，对于整体结构而言是内力，因而都不会显示出来，所以不应该画在整体的受力图上。

(2) 杆 AC 的受力图

以杆 AC 为研究对象，解除 A、C、D 三处的约束，得到其分离体。作用在杆 AC 上的主动力为 F_P。约束力有：固定铰支座 A 处的约束力 F_{Ax}、F_{Ay}；铰链 C 处约束力 F_{Cx}、F_{Cy}，D 处绳索的约束力为拉力 F_T。于是，杆 AC 的受力图如图 1-23(c) 所示。

(3) 杆 BC 的受力图

以杆 BC 为研究对象，解除 B、C、E 三处的约束，得到其分离体。作用在杆 BC 上的约束力有光滑接触面 B 处的约束力 F_B，E 处绳索的约束力为拉力 F'_T，F'_T 与作用在杆 AC 上 D 处的约束力 F_T 大小相等、方向相反；C 处约束力为 F'_{Cx}、F'_{Cy}，二者分别与作用在杆 AC 上 C 处约束力 F_{Cx}、F_{Cy} 互为作用力与反作用力。

于是，杆 BC 的受力图如图 1-23(d) 所示。

【例题 1-6】 由构件 AO、AB 和 CD 组成的结构及其受力如图 1-24(a) 所示。不计各杆重力，且所有零件连接处均为光滑接触。试画出整体结构以及各杆件的受力图。

解：(1) 结构整体受力图

以整体为研究对象，O、B 两处为固定铰链约束，各有一个水平约束力和一个铅垂约束力，假设约束力方向；其余各处的约束力均为内力。D 处作用有主动力 F。于是结构整体受力图如图 1-24(b) 所示。

(2) 杆 AO 的受力图

以杆 AO 为研究对象，其中 O 处受力与整体受力图 1-24(b) 中 O 处受力相同；C、A 两处为中间活动铰链，约束力也可以分解为水平方向和铅垂方向两个分力。于是，杆 AO 的受力图如图 1-24(c) 所示。

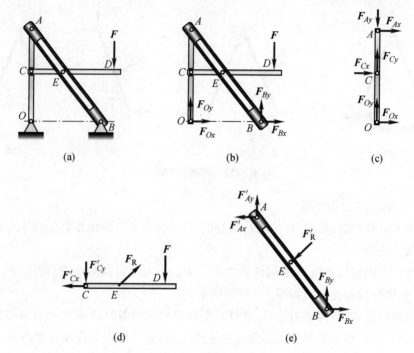

图 1-24 例题 1-6 图

（3）杆 CD 的受力图

以杆 CD 为研究对象，C 处受力与杆 AO 在 C 处的受力互为作用力和反作用力；杆 CD 上所带销钉 E 处受到杆 AB 中滑槽光滑面约束力 F_R；D 处作用有主动力 F。于是杆 CD 受力如图 1-24(d)所示。

（4）杆 AB 的受力图

以杆 AB 为研究对象，A 处受力与杆 AO 在 A 处的受力互为作用力和反作用力；E 处受力与杆 CD 在 E 处的受力互为作用力和反作用力；B 处的约束力与整体受力图中 B 处的受力相同。于是，杆 AB 受力如图 1-24(e)所示。

1.6 结论与讨论

1.6.1 关于约束与约束力

正确地分析约束与约束力不仅是静力学的重要内容，而且也是工程设计的基础。

约束力决定于约束的性质，也就是有什么样的约束，就有什么样的约束力。因此，分析构件上的约束力时，首先要分析构件所受约束属于哪一类约束。

约束力的方向在某些情形下是可以确定的，但是，在很多情形下约束力的作用线与指向都是未知的。当约束力的作用线或指向仅凭约束性质不能确定时，可将其分解为两个相互垂直的约束力，并假设二者的方向。

至于约束力的大小，则需要根据作用在构件上的主动力与约束力之间必须满足的平衡条件确定，这将在第 3 章介绍。

此外,本章只介绍了几种常见的工程约束模型。工程中还有一些约束,其约束力为复杂的分布力系,对于这些约束需要将复杂的分布力加以简化,得到简单的约束力。这类问题将在第 2 章详细讨论。

1.6.2 关于受力分析

通过本章分析,受力分析的方法与过程可以概述如下:
(1) 首先,确定物体所受的主动力或外加载荷;
(2) 其次,根据约束性质确定约束力,当约束力作用线可以确定,而指向不能确定时,可以假设约束力沿某一方向,最后根据计算结果的正负号决定假设方向是否正确;
(3) 选择合适的研究对象,解除约束,取出分离体;
(4) 画出受力图;
(5) 考查研究对象的平衡,确定全部未知力。

受力分析时注意以下两点是很重要的。
(1) 研究对象的选择有时不是唯一的,需要根据不同的问题,区别对待。基本原则是:所选择的研究对象上应当既有未知力,也有已知力,或者已经求得的力;同时,通过研究对象的平衡分析,能够求得尽可能多的未知力。
(2) 分析相互连接的构件受力时,要注意构件与构件之间的作用力与反作用力。例如,例题 1-6 中,分析杆 AO 和杆 CD 受力时,二者在连接处 C 的约束力互为作用力与反作用力(如图 1-24(c)和(d)),即 F'_{Cx},F'_{Cy} 分别与 F_{Cx},F_{Cy} 大小相等、方向相反。

1.6.3 关于二力构件

作用在刚体上的两个力平衡的充要条件:二力大小相等、方向相反且共线。实际结构中,只要构件的两端是铰链连接,两端之间没有其他外力(包括杆件的自重)作用,则这一构件必为二力构件。对于图 1-25 中所示各种结构中,请读者判断哪些构件是二力构件,哪些构件不是二力构件。

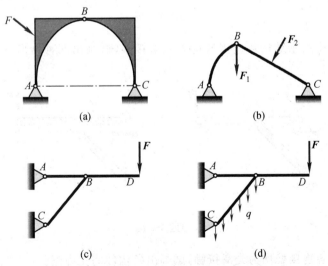

图 1-25 二力构件与非二力构件的判断

需要指出的是，充分应用二力平衡和三力平衡的概念，可以使受力分析与计算过程简化。

1.6.4 关于静力学中某些原理的适用性

静力学中的某些原理，如力的可传性、平衡的充要条件等，对于柔性体是不成立的，而对于弹性体则是在一定的前提下成立。

图 1-26(a)中所示的拉杆 ACB，当 B 端作用有拉力 F_P 时，整个拉杆 ACB 都会产生伸长变形。但是，如果将拉力 F_P 沿其作用线从 B 端传至 C 点时(图 1-26(b))，则只有 AC 段杆产生伸长变形，CB 段却不会产生变形。可见，两种情形下的变形效应是完全不同的。因此，当研究构件的变形效应时，力的可传性是不适用的。

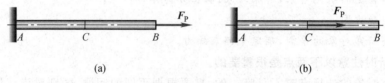

图 1-26 研究变形效应时力的可传性不适用

习题

1-1 如图(a)、(b)中所示，Ox_1y_1 与 Ox_2y_2 分别为正交与斜交坐标系。试将同一个力 F 分别在两坐标系中分解和投影，比较两种情形下所得的分力与投影的相同与不同之处。

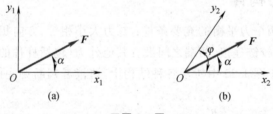

习题 1-1 图

1-2 图(a)和(b)中所示结构各连接处均为光滑接触，试画出两种情形下各构件的受力图，并加以比较。

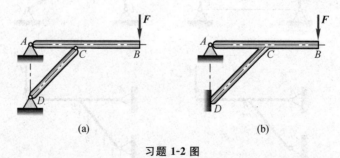

习题 1-2 图

1-3 图示结构中各连接处均为光滑接触，试画出各构件的受力图。

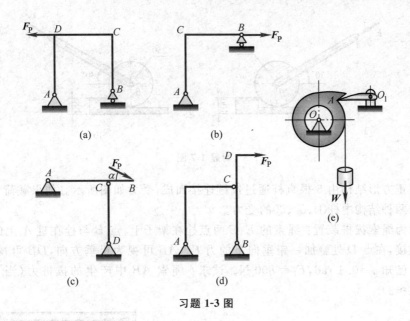

习题 1-3 图

1-4 图示三角架结构，载荷 F 作用在 B 铰上。杆 BD 自重为 W，作用在杆的中点。杆 AB 不计自重，试画出图(b)、(c)、(d)所示分离体的受力图，并加以讨论。

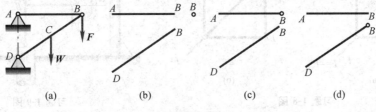

习题 1-4 图

1-5 图示刚性构件 ABC 由销钉 A 和拉杆 D 悬挂，在构件的点 C 作用有一力 F_P。试分析：将力 F_P 沿其作用线移至点 D 或点 E 处(如图示)后，是否会改变销钉 A 和杆 D 的受力？

1-6 组合梁 AC 和 CD 在点 C 处用中间铰链连接，梁的受力如图所示。试画出梁 AC 和 CD 的受力图。

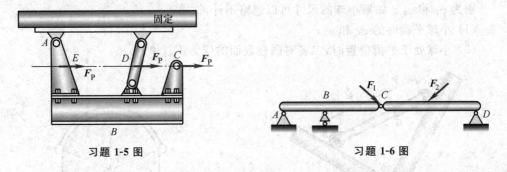

习题 1-5 图   习题 1-6 图

1-7 图示压路机的圆柱体碾子可以在推力或拉力作用下滚过 100 mm 高的台阶。假定力 F 都是沿着杆 AB 的方向，杆与水平面的夹角为 30°，碾子圆柱体的半径为 250 mm、重量为 250 N。各处摩擦忽略不计，试比较这两种情形下，碾子越过台阶时所需力 F 的大小。

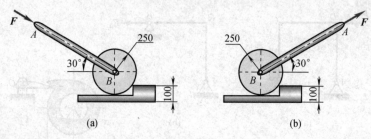

习题 1-7 图

1-8 两种正方形结构由 5 根直杆通过铰链连接而成,受力如图所示。如果载荷 F 为已知,试求两种结构中杆①、②、③的受力。

1-9 图示为绳索拔桩装置:绳索的 E、C 两点拴在架子上,点 B 与拴在桩 A 上的绳索 AB 相连接,在点 D 处施加一铅垂向下的力 F_P,AB 可视为铅垂方向,DB 可视为水平方向。已知 $\alpha=0.1$ rad,$F_P=800$ N。试求:绳索 AB 中产生的拔桩力(当 α 很小时,$\tan\alpha\approx\alpha$)。

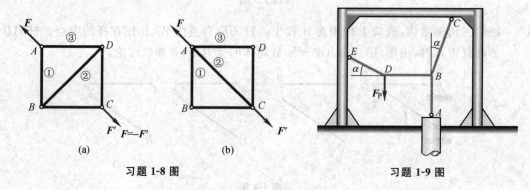

习题 1-8 图   习题 1-9 图

1-10 直杆 AB 以及杆两端滚子形成一整体,其重心在点 G,滚子搁置在倾斜的光滑刚性槽内,如图所示。对于给定的 θ 角,试求整体平衡时的 β 角。

1-11 小球 A 和 B 由长度 2 m 的缆线相连并放置在光滑圆柱面上,如图所示。已知:圆柱体(轴线垂直于纸平面)半径 $OA=0.1$ m;球 A 重 1 N,球 B 重 2 N。二小球处于平衡位置时,小球与圆柱体横截面圆心 O 的连线 OA 和 OB 与铅垂线 OC 之间的夹角分别为 φ_1 和 φ_2。如果小球的尺寸可以忽略不计,试求:

(1) 小球平衡时的 φ_1 和 φ_2;

(2) 小球处于平衡位置时,二者对圆柱表面的压力 F_{NA} 和 F_{NB}。

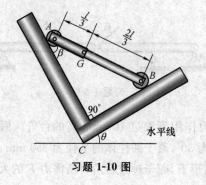 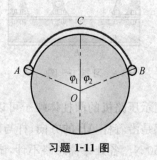

习题 1-10 图   习题 1-11 图

第 2 章 力系的等效与简化

作用在实际物体上的力系各式各样,但是,都可归纳为两大类:一类是力系中所有力的作用线都位于同一平面内,这类力系称为**平面力系**(system of forces in a plane);另一类是力系中所有力的作用线位于不同的平面内,称为**空间力系**(system of forces in different planes)。

某些力系,从形式上(比如组成力系的力的个数、大小和方向)不完全相同,但其所产生的运动效应却可能是相同的。这时,可以称这些力系为**等效力系**(equivalent system of forces)。

为了判断力系是否等效,必须首先确定表示力系基本特征的最简单、最基本的量——力系基本特征量。这需要通过力系的简化实现。

本章在物理学的基础上引出力系基本特征量,然后应用力向一点平移定理对力系简化,进而导出力系等效定理,并将其应用于简单力系。

2.1 力系等效与简化的概念

2.1.1 力系的主矢与主矩

主矢:由任意多个力所组成的力系($F_1, F_2, \cdots, F_n$)中所有力的矢量和,称为力系的主矢量,简称为**主矢**(principal vector),用 F_R 表示,即

$$F_R = \sum_{i=1}^{n} F_i \tag{2-1}$$

主矩:力系中所有力对于同一点(如点 O)之矩的矢量和,称为力系对这一点的**主矩**(principal moment),用 M_O 表示,即

$$M_O = \sum_{i=1}^{n} M_O(F_i) \tag{2-2}$$

需要指出的是,主矢只有大小和方向,并未涉及作用点;主矩却是对于确定点的。因此,对于一个确定的力系,主矢是唯一的,主矩并不是唯一的,同一个力系对于不同的点,主矩一般不相同。

2.1.2 力系等效的概念

如果两个力系的主矢和对同一点的主矩分别对应相等,二者对于同一刚体就会产生相同的运动效应,则称这两个力系为**等效力系**(equivalent system of forces)。

2.1.3 力系简化的概念

所谓力系的简化,就是将由若干个力和力偶所组成的力系,变为一个力,或者一个力偶,或者一个力和一个力偶等简单而等效的情形。这一过程称为**力系简化**(reduction of force system)。力系简化的基础是**力向一点平移定理**(theorem of translation of a force)。

2.2 力偶及其性质

2.2.1 力偶——最简单、最基本的力系

两个力大小相等、方向相反、作用线互相平行,但不在同一直线上(图 2-1),这两个力组成的力系称为**力偶**(couple)。力偶可以用记号(F,F')表示,其中 $F=-F'$。组成力偶(F,F')的两个力作用线所在的平面称为**力偶作用面**(couple plane);力 F 和 F' 作用线之间的距离 h 称为**力偶臂**(arm of couple)。

工程中力偶的实例很多。驾驶汽车时,双手施加在方向盘上的两个力,若大小相等、方向相反、作用线互相平行,则二者组成一力偶。这一力偶通过传动机构,使前轮转向。

图 2-2 所示为专用拧紧汽车车轮上螺帽的工具。加在其上的两个力 F_1 和 F_2,方向相反、作用线互相平行,如果大小相等,则二者组成一力偶。这一力偶通过工具施加在螺帽上,使螺帽拧紧。

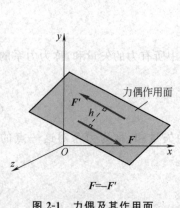

图 2-1 力偶及其作用面

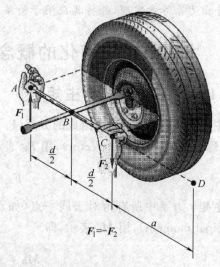

图 2-2 力偶实例

力偶对自由体作用的结果是使物体绕质心转动。例如湖面上的小船,若用双桨反向均匀用力划动,就相当于有一个力偶作用在小船上,小船会在原处旋转。

力偶对物体产生的绕某点(例如点 O)的转动效应,可用组成力偶的两个力对该点之矩之矢量和度量。

设有力偶(F,F')作用在物体上,如图 2-3 所示。二力作用点分别为点 A 和点 B,r_{BA} 为自点 B 至点 A 的矢径,$F'=-F$。点 O 为空间任意一点。力 F 和 F' 对点 O 之矩之矢量和为

$$M_O = M_O(F) + M_O(F') = r_A \times F + r_B \times F'$$
$$= (r_A - r_B) \times F = r_{BA} \times F$$

任取其他各点,也可以得到同样结果。这表明:力偶对点之矩与点的位置无关。于是,不失一般性,上式可写成

$$M = r_{BA} \times F$$

式中,M 称为这一力偶的**力偶矩矢量**(moment vector of a couple)。力偶矩用以度量力偶使物体产生转动效应的大小。

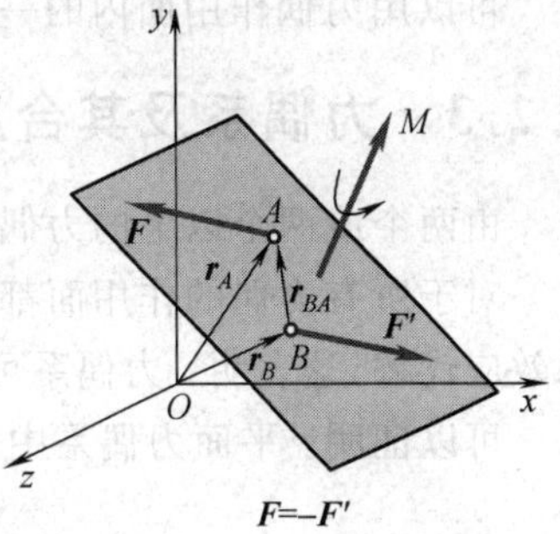

不难看出,力偶矩矢量只有大小和方向,与矩心点 O 的位置无关,故为自由矢量。

在平面力系中,考虑到力偶的不同转向,上式可改写为

$$M = \pm Fh \tag{2-3}$$

式中,F 为组成力偶的一个力;h 为力偶臂;正负号表示力偶的转动方向,例如可以规定:逆时针方向转动者为正,顺时针方向转动者为负。

图 2-3 力偶矩

2.2.2 力偶的性质

根据力偶的定义,可以证明,力偶具有如下性质:

性质一:由于力偶只产生转动效应,不产生移动效应,因此力偶不能与一个力等效(即力偶无合力),当然也不能与一个力平衡。

性质二:只要保持力偶的转向和力偶矩的大小不变,可以同时改变力和力偶臂的大小,或在其作用面内任意移动或转动,不会改变力偶对物体作用的效应(图 2-4(a)、(b)、(c))。力偶的这一性质是很明显的,因为力偶的这些变化,并没有改变力偶矩的大小和转向,因此也就不会改变对物体作用的效应。

根据力偶的这一性质,力偶作用的效应不单取决于力偶中力的大小和力偶臂的大小,而且还取决于它们的乘积大小和力偶的转向(图 2-4(d)、(e))。

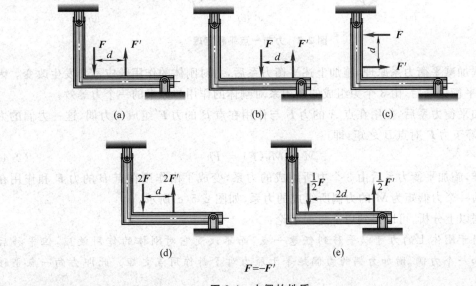

图 2-4 力偶的性质

可以用力偶作用面内的一个圆弧箭头表示力偶,圆弧箭头的方向表示力偶转向。

2.2.3 力偶系及其合成

由两个或两个以上的力偶所组成的系统,称为**力偶系**(system of couples)。

对于所有力偶的作用面都处于同一平面内的力偶系,其转动效应可以用一合力偶的转动效应代替,这表明:力偶系可以合成一合力偶。

可以证明:平面力偶系中,合力偶的力偶矩等于力偶系中所有力偶的力偶矩的代数和。

2.3 力系简化的基础——力向一点平移定理

根据力的可传性,作用在刚体上的力,可以沿其作用线移动,而不会改变力对刚体的作用效应。但是,如果将作用在刚体上的力,从一点平行移动至另一点,力对刚体的作用效应将发生变化。能不能使作用在刚体上的力平移到力的作用线以外的任意点,而不改变原有力对刚体的作用效应?答案是肯定的。

为了使平移后与平移前力对刚体的作用等效,需要应用加减平衡力系原理。

假设在刚体上的点 A 作用一力 F,如图 2-5(a)所示,为了使这一力能够等效地平移到刚体上的其他任意一点(例如点 B),先在这一点施加一对大小相等、方向相反的平衡力系 (F, F'),这一对力的数值与作用在点 A 的力 F 数值相等,作用线与力 F 平行,如图 2-5(b)所示。

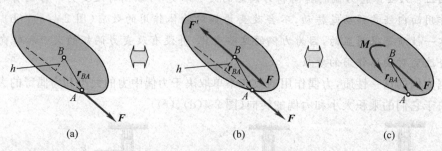

图 2-5 力向一点平移定理

根据加减平衡力系原理,施加上述平衡力系后,力对刚体的作用效应不会发生改变。因此,施加平衡力系后,由3个力组成的新力系对刚体的作用与原来的一个力等效。

增加平衡力系后,作用在点 A 的力 F 与作用在点 B 的力 F' 组成一力偶,这一力偶的力偶矩 M 等于力 F 对点 B 之矩,即

$$M = M_B(F) = Fh \tag{2-4}$$

这样,施加平衡力系后由3个力所组成的力系,变成了由作用在点 B 的力 F 和作用在刚体上的一个力偶矩为 M 的力偶所组成的力系,如图 2-5(c)所示。

根据以上分析,可以得到以下重要结论:

作用于刚体上的力可以平移到任意一点,而不改变它对刚体的作用效应,但平移后必须附加一个力偶,附加力偶的力偶矩等于原力对于新作用点之矩。此即力向一点平移定理。

力向一点平移结果表明,一个力向任一点平移,得到与之等效的一个力和一个力偶;反之,作用于同一平面内的一个力和一个力偶,也可以合成作用于另一点的一个力。

需要指出的是,力偶矩与力矩一样也是矢量,因此,力向一点平移所得到的力偶矩矢量,可以表示成

$$M = r_{BA} \times F \tag{2-5}$$

其中,r_{BA} 为点 B 至点 A 的矢径。

2.4 平面力系的简化

2.4.1 平面汇交力系与平面力偶系的合成结果

对于作用线处于同一平面并且汇交于一点的**平面汇交力系**,利用矢量合成的方法可以将这一力系合成为一个通过该点的合力,这一合力等于力系中所有力的矢量和。

$$F = \sum_{i=1}^{n} F_i \tag{2-6}$$

在 Oxy 坐标系中,上式可以写成力的投影形式

$$\left. \begin{array}{l} F_x = \sum_{i=1}^{n} F_{ix} \\ F_y = \sum_{i=1}^{n} F_{iy} \end{array} \right\} \tag{2-7}$$

式中,F_x、F_y 为合力 F 分别在 x 轴和 y 轴上的投影,等号右边的项分别为力系中所有的力在 x 轴和 y 轴上投影的代数和。

对于作用面在同一平面内的力偶所组成的**平面力偶系**,只能合成一合力偶,合力偶的力偶矩等于各力偶的力偶矩的代数和

$$M_O = \sum_{i=1}^{n} M_i = \sum_{i=1}^{n} M_O(F_i) \tag{2-8}$$

2.4.2 平面一般力系的简化方法与过程

下面应用力向一点平移以及平面汇交力系和平面力偶系的合成结果,讨论平面力系的简化。

设刚体上作用有由任意多个力所组成的平面力系($F_1, F_2, \cdots, F_n$),如图 2-6(a)所示。现在将力系向其作用平面内任意一点简化,这一点称为**简化中心**,通常用 O 表示。

简化的方法是:将力系中所有的力逐个向简化中心点 O 平移,每平移一个力,便得到一个力和一个力偶,如图 2-6(b)所示。

简化的结果,得到一个作用线都通过点 O 的力系($F'_1, F'_2, \cdots, F'_n$)(图 2-6(b)),这种由作用线处于同一平面并且汇交于一点的力所组成的力系,称为平面汇交力系;同时还得到由若干作用面在同一平面内的力偶所组成的平面力偶系($M_1, M_2, \cdots, M_n$)(图 2-6(b))。平面力系向一点简化所得到的平面汇交力系和平面力偶系,还可以进一步合成为一个力和一个力偶(图 2-6(c))。

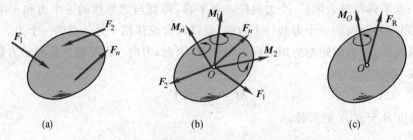

图 2-6 平面力系的简化过程与简化结果

2.4.3 平面一般力系的简化结果

上述分析结果表明:平面一般力系向作用面内任意一点简化,一般情形下,得到一个力和一个力偶。所得力的大小和方向与这一力系的主矢相同,作用于简化中心,它等于力系中所有力的矢量和;所得力偶仍作用于原平面内,其力偶矩等于原力系对于简化中心的主矩,数值等于力系中所有力对简化中心之矩的代数和。

由于力系向任意一点简化其主矢都是等于力系中所有力的矢量和,所以主矢与简化中心的选择无关;主矩则不然,主矩等于力系中所有力对简化中心之矩的代数和,对于不同的简化中心,力对简化中心之矩也各不相同,所以,主矩与简化中心的选择有关。因此,当我们提及主矩时,必须指明是对哪一点的主矩。例如,M_O 就是指对点 O 的主矩。

需要注意的是,主矢与合力是两个不同的概念,主矢只有大小和方向两个要素,并不涉及作用点,可在任意点画出;而合力有三要素,除了大小和方向之外,还必须指明其作用点。

【例题 2-1】 环形螺栓固定于墙体内,其上作用有 3 个力 F_1,F_2,F_3,各力的方向如图 2-7(a)所示,各力的大小分别为 $F_1=3$ kN,$F_2=4$ kN,$F_3=5$ kN。试求:螺栓作用在墙体上的力。

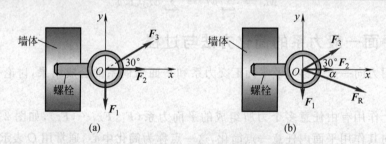

图 2-7 例题 2-1 图

解: 要求螺栓作用在墙体上的力就是要确定作用在螺栓上所有力的合力。确定合力可以利用力的平行四边形法则,对力系中的各个力两两合成。但是,对于力系中力的个数比较多的情形,这种方法显得很繁琐。而采用合力的投影表达式(2-7),则比较方便。

为了应用式(2-7),首先需要建立坐标系 Oxy 坐标系,如图 2-7(b)所示。

先将各力分别向 x 轴和 y 轴投影,然后代入式(2-7),得

$$F_x = \sum_{i=1}^{3} F_{ix} = F_{1x} + F_{2x} + F_{3x} = 0 + 4 \text{ kN} + 5 \text{ kN} \times \cos 30° = 8.33 \text{ kN}$$

$$F_y = \sum_{i=1}^{3} F_{iy} = F_{1y} + F_{2y} + F_{3y} = -3 \text{ kN} + 0 + 5 \text{ kN} \times \sin 30° = -0.5 \text{ kN}$$

由此可求得合力 F 的大小与方向(即其作用线与 x 轴的夹角)

$$F = \sqrt{F_x^2 + F_y^2} = \sqrt{(8.33 \text{ kN})^2 + (-0.5 \text{ kN})^2} = 8.345 \text{ kN}$$

$$\cos \alpha = \frac{F_x}{F} = \frac{8.33 \text{ kN}}{8.345 \text{ kN}} = 0.998$$

$$\alpha = 3.6°$$

【例题 2-2】 作用在刚体上的 6 个力组成处于同一平面内的 3 个力偶(F_1, F_1')、(F_2, F_2') 和(F_3, F_3'),如图 2-8 所示,其中 $F_1 = F_1' = 200$ N, $F_2 = F_2' = 600$ N, $F_3 = F_3' = 400$ N。图中长度单位为 mm,试求:3 个平面力偶所组成的平面力偶系的合力偶矩。

解:根据平面力偶系的简化结果,由式(2-8),本例中 3 个力偶所组成的平面力偶系的合力偶的力偶矩,等于 3 个力偶的力偶矩之代数和:

$$M_O = \sum_{i=1}^{n} M_i = M_1 + M_2 + M_3$$
$$= F_1 \times h_1 + F_2 \times h_2 - F_3 \times h_3$$
$$= 200 \text{ N} \times 1 \text{ m} + 600 \text{ N} \times \frac{0.4 \text{ m}}{\sin 30°}$$
$$- 400 \text{ N} \times 0.4 \text{ m} = 520 \text{ N} \cdot \text{m}$$

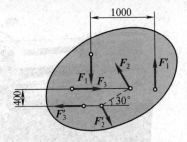

图 2-8 例题 2-2 图

【例题 2-3】 图 2-9(a)中,作用在刚性圆轮上的复杂力系可以简化为一摩擦力 F 和一力偶矩为 M、方向如图示的力偶。已知力 F 的数值为 $F = 2.4$ kN。如果要使力 F 和力偶向点 B 简化结果只是沿水平方向的主矢 F_R,而主矩等于零(如图 2-9(b));点 B 到轮心 O 的距离 $OB = 12$ mm(图中长度单位为 mm)。试求:作用在圆轮上的力偶的力偶矩 M 的大小。

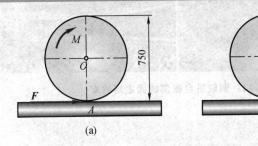

图 2-9 例题 2-3 图

解:因为要求力和力偶向点 B 简化结果为:只有沿水平方向的主矢,即通过点 B 的合力,而所得的主矩(合力偶的力偶矩)等于零,于是,将 F 和 M 分别向点 B 简化,应用式(2-8),有

$$M_B = \sum_{i=1}^{n} M_i = -M + F \times \overline{AB} = 0$$

其中，M 的负号表示力偶为顺时针转向，式中

$$\overline{AB} = \frac{750 \text{ mm}}{2} + 12 \text{ mm} = 387 \text{ mm} = 0.387 \text{ m}$$

将其连同力 $F=2.4$ kN 代入上式后，解出所要求的力偶矩为

$$M = 2.4 \text{ kN} \times 0.387 \text{ m} = 0.93 \text{ kN} \cdot \text{m}$$

2.5 固定端约束的约束力

本节应用平面力系的简化方法分析一种约束力比较复杂的约束。这种约束叫做固定端或插入端（fixed end support）约束。

固定端约束在工程中很常见。诸如：机床上装卡加工工件的卡盘对工件的约束（图 2-10）；大型机器（如摇臂钻床）中立柱对摇臂的约束（图 2-11）；剧院眺台根部的约束（图 2-12）。飞机机身对机翼和水平尾翼的约束（图 2-13）等。

图 2-10 车床卡盘对加工工件的约束

图 2-11 摇臂钻床立柱对摇臂的约束

图 2-12 剧院眺台根部的固定端约束

图 2-13 飞机机身对机翼的约束

固定端对于被约束的构件,在约束处所产生的约束力,是一种比较复杂的分布力系。在平面问题中,如果主动力为平面力系,这一分布约束力系也是平面力系,如图 2-14(b)所示。将这一分布力系向被约束构件根部(例如点 A)简化,可得到一约束力 F_A 和一约束力偶 M_A,约束力 F_A 的方向以及约束力偶 M_A 偶的转向均不确定。

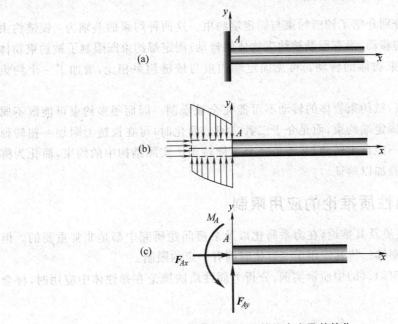

图 2-14 固定端的约束力及其简化

固定端方向未知的约束力 F_A 也可以用两个互相垂直分力 F_{Ax} 和 F_{Ay} 表示(图 2-14(c))。

约束力偶的转向可任意假设,一般设为正向,即逆时针方向。如果最后计算结果为正值,表明所假设的逆时针方向是正确的;若为负值,说明实际方向与所假设的逆时针方向相反,即为顺时针方向。

固定端约束与固定铰链约束不同的是,它不仅限制了被约束构件的移动,还限制了被约束构件的转动。因此,固定端约束力系的简化结果为一个力与一个力偶,这与其对构件的约束效果是一致的。

2.6 结论与讨论

2.6.1 几个不同力学矢量的性质

本章所涉及的力学矢量较多,因而比较容易混淆。根据这些矢量对刚体所产生的运动效应,以及这些矢量的大小、方向、作用点或作用线,可以将其归纳为三类:定位矢量、滑移矢量、自由矢量。

请读者判断力矢、力偶矩矢、主矢以及主矩分别属于哪一类矢量。

2.6.2 平面一般力系简化的几种最后结果

本章介绍了力系简化的理论以及平面一般力系向某一确定点的简化结果。但是在很多情形下，这并不是力系简化的最后结果。

所谓力系简化的最后结果，是指力系在向某一确定点简化所得到的主矢和主矩，还可以进一步简化，最后得到一个合力、一个合力偶或二者均为零的情形。

2.6.3 关于实际约束的讨论

第1章和第2章分别介绍了铰链约束与固定端约束。这两种约束的差别为：铰链约束只限制了被约束物体的移动，没有限制被约束物体的转动；固定端约束既限制了被约束物体的移动，又限制了被约束物体的转动。可见固定端约束与铰链约束相比，增加了一个约束力偶。

实际结构中的约束，被约束物体的转动不可能完全被限制。因而很多约束可能既不属于铰链约束，也不属于固定端约束，而是介于二者之间。简化时，可在铰链上附加一扭转弹簧，表示被约束物体既不能自由转动，又不是完全不能转动。实际结构中的约束，简化为哪一种约束，需要通过实验加以验证。

2.6.4 关于力偶性质推论的应用限制

本章中关于力偶性质及其推论，在力系简化以及平衡问题研究中都是非常重要的。但是，这些推论仅适用于刚体。将其应用于变形体时则有一定的限制。

请读者结合图 2-15(a)、(b)中所示实例，分析力偶性质的推论在弹性体中应用时，将会受到什么限制。

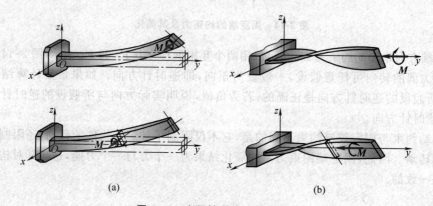

(a)   (b)

图 2-15 力偶性质推论的限制性

习题

2-1 由作用线处于同一平面内的两个力 F 和 $2F$ 所组成平行力系如图所示。二力作用线之间的距离为 d。试问：这一力系向哪一点简化，所得结果只有合力，而没有合力偶；确定这一合力的大小和方向；说明这一合力矢量属于哪一类矢量。

2-2 已知一平面力系对 $A(3,0)$、$B(0,4)$ 和 $C(-4.5,2)$ 三点的主矩分别为 M_A、M_B 和 M_C。若已知 $M_A=20$ kN·m，$M_B=0$ 和 $M_C=-10$ kN·m，试求：这一力系最后简化所得合力的大小、方向和作用线。

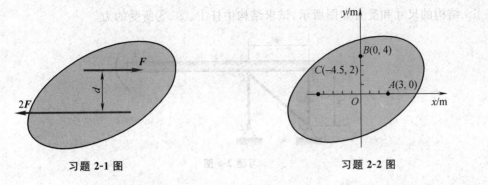

习题 2-1 图   习题 2-2 图

2-3 图(a)、(b)、(c)中所示结构中的折杆 AB 以三种不同的方式支承。假设三种情形下，作用在折杆 AB 上的力偶的位置和方向都相同，力偶矩数值均为 M。试求三种情形下支承处的约束力。

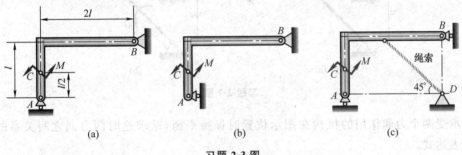

习题 2-3 图

2-4 图示结构中，折杆 AB 和 BC 在 B 处用铰链连接，在折杆 AB 上作用一力偶，其力偶矩数值 $M=800$ N·m。若不计折杆的自重，图中长度单位为 mm。试求支承 A 和 C 处的约束力。

2-5 图示提升机构中，物体放在小台车 C 上，小台车上装有 A、B 轮，可沿垂直导轨 ED 上下运动。已知，物体重 $F=2$ kN，图中长度单位为 mm。试求导轨对 A、B 轮的约束力。

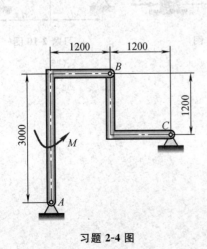

习题 2-4 图

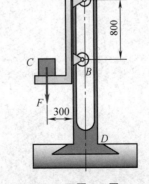

习题 2-5 图

2-6 结构的尺寸和受力如图所示,试求结构中杆①、②、③所受的力。

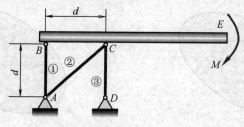

习题 2-6 图

2-7 同样的结构,受力分别如图(a)和(b)所示。试求两种情形下 A、C 两处的约束力。

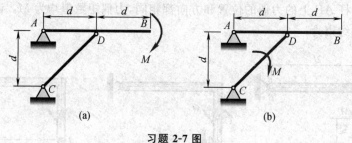

习题 2-7 图

2-8 承受两个力偶作用的机构在图示位置时保持平衡,试求这时两力偶之间关系的数学表达式。

2-9 承受一个力 F 和一个力偶矩为 M 的力偶同时作用的机构,在图示位置时保持平衡。试求机构在平衡时力 F 和力偶矩 M 之间的关系式。

2-10 图示三铰拱结构的两半拱上,作用有数值相等、方向相反的两力偶 M。试求 A、B 两处的约束力。

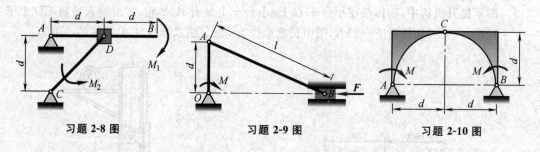

习题 2-8 图　　　习题 2-9 图　　　习题 2-10 图

第3章

力系的平衡条件与平衡方程

受力分析的最终任务是确定作用在构件上的所有未知力,作为对工程构件进行强度、刚度、稳定性设计以及动力学分析的基础。

本章基于平衡概念,应用力系等效与力系简化理论,建立平面力系的平衡条件和平衡方程,并应用平衡条件和平衡方程求解单个构件以及由几个构件所组成系统的平衡问题,确定作用在构件上的全部未知力。此外本章的最后还将简单介绍考虑摩擦时的平衡问题。

"平衡"不仅是本章的重要概念,也是工程力学课程的重要概念。对于一个系统,如果整体是平衡的,则组成这一系统的每一个构件也平衡的。对于单个构件,如果是平衡的,则构件的每一个局部也是平衡的。这就是整体平衡与局部平衡的概念。

分析和解决刚体或刚体系统的平衡问题,是所有机械和结构静力学设计的基础。为了打好这一基础,必须综合应用第1、2、3章的基本概念与基本方法,包括约束、等效、简化、平衡以及受力分析等。

3.1 平面力系的平衡条件与平衡方程

3.1.1 平面一般力系的平衡条件与平衡方程

当力系的主矢和对于任意一点的主矩同时等于零时,力系既不能使物体发生移动,也不能使物体发生转动,即物体处于平衡状态。

因此,力系平衡的必要与充分条件(conditions both of necessary and sufficient for equilibrium)是力系的主矢和对任意一点的主矩同时等于零。这一条件简称为**平衡条件**(equilibrium conditions)。

满足平衡条件的力系称为**平衡力系**(equilibrium systems of forces)。

对于平面力系,根据第2章中所得到的主矢表达式(2-1)和主矩表达式(2-2),力系的平衡条件可以写成

$$F_R = \sum_{i=1}^{n} F_i = 0 \tag{3-1}$$

$$M_O = \sum_{i=1}^{n} M_O(F_i) = 0 \tag{3-2}$$

将式(3-1)和式(3-2)的矢量形式改写为力的投影形式,得到

$$\left.\begin{array}{l}\sum_{i=1}^{n} F_{ix} = 0 \\ \sum_{i=1}^{n} F_{iy} = 0 \\ \sum_{i=1}^{n} M_O(\boldsymbol{F}_i) = 0\end{array}\right\} \quad (3\text{-}3a)$$

这一组方程称为平面力系的**平衡方程**(equilibrium equations)。通常将平衡方程(3-3a)中的第一式和第二式称为力平衡投影方程;第三式称为**力矩平衡方程**。

为了书写方便,通常将平面力系的平衡方程写成

$$\left.\begin{array}{l}\sum F_x = 0 \\ \sum F_y = 0 \\ \sum M_O(\boldsymbol{F}) = 0\end{array}\right\} \quad (3\text{-}3b)$$

平衡方程(3-3b)表明,平面力系平衡的必要与充分条件是:力系中所有的力在直角坐标系 Oxy 的各坐标轴上的投影的代数和以及所有的力对任意点之矩的代数和同时等于零。

如果平面力系中所有力的作用线都汇交于一点,这种平面力系称为平面汇交力系。对于平面汇交力系,因为其对于平面内任意点的主矩恒等于零,所以,式(3-3b)中的力矩平衡方程自然满足。于是,平面汇交力系的平衡方程为

$$\left.\begin{array}{l}\sum F_x = 0 \\ \sum F_y = 0\end{array}\right\} \quad (3\text{-}4)$$

【**例题 3-1**】 图 3-1(a)所示为悬臂式吊车的结构简图。其中 AB 为吊车大梁,BC 为钢索,A 处为固定铰链支座,B 处为铰链约束。已知,起重电动机 E 与重物的总重力为 $\boldsymbol{F}_P$(因为两滑轮之间的距离很小,$\boldsymbol{F}_P$ 可视为集中力作用在大梁上),梁的重力为 $\boldsymbol{F}_Q$,角度 $\theta = 30°$。试求:

(1) 电动机处于任意位置时,钢索 BC 所受的力和支座 A 处的约束力;

(2) 分析电动机处于什么位置时,钢索受力最大,并确定其数值。

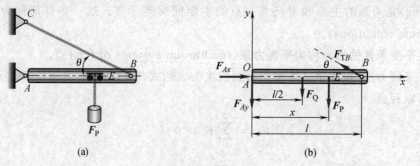

图 3-1 例题 3-1 图

解:(1) 选择研究对象

本例中要求的是钢索 BC 所受的力和支座 A 处的约束力。钢索受有一个未知拉力,若

以钢索为研究对象，不可能建立已知力和未知力之间的关系。

吊车大梁 AB 上既有未知的 A 处约束力和钢索的拉力，又作用有已知的电动机和重物的重力以及大梁的重力。所以选择吊车大梁 AB 作为研究对象。将吊车大梁从吊车中分离出来。

假设 A 处约束力为 F_{Ax} 和 F_{Ay}；钢索的拉力为 F_{TB}；大梁的受力图如图 3-1(b)所示。

以大梁左端为坐标原点，建立 Oxy 坐标系，如图 3-1(b)所示。因为要求电动机处于任意位置时的约束力，所以假设力 F_P 作用在坐标 x 处。

在吊车大梁 AB 的受力图中，F_{Ax}、F_{Ay} 和 F_{TB} 均为未知约束力，这些力与已知的主动力 F_P 和 F_Q 组成平面力系。因此，应用平面力系的 3 个平衡方程可以求出 3 个未知约束力。

(2) 建立平衡方程

因为点 A 是力 F_{Ax} 和 F_{Ay} 的汇交点，故先以点 A 为矩心，建立力矩平衡方程，由此求出一个未知力 F_{TB}。然后，再应用力的平衡方程投影形式求出约束力 F_{Ax} 和 F_{Ay}。

$$\sum M_A(\boldsymbol{F}) = 0: \quad -F_Q \times \frac{l}{2} - F_P \times x + F_{TB} \times l\sin\theta = 0$$

$$F_{TB} = \frac{F_P \times x + F_Q \times \dfrac{l}{2}}{l\sin\theta} = \frac{2F_P x}{l} + F_Q \tag{a}$$

$$\sum F_x = 0: \quad F_{Ax} - F_{TB} \times \cos\theta = 0$$

$$F_{Ax} = \left(\frac{2F_P x + F_Q l}{l}\right)\cos 30° = \sqrt{3}\left(\frac{F_P}{l}x + \frac{F_Q}{2}\right) \tag{b}$$

$$\sum F_y = 0: \quad -F_{Ay} - F_Q - F_P + F_{TB} \times \sin\theta = 0$$

$$F_{Ay} = -\left[\left(\frac{l-x}{l}\right)F_P + \frac{F_Q}{2}\right] \tag{c}$$

由式(a)的结果可以看出，当 $x=l$ 时，即电动机移动到吊车大梁右端点 B 处时，钢索所受拉力最大。钢索拉力最大值为

$$F_{TB} = 2F_P + F_Q \tag{d}$$

【例题 3-2】 图 3-2(a)所示之悬臂梁 AB，A 端固定，B 端自由。梁的全长上作用有集度为 q 的均布载荷；自由端 B 处承受一集中力 F_P 和一力偶 M 的作用。已知 $F_P = ql$，$M = ql^2$，l 为梁的长度。试求固定端 A 处的约束力。

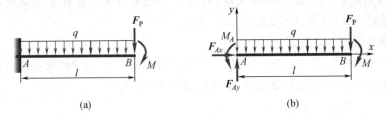

图 3-2　例题 3-2 图

解：(1) 选择研究对象，取分离体和画受力图

本例中只有梁一个构件，研究对象就取梁 AB。解除 A 端的固定端约束，代之以约束力

F_{Ax}、F_{Ay} 和约束力偶 M_A。于是,梁 AB 的受力图如图 3-2(b)所示。图中外加载荷 F_P、M、q 均为已知,是主动力。

(2) 将均布载荷简化为集中力

作用在梁上的均布载荷的合力大小等于载荷集度与作用长度的乘积,即 ql;合力的方向与均布载荷的方向相同;合力作用线通过均布载荷作用段的中点。

(3) 建立平衡方程,求解未知约束力

通过对点 A 的力矩平衡方程,可以求得固定端的约束力偶 M_A;利用两个力的平衡方程投影形式求出固定端的约束力 F_{Ax} 和 F_{Ay}。

$$\sum F_x = 0: \quad F_{Ax} = 0$$

$$\sum F_y = 0: \quad F_{Ay} - ql - F_P = 0, \quad F_{Ay} = 2ql$$

$$\sum M_A(F) = 0: \quad M_A - ql \times \frac{l}{2} - F_P \times l - M = 0, \quad M_A = \frac{5}{2}ql^2$$

【例题 3-3】 图 3-3(a)所示的刚架,由立柱 AB 和横梁 BC 组成。B 处为刚性节点(刚架受力和变形过程中横梁和竖杆之间的角度保持不变)。刚架在 A 处为固定铰链支座,C 处为辊轴支座,在 C 处承受集中力作用,如图所示。若图中 F_P 和 l 均为已知,试求 A、C 两处的约束力。

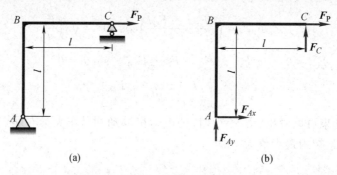

图 3-3 例题 3-3 图

解:(1) 选择研究对象,取分离体和画受力图

以刚架 ABC 为研究对象,解除 A、C 两处的约束:A 处为固定铰支座,假设互相垂直的两个约束力 F_{Ax} 和 F_{Ay};C 处为辊轴支座,只有一个约束力 F_C,垂直于支承面,假设方向向上。于是,刚架 ABC 的受力图如图 3-3(b)所示。

(2) 应用平衡方程求解未知力

首先,通过对点 A 的力矩平衡方程,可以求得辊轴支座 C 处的约束力 F_C;然后,用两个力平衡的投影方程求出固定铰链支座 A 处的约束力 F_{Ax} 和 F_{Ay}。

$$\sum M_A(F) = 0: \quad F_C \times l - F_P \times l = 0, \quad F_C = F_P$$

$$\sum F_x = 0: \quad F_{Ax} + F_P = 0, \quad F_{Ax} = -F_P$$

$$\sum F_y = 0: \quad F_{Ay} + F_C = 0, \quad F_{Ay} = -F_C = -F_P$$

其中 F_{Ax} 和 F_{Ay} 均为负值,表明 F_{Ax} 和 F_{Ay} 的实际方向均与假设的方向相反。

【例题 3-4】 图 3-4(a)所示的简单结构中,半径为 r 的四分之一圆弧杆 AB 与折杆 BDC 在 B 处用铰接连接,A、C 两处均为固定铰链支座,折杆 BDC 上承受力偶矩为 M 的力偶作用,力偶的作用面与结构平面重合。图中 $l=2r$。若 r、M 均为已知,试求支座 A、C 的约束力。

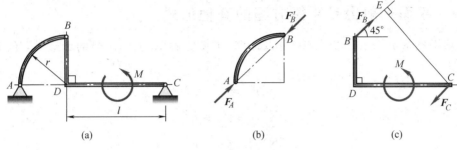

图 3-4　例题 3-4 图

解:(1) 选择研究对象,取分离体和画受力图

先考查整体结构的受力:A、C 两处均为固定铰支座,每处各有两个互相垂直的约束力,所以共有 4 个未知力。平面力系只能提供 3 个独立的平衡方程。因此,仅仅以整体为研究对象,无法确定全部未知力。

为了建立求解全部未知力的足够的平衡方程,除了解除 A、C 两处的约束外,还必须解除 B 处的约束。这表明,需要将整体结构拆开。

于是,便出现两个构件,同时由于铰链 B 处也有两个互相垂直的约束力,未知力变为 6 个。两个构件可以提供 6 个独立的平衡方程,因而可以确定全部未知约束力。根据前面所介绍的方法,应用平面力系平衡方程,即可求出结果。

但是,如果应用二力构件以及力偶只能与力偶平衡的概念,求解过程要简单得多。

(2) 应用二力构件以及力偶平衡的概念求解

圆弧杆两端 A、B 均为铰链,中间无外力作用,因此圆弧杆 AB 为二力构件。A、B 两处的约束力 $\boldsymbol{F}_A$ 和 $\boldsymbol{F}'_B$ 大小相等、方向相反并且作用线与 AB 连线重合,圆弧杆 AB 的受力如图 3-4(b)所示。

折杆 BDC 在 B 处的约束力 $\boldsymbol{F}_B$ 与圆弧杆上 B 处的约束力 $\boldsymbol{F}'_B$ 互为作用力与反作用力,故二者方向相反;C 处为固定铰链支座,有一个方向待定的约束力 $\boldsymbol{F}_C$。由于作用在折杆 BDC 上只有一个外加力偶 M,因此,为了保持折杆平衡,约束力 $\boldsymbol{F}_C$ 和 $\boldsymbol{F}_B$ 必须组成一力偶,与外加力偶 M 平衡,折杆 BDC 的受力如图 3-4(c)所示。

根据力偶平衡的概念,对于折杆 BDC,有

$$M - F_C \times d = 0, \quad F_C = \frac{M}{d} \tag{a}$$

根据图 3-4(c)中所示的几何关系,有

$$d = \frac{\sqrt{2}}{2}r + \frac{\sqrt{2}}{2}l = \frac{3\sqrt{2}}{2}r \tag{b}$$

将式(b)代入式(a),求得

$$F_C = F_B = \frac{M}{d} = \frac{\sqrt{2}}{3}\frac{M}{r} \qquad (c)$$

最后应用作用力与反作用力以及二力平衡的概念,求得

$$F_A = F'_B = F_B = \frac{M}{d} = \frac{\sqrt{2}}{3}\frac{M}{r}$$

3.1.2 平面一般力系平衡方程的其他形式

根据平衡的充分和必要条件,可以证明,平衡方程除了式(3-3)的形式外,还有以下形式:

$$\left.\begin{array}{l}\sum F_x = 0 \\ \sum M_A(\boldsymbol{F}) = 0 \\ \sum M_B(\boldsymbol{F}) = 0\end{array}\right\} \qquad (3\text{-}5)$$

但是 A、B 两点的连线不能与 x 轴垂直,如图 3-5(a)所示。这是因为,当上述 3 个方程中的第二式和第三式同时满足时,力系不可能简化为一力偶,只可能简化为通过 AB 两点的一合力或者是平衡力系。但是,当第一式同时成立时,而且 AB 与 x 轴不垂直,力系便不可能简化为一合力 F_R,否则,力系中所有的力在 x 轴上投影的代数和不可能等于零。因此原力系必然为平衡力系。如果 A、B 两点的连线与 x 轴垂直,如图 3-5(b)所示,这时式(3-5)依然满足,但却不能平衡。

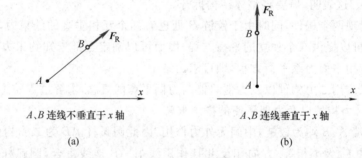

图 3-5 式(3-5)证明

此外,平面力系的平衡方程可以写成:

$$\left.\begin{array}{l}\sum M_A(\boldsymbol{F}) = 0 \\ \sum M_B(\boldsymbol{F}) = 0 \\ \sum M_C(\boldsymbol{F}) = 0\end{array}\right\} \qquad (3\text{-}6)$$

其中 A、B、C 三点不能共线。

因为,当式(3-6)中的第一式满足时,力系不可能简化为一力偶,只可能简化为通过 A 点的一个合力 F_R。同样如果第二、三式也同时被满足,则这一合力也必须通过 B、C 两点。但是由于 A、B、C 三点不共线(图 3-6(a)),所以力系也不可能简化为一合力。因此,满足上述方程的平面力系只可能是一平衡力系。如果 A、B、C 三点共线(图 3-6(b)),方程(3-6)依然满足,但却不是平衡力系。

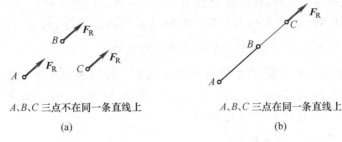

图 3-6 式(3-6)证明

式(3-5)和式(3-6)分别称为平衡方程的"二矩式"和"三矩式"。

在很多情形下,如果选用二矩式或三矩式,可以使一个平衡方程中只包含一个未知力,不会遇到求解联立方程的麻烦。

需要指出的是,对于平衡的平面力系,只有3个平衡方程是独立的,3个独立的平衡方程以外的其他平衡方程便不再是独立的。不独立的平衡方程可以用来验证由独立平衡方程所得结果的正确性。

【例题 3-5】 图 3-7(a)所示结构中,A、C、D 三处均为铰链约束。横梁 AB 在 B 处承受集中载荷 F_P 作用。结构各部分尺寸如图所示,若已知 F_P、l,试求:撑杆 CD 的受力以及 A 处的约束力。

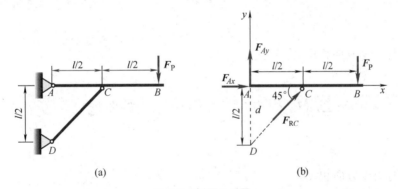

图 3-7 例题 3-5 图

解:(1) 选择研究对象

根据 A、B 两处的约束性质,共有 4 个未知约束力,因此,以整体为研究对象,3 个独立的平衡方程不足以求解全部约束力。

本例所求的是杆 CD 的受力和 A 处的约束力,若以撑杆 CD 为研究对象,其两端均为铰链约束,中间无其他力作用,故为二力杆。据此,只能确定两端约束力大小相等、方向相反,不能得到所要求的结果。

考虑到,横梁 ACB 上既作用有已知载荷,又在 A、C 两处作用有所要求的未知约束力,因此,本例应以横梁 ACB 作为研究对象。

(2) 受力分析

因为 CD 为二力杆,横梁 AB 在 C 处的约束力与撑杆在 C 处的受力互为作用力与反作用力,其作用线已确定。此外,横梁在 A 处为固定铰支座,可提供一个大小和方向均未知的约束力。于是横梁 AB 承受 3 个力作用。根据三力平衡汇交定理,用汇交力系平衡方程 ($\sum F_x = 0, \sum F_y = 0$),不难确定 A、C 二处的约束力。

为了应用平面力系的平衡方程,现将 A 处的约束力分解为相互垂直的两个分力 $\boldsymbol{F}_{Ax}$ 和 $\boldsymbol{F}_{Ay}$。C 处的约束力 $\boldsymbol{F}_{RC}$ 沿着杆 CD 的方向。于是,横梁 ACB 的受力图如图 3-7(b)所示(注意:约束已经由约束力所代替,故不必画出)。

(3) 应用平衡方程,求解未知量

横梁 ACB 上作用有 $\boldsymbol{F}_P$、$\boldsymbol{F}_{Ax}$、$\boldsymbol{F}_{Ay}$、$\boldsymbol{F}_{RC}$。应用平面力系的 3 个独立平衡方程可以求得全部未知量。

为了避免求解联立方程,应用对 A、C、D 三点的力矩平衡方程,使每个平衡方程只包含一个未知量。由

$$\sum M_A(\boldsymbol{F}) = 0: \quad -F_P l + F_{RC} \times \frac{l}{2} \sin 45° = 0$$

解得

$$F_{RC} = 2\sqrt{2} F_P$$

由

$$\sum M_C(\boldsymbol{F}) = 0: \quad -F_{Ay} \times \frac{l}{2} - F_P \times \frac{l}{2} = 0$$

解得

$$F_{Ay} = -F_P$$

其实际方向与图设方向相反。

由

$$\sum M_D(\boldsymbol{F}) = 0: \quad -F_{Ax} \times \frac{l}{2} - F_P \times l = 0$$

解得

$$F_{Ax} = -2F_P$$

其实际方向与图设方向相反。

本例讨论

(1) 怎样校核上述结果的正确性?有兴趣的读者,不妨采用汇交力系平衡方程或平面力系平衡方程其余两种形式验证所得结果是否正确。

(2) 本例中的横梁 AB 和杆 CD 在 C 处如果不是铰链,而是二者固结形成一个整体,这时 CD 部分还是不是二力杆?

【例题 3-6】 图 3-8(a)所示为曲柄连杆活塞机构,曲柄 OA 长为 r,连杆 AB 长为 l,活塞受力 $F_P = 400$ N;曲柄上承受力偶 M 作用,力偶作用面与机构平面重合,$\angle AOB = \theta$。不计所有构件的重量。为使机构在图示位置保持平衡,试求:力偶 M 的力偶矩。

解:(1) 选择研究对象,画受力图

连杆 AB 是二力构件,假设杆 AB 受压,$\boldsymbol{F}_{AB}$、$\boldsymbol{F}_{BA}$ 等值、反向、共线,受力如图 3-8(b)所示。取曲柄 OA 为研究对象,其受力如图 3-8(c)所示。

第 3 章 力系的平衡条件与平衡方程

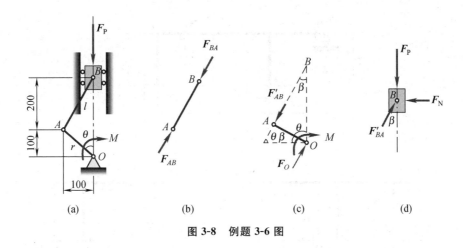

图 3-8 例题 3-6 图

(2) 应用力偶平衡的概念，确定作用在曲柄 OA 上的力

由于力偶必须与力偶平衡，故 F_O 必定和 F'_{AB} 组成一力偶并与力偶矩为 M 的力偶平衡。由图示尺寸，$\theta=45°$，设 $\angle OBA=\beta$，有 $\sin\beta=1/\sqrt{5}$，$\cos\beta=2/\sqrt{5}$。由力偶平衡条件，有

$$\sum M_i = 0: \quad F'_{AB} r \sin(\theta+\beta) - M = 0$$

由此解得

$$F'_{AB} = \frac{M}{r\sin(\theta+\beta)} = \frac{\sqrt{5}M}{0.3}$$

(3) 以活塞 B 为研究对象

活塞受力如图 3-8(d) 所示，其中 $F'_{BA}=F'_{AB}$，可列出平衡方程

$$\sum F_y = 0: \quad F'_{BA}\cos\beta - F_P = 0$$

解得

$$F_P = F'_{BA}\cos\beta = \frac{2M}{0.3}$$

因此，机构在图示位置平衡时，作用在曲柄上的力偶 M 的力偶矩为

$$M = 60\ \text{N}\cdot\text{m}$$

【例题 3-7】 图 3-9(a) 所示结构，C 处为铰链连接，不计各构件的重量，在直角折杆 BEC 上作用有力偶矩为 M 的力偶，尺寸如图所示。试求：支座 A 的约束力。

解：(1) 选择研究对象，画受力图

根据在 A、B、D 三处的约束性质，这三处分别有 2 个、1 个、1 个未知约束力，如果以整体作为研究对象，因为是平面力系，3 个独立的平衡方程无法求解 4 个未知约束力。所以，必须首先从中间铰 C 处拆开。

以直角折杆 BEC 为研究对象，其受力如图 3-9(c) 所示。由于力偶必须由力偶来平衡，故 F_C 与 F_B 等值、反向并组成一力偶。（平面力偶系）

再以 T 形杆 ADC 为研究对象，其受力如图 3-9(b) 所示。

(2) 列平衡方程，求解未知量

对直角折杆 BEC，由力偶平衡方程

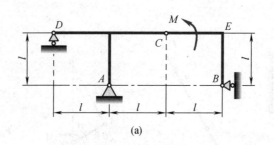

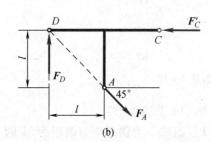 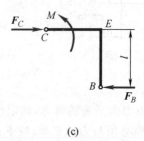

图 3-9 例题 3-7 图

$$\sum M_i = 0：M - F_C l = 0$$

解得

$$F_C = \frac{M}{l}$$

对杆 ADC，由平面汇交力系的平衡方程

$$\sum F_y = 0：F_A \cos 45° - F'_C = 0$$

解得

$$F_A = \frac{\sqrt{2}M}{l}$$

3.2 简单的刚体系统平衡问题

实际工程结构大都是由两个或两个以上构件通过一定约束方式连接起来的系统，因为在工程静力学中构件的模型都是刚体，所以，这种系统称为**刚体系统**（system of rigid bodies）。

在前几章中，实际上已经遇到过一些简单刚体系统的问题，只不过其约束与受力都比较简单，比较容易分析和处理。

分析刚体系统平衡问题的基本原则与处理单个刚体的平衡问题是一致的，但有其特点，其中很重要的是要正确判断刚体系统的静定性质，并选择合适的研究对象。现分述如下。

3.2.1 刚体系统静定与静不定的概念

前几节所研究的问题中，作用在刚体上的未知力的数目正好等于独立的平衡方程数目。因此，应用平衡方程，可以解出全部未知量。这类问题称为**静定问题**（statically determinate problem)。相应的结构称为**静定结构**(statically determinate structure)。

实际工程结构中,为了提高结构的强度和刚度,或者为了其他工程要求,常常需要在静定结构上,再加上一些构件或者约束,从而使作用在刚体上未知约束力的数目多于独立的平衡方程数目,因而仅仅依靠刚体平衡条件不能求出全部未知量。这类问题称为**静不定问题**(statically indeterminate problem)。相应的结构称为**静不定结构**(statically indeterminate structure)或**超静定结构**。

对于静不定问题,必须考虑物体因受力而产生的变形,补充某些方程,才能使方程的数目等于未知量的数目。求解静不定问题已超出工程静力学的范围,本书将在第2篇"材料力学"中介绍。本章将讨论静定的刚体系统的平衡问题。

3.2.2 刚体系统平衡问题的特点与解法

1. 整体平衡与局部平衡的概念

在某些刚体系统的平衡问题中,若仅考虑整体平衡,其未知约束力的数目多于平衡方程的数目,但是,如果将刚体系统中的构件拆开,依次考虑每个构件的平衡,则可以求出全部未知约束力。这种情形下的刚体系统依然是静定的。

求解刚体系统的平衡问题需要将平衡的概念加以扩展,即:系统如果整体是平衡的,则组成系统的每一个局部以及每一个刚体也必然是平衡的。

2. 研究对象有多种选择

由于刚体系统是由多个刚体组成的,因此,研究对象的选择对于能不能求解以及求解过程的繁简程度有很大关系。一般先以整个系统为研究对象,虽然不能求出全部未知约束力,但可求出其中一个或几个未知力。

3. 对刚体系统作受力分析时,要分清内力和外力

内力和外力是相对的,需视选择的研究对象而定。研究对象以外的物体作用于研究对象上的力称为**外力**(external force),研究对象内部各部分间的相互作用力称为**内力**(internal force)。内力总是成对出现,它们大小相等、方向相反、作用在同一直线上,分别作用在两个相连接的物体上。

考虑以整体为研究对象的平衡时,互为作用和反作用的内力,由于大小相等、方向相反,二者在任意轴上的投影之和以及对任意点的力矩之和始终为零,因而不必考虑。但是,一旦将系统拆开,以局部或单个刚体作为研究对象时,在拆开处,原来的内力变成了外力,建立平衡方程时,必须考虑这些力。

4. 严格根据约束的性质确定约束力,注意相互连接物体之间的作用力与反作用力

刚体系统的受力分析过程中,必须严格根据约束的性质确定约束力,特别要注意相互连接物体之间的作用力与反作用力,使作用在平衡系统整体上的力系和作用在每个刚体上的力系都满足平衡条件。

常有这样的情形,作用在系统上的力系似乎满足平衡条件,但由此而得到的单个刚体上的力系却是不平衡的。这显然是不正确的。这种情形对于初学者时有发生。

【例题 3-8】 图 3-10(a)所示结构由杆 AB 与 BC 在 B 处铰链连接而成。结构 A 处为固定端，C 处为辊轴支座。结构在 DE 段承受均布载荷作用，载荷集度为 q；E 处作用有外加力偶，其力偶矩为 M。若 q、M、l 均为已知，试求：A、C 两处的约束力。

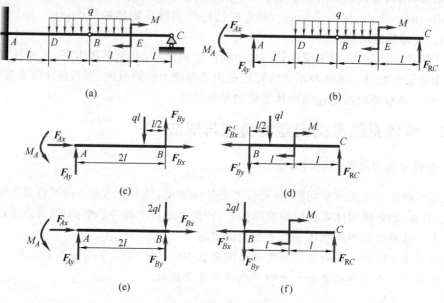

图 3-10 例题 3-8 图

解：(1) 选择平衡对象，画受力图

考查结构整体，在固定端 A 处有 3 个约束力，设为 F_{Ax}、F_{Ay} 和 M_A；在辊轴支座 C 处有 1 个竖直方向的约束力 F_{RC}。这些约束力称为系统的**外约束力**(external constraint force)。仅仅根据系统整体的 3 个平衡方程，无法确定所要求的 4 个未知约束力。因而，除了系统整体外，还需要选择其他的平衡对象。为此，必须将系统拆开。

B 处的铰链，是系统内部的约束，称为**内约束**(external constraint)。

将结构从 B 处拆开，则铰链 B 处的约束力可以用相互垂直的两个分量表示，作用在两个刚体 AB 和 BC 上同一处 B 的约束力，互为作用力与反作用力。这种约束力称为系统的**内约束力**(internal constraint force)。内约束力在考查结构整体平衡时并不出现。

因此，系统整体受力如图 3-10(b)所示，刚体 AB 和 BC 的受力如图 3-10(c)和(d)所示。其中 ql 为均布载荷简化的结果。

(2) 考虑整体平衡

根据整体结构的受力图 3-10(b)，由平衡方程 $\sum F_x = 0$，可以确定 $F_{Ax}=0$。

(3) 考查局部平衡

杆 AB 的 A、B 两处作用有 5 个约束力，其中已求得 $F_{Ax}=0$，尚有 4 个未知，故杆 AB 不宜最先选作平衡对象。杆 BC 的 B、C 两处共有 3 个未知约束力，可由 3 个独立平衡方程确定。因此，先以杆 BC 为平衡对象(图 3-10(d))，求得其上的约束力后，再应用 B 处两部分约束力互为作用力与反作用力关系，考查杆 AB 的平衡(图 3-10(c))，即可求得 A 处的约束力。也可以在确定了 C 处的约束力之后再考查整体平衡求得 A 处的约束力。

先考查杆 BC 的平衡,由

$$\sum M_B(\boldsymbol{F}) = 0: \quad F_{RC} \times 2l - M - ql \times \frac{l}{2} = 0$$

解得

$$F_{RC} = \frac{M}{2l} + \frac{ql}{4} \tag{a}$$

再考查整体平衡,将 DE 段的分布载荷简化为作用于 B 处的集中力,其值为 $2ql$,由平衡方程

$$\sum F_y = 0: \quad F_{Ay} - 2ql + F_{RC} = 0$$

$$\sum M_A = 0: \quad M_A - 2ql \times 2l - M + F_{RC} \times 4l = 0$$

将式(a)代入后,解得

$$F_{Ay} = \frac{7}{4}ql - \frac{M}{2l}, \quad M_A = 3ql^2 - M \tag{b}$$

本例讨论

上述分析过程表明,考查刚体系统的平衡问题,局部平衡对象的选择并不是唯一的。正确选择平衡对象,取决于正确的受力分析与确定独立的平衡方程数 N_e、未知量数 N_r。对这一问题,建议读者结合本例自行研究。

此外,本例中,主动力系的简化极为重要,处理不当,容易出错。例如,考查局部平衡时,在系统拆开之前,先将均匀分布载荷简化为一集中力 F_P,$F_P = 2ql$。系统拆开之后,再将力 $F_P = 2ql$ 按图 3-10(e)或(f)所示同时加在两个杆件上;或者将 $F_P = 2ql$ 分成相同的两部分 $F_P/2 = ql$,分别加在两个杆件上。所得到的结果将是错误的。请读者自行分析,图 3-10(e)、(f)中的受力分析错在哪里?

【**例题 3-9**】 图 3-11(a)所示为房屋和桥梁中常见的**三铰拱**(three-pin arch, three hinged arch)结构模型。结构由两个构件通过中间铰 C 连接而成;A、B 二处为固定铰链支座。各部分尺寸均示于图中。拱的顶面承受集度为 q 的均布载荷。若已知 q、l、h,且不计拱结构的自重,试求 A、B 二处的约束力。

解:(1) 受力分析

固定铰支座 A、B 二处的约束力均用两个相互垂直的分量表示。中间铰 C 处也用两个分量表示其约束力,但前者为外力,后者为内力。内力仅在系统拆开时才会出现。

(2) 考查整体平衡

将作用在拱顶面的均布载荷简化为作用于点 C 的集中力,其值为 $F_P = ql$,考虑到 A、B 二处的约束力,整体结构的受力如图 3-11(b)所示。

从图中可以看出,4 个未知约束力中,分别有 3 个约束力的作用线通过 A、B 两点。这表明,分别应用对点 A、B 的力矩平衡方程式,可以各求得一个未知力。于是,由

$$\sum M_A(\boldsymbol{F}) = 0: \quad F_{By} \times l - F_P \times \frac{l}{2} = 0$$

$$\sum M_B(\boldsymbol{F}) = 0: \quad -F_{Ay} \times l + F_P \times \frac{l}{2} = 0$$

$$\sum F_x = 0: \quad F_{Ax} - F_{Bx} = 0$$

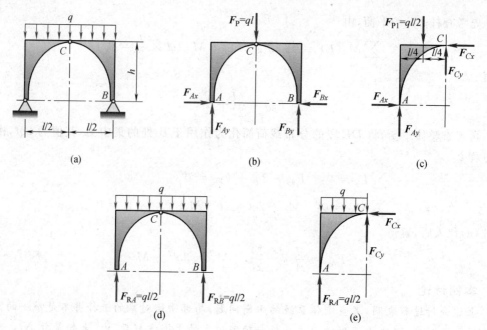

图 3-11 例题 3-9 图

解得

$$F_{Ay} = F_{By} = \frac{ql}{2} \qquad (a)$$

$$F_{Ax} = F_{Bx} \qquad (b)$$

方向与图 3-11(b)中所假设相同。

(3) 考查局部平衡

将系统从 C 处拆开,考查左边或右边部分的平衡,受力如图 3-11(c)所示,其中

$$F_{P1} = \frac{ql}{2}$$

为作用在左边部分顶面均匀载荷的简化结果。于是,可以写出

$$\sum M_C(\boldsymbol{F}) = 0: \quad F_{Ax} \times h + \frac{ql}{2} \times \frac{l}{4} - F_{Ay} \times \frac{l}{2} = 0$$

将式(a)代入上式,解得

$$F_{Ax} = F_{Bx} = \frac{ql^2}{8h} \qquad (c)$$

本例讨论

怎样验证上述结果式(a)和式(c)的正确性?请读者自行研究。同时请读者分析图 3-11(d)和(e)中的受力图是否正确?

3.3 考虑摩擦时的平衡问题

摩擦(friction)是一种普遍存在于机械运动中的自然现象。实际机械与结构中,完全光滑的表面并不存在。两物体接触面之间一般都存在摩擦。在自动控制、精密测量等工程中即使摩擦很小,也会影响到仪器的灵敏度和精确度,因而必须考虑摩擦的影响。

研究摩擦的目的就是要充分利用其有利的一面,克服其不利的一面。

按照接触物体之间可能会存在相对滑动或相对滚动两种运动形式,将摩擦分为滑动摩擦和滚动摩擦。根据接触物体之间是否存在润滑剂,滑动摩擦又可分为干摩擦和湿摩擦。

本书只介绍干摩擦时物体的平衡问题。

3.3.1 滑动摩擦定律

考查如图 3-12(a)所示,质量为 m、静止地放置于水平面上的物块,设二者接触面都是非光滑面。

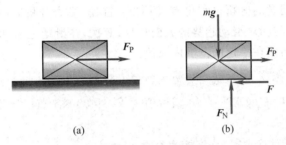

图 3-12 静滑动摩擦力

在物块上施加水平力 F_P,并令其自零开始连续增大,当力较小时,物块具有相对滑动的趋势。这时,物块的受力如图 3-12(b)所示。因为是非光滑面接触,故作用在物块上的约束力除法向力 F_N 外,还有一与运动趋势相反的力,称为静滑动摩擦力,简称**静摩擦力**(static friction force),用 F 表示。

当 $F_P=0$ 时,由于二者无相对滑动趋势,故静摩擦力 $F=0$。当 F_P 开始增加时,静摩擦力 F 随之增加,物块仍然保持静止,这一阶段始终有 $F=F_P$。

F_P 再继续增加,达到某一临界值 F_{Pmax} 时,摩擦力达到最大值,$F=F_{max}$,物块处于临界状态。其后,物块开始沿力 F_P 的作用方向滑动。

物块开始运动后,静滑动摩擦力突变至动滑动摩擦力 F_d。此后,主动力 F_P 的数值若再增加,则摩擦力基本上保持为常值 F_d。

上述过程中,主动力与摩擦力之间的关系曲线如图 3-13 所示。

F_{max} 称为**最大静摩擦力**(maximum static friction force),与正压力成正比,其方向与相对滑动趋势的方向相反,且与接触面积的大小无关,即

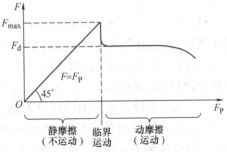

图 3-13 滑动摩擦力与主动力之间的关系

$$F_{max} = f_s F_N \tag{3-7}$$

这一关系称为**库仑摩擦定律**(Coulomb law of friction)。式中,f_s 称为**静摩擦因数**(static friction factor)。静摩擦因数 f_s 主要与材料和接触面的粗糙程度有关,其数值可在机械工程手册中查到。但由于影响摩擦因数的因素比较复杂,所以如果需要较准确的 f_s 数值,则应由实验测定。

上述分析表明,开始运动之前,即物体保持静止时,静摩擦力的数值在零与最大静摩擦力之间,即

$$0 \leqslant F \leqslant F_{\max} \tag{3-8}$$

从约束的角度,静滑动摩擦力也是一种约束力,而且是在一定范围内取值的切向约束力。

3.3.2 考虑摩擦时构件的平衡问题

考虑摩擦时的平衡问题,与不考虑摩擦时的平衡问题有着共同特点,即物体平衡时应满足平衡条件,解题方法与过程也基本相同。

但是,这类平衡问题的分析过程也有其特点:首先,受力分析时必须考虑摩擦力,而且要注意摩擦力的方向与相对滑动趋势的方向相反;其次,在滑动之前,即处于静止状态时,摩擦力不是一个定值,而是在一定的范围内取值。

【例题 3-10】 图 3-14(a)所示为放置于斜面上的物块。物块重 $F_W = 1000 \text{ N}$;斜面倾角为 30°。物块承受一向右的水平推力,其数值为 $F_P = 400 \text{ N}$。若已知物块与斜面之间的摩擦因数 $f_s = 0.2$。试求:

(1) 物块处于静止状态时,静摩擦力的大小和方向;

(2) 使物块向上滑动时,力 F_P 的最小值。

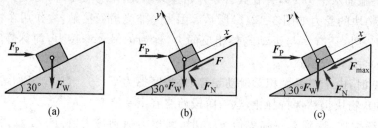

图 3-14　例题 3-10 图

解:根据本例的要求,需要判断物块是否静止。这一类问题的解法是:假设物体处于静止状态,首先由平衡方程求出静摩擦力 F 和法向力 F_N,再求出最大静摩擦力 $F_{\max}$。将 F 与 $F_{\max}$ 比较,若 $|F| \leqslant F_{\max}$,物体处于静止状态,所求 F 有意义;若 $|F| > F_{\max}$,物体已进入运动状态,所求 F 无意义。

(1) 确定物块静止时的摩擦力 F 值($|F| \leqslant F_{\max}$)

以物块为研究对象,假设物块处于静止状态,并有向上滑动的趋势,受力如图 3-14(b)所示。其中摩擦力的指向是假定的,若结果为负,表明实际指向与假设方向相反。由

$$\sum F_x = 0: \quad -F - F_W \sin 30° + F_P \cos 30° = 0$$

解得

$$F = -153.6 \text{ N} \tag{a}$$

负号表示实际摩擦力 F 的指向与图中所设方向相反,即物体实际有下滑的趋势,摩擦力的方向实际是沿斜面向上的。于是,由

$$\sum F_y = 0: \quad F_N - F_W \cos 30° - F_P \sin 30° = 0$$

解得
$$F_N = 1066 \text{ N}$$
最大静摩擦力为
$$F_{\max} = f_s F_N = 0.2 \times 1066 \text{ N} = 213.2 \text{ N} \quad (b)$$
比较式(a)和式(b),得到
$$|F| < F_{\max}$$
因此,物块在斜面上静止;摩擦力大小为 153.6 N,其指向沿斜面向上。

(2) 确定物块向上滑动时所需要主动力 F_P 的最小值 $F_{P\min}$

仍以物块为研究对象,此时,物块处于临界状态,即力 F_P 略大于 $F_{P\min}$,物块就将发生运动,摩擦力 F 达到最大值 $F_{\max}$。这时,根据运动趋势确定 $F_{\max}$ 的实际方向,物块的受力如图 3-14(c)所示。

建立平衡方程和关于摩擦力的物理方程:
$$\sum F_x = 0: \quad -F_{\max} - F_W \sin 30° + F_{P\min} \cos 30° = 0 \quad (c)$$
$$\sum F_y = 0: \quad F_N - F_W \cos 30° - F_{P\min} \sin 30° = 0 \quad (d)$$
$$F_{\max} = f_s F_N \quad (e)$$
联立式(c)、式(d)、式(e),解得
$$F_{P\min} = 878.75 \text{ N}$$
当力 F_P 的数值超过 878.75 N 时,物块将沿斜面向上滑动。

【例题 3-11】 梯子的上端 B 靠在铅垂的墙壁上,下端 A 搁置在水平地面上。假设梯子与墙壁之间为光滑约束,而与地面之间为非光滑约束,如图 3-15(a)所示。已知:梯子与地面之间的摩擦因数为 f_s,梯子的重力为 F_W。试求:

(1) 若梯子在倾角 α_1 的位置保持平衡,A、B 二处约束力 F_{NA}、F_{NB} 和摩擦力 F_A;

(2) 若使梯子不致滑倒,其倾角 α 的范围。

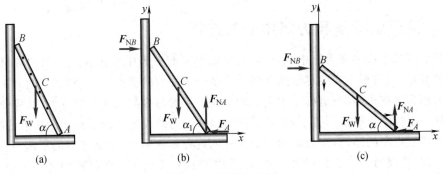

图 3-15　例题 3-11 图

解:(1) 梯子在倾角 α_1 的位置保持平衡时的约束力

这种情形下,梯子的受力如图 3-15(b)所示。其中将摩擦力 F_A 作为一般的约束力,假设其方向如图所示。于是有
$$\sum M_A(\boldsymbol{F}) = 0: \quad F_W \times \frac{l}{2} \times \cos\alpha_1 - F_{NB} \times l \times \sin\alpha_1 = 0$$

$$\sum F_y = 0: \quad F_{NA} - F_W = 0$$

$$\sum F_x = 0: \quad -F_A + F_{NB} = 0$$

解得

$$F_{NB} = \frac{F_W \cos \alpha_1}{2\sin \alpha_1} \tag{a}$$

$$F_{NA} = F_W \tag{b}$$

$$F_A = F_{NB} = \frac{F_W}{2}\cot \alpha_1 \tag{c}$$

(2) 求梯子不滑倒时倾角 α 的范围

这种情形下,摩擦力 F_A 的方向必须根据梯子在地上的滑动趋势预先确定,不能任意假设。于是,梯子的受力如图 3-15(c)所示。

平衡方程和物理方程分别为

$$\sum M_A(\boldsymbol{F}) = 0: \quad F_W \times \frac{l}{2} \times \cos \alpha - F_{NB} \times l \times \sin \alpha = 0 \tag{d}$$

$$\sum F_y = 0: \quad F_{NA} - F_W = 0 \tag{e}$$

$$\sum F_x = 0: \quad -F_A + F_{NB} = 0 \tag{f}$$

$$F_A = f_s F_{NA} \tag{g}$$

联立式(d)、式(e)、式(f)、式(g),不仅可以解出 A、B 两处的约束力,而且可以确定保持梯子平衡时的临界倾角

$$\alpha = \text{arccot}(2f_s) \tag{h}$$

由常识可知,角度 α 越大,梯子越易保持平衡,故平衡时梯子对地面的倾角范围为

$$\alpha \geqslant \text{arccot}(2f_s) \tag{i}$$

3.4 结论与讨论

3.4.1 关于坐标系和力矩中心的选择

选择适当的坐标系和力矩中心,可以减少每个平衡方程中所包含未知量的数目。在平面力系的情形下,力矩中心应尽量选在两个或多个未知力的交点上,这样建立的力矩平衡方程中将不包含这些未知力;坐标系中坐标轴取向应尽量与多数未知力相垂直,从而使这些未知力在这一坐标轴上的投影等于零,这同样可以减少力的投影平衡方程中未知力的数目。

需要特别指出的是,平面力系的平衡方程虽然有 3 种形式,但是独立的平衡方程只有 3 个。这表明,平面力系平衡方程的 3 种形式是等价的。采用了一种形式的平衡方程,其余形式的平衡方程就不再是独立的,但是可以用于验证所得结果的正确性。

在很多情形下,采用力矩平衡方程计算,往往比采用力的投影平衡方程方便些。

3.4.2 关于受力分析的重要性

从本章关于单个刚体与简单刚体系平衡问题的分析中可以看出,受力分析是决定分析平衡问题成败的关键,只有当受力分析正确无误时,其后的分析才能取得正确的结果。

初学者常常不习惯根据约束的性质分析约束力,而是根据不正确的直观判断确定约束力,例如"根据主动力的方向确定约束力及其方向"就是初学者最容易采用的错误方法。对于图 3-16(a)中所示之承受水平载荷 F_P 的平面刚架 ABC,应用上述错误方法,得到图 3-16(b)所示的受力图。请读者分析:这种情形下,刚架 ABC 能平衡吗?这一受力图错在哪里?

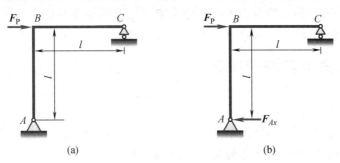

图 3-16 不正确的受力分析之一

又如,对于图 3-17(a)中所示的三铰拱,当考查其总体平衡时,得到图 3-17(b)所示的受力图。根据这一受力图三铰拱整体是平衡的,局部能够平衡吗?这一受力图又错在哪里呢?

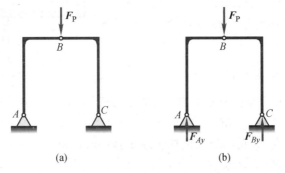

图 3-17 不正确的受力分析之二

3.4.3 关于求解刚体系统平衡问题时要注意的几个方面

根据刚体系统的特点,分析和处理刚体系统平衡问题时,注意以下几方面是很重要的。

(1) 认真理解、掌握并能灵活运用"系统整体平衡,组成系统的每个局部必然平衡"的重要概念。

某些受力分析,从整体上看,可以使整体平衡,似乎是正确的。但是局部却是不平衡的,因而是不正确的,图 3-17(b)中所示的错误的受力分析即属此例。

(2) 要灵活选择研究对象。所谓研究对象包括系统整体、单个刚体以及由两个或两个以上刚体组成的局部系统。灵活选择研究对象,一般应遵循:研究对象上既有未知力,也有已知力或者前面计算过程中已计算出结果的未知力;同时,应当尽量使一个平衡方程中只包含一个未知约束力,不解或少解联立方程。

(3) 注意区分内力与外力、作用力与反作用力。

内力只有在系统拆开时才会出现,故而在考查整体平衡时,无需考虑内力。

当同一约束处有两个或两个以上刚体相互连接时,为了区分作用在不同刚体上的约束力是否互为作用力与反作用力,必须逐个对刚体进行分析,分清哪一个是施力体,哪一个是受力体。

(4) 注意对分布载荷进行等效简化。

考查局部平衡时,分布载荷可以在拆开之前简化,也可以在拆开之后简化。要注意的是,先简化、后拆开时,简化后合力加在何处才能满足力系等效的要求。这一问题请读者结合例题 3-8 中图 3-10(c)、(d)、(e)、(f)所示受力图分析。

3.4.4 摩擦角与自锁的概念

1. 摩擦角

当考虑摩擦时,作用在物体接触面上有法向约束力 F_N 和切向摩擦力 F,二者的合力便是接触面处所受的总约束力,又称为全反力,用 F_R 表示,如图 3-18 所示。图中:

$$F_R = F_N + F \quad (3\text{-}9)$$

全反力的大小为

$$F_R = \sqrt{F_N^2 + F^2} \quad (3\text{-}10)$$

全反力作用线与接触面法线的夹角为 φ,由下式确定:

$$\tan \varphi = \frac{F}{F_N} \quad (3\text{-}11)$$

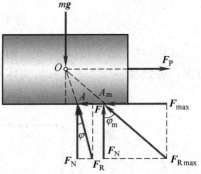

图 3-18 摩擦角

由于物体从静止到开始运动的过程中,摩擦力 F 从 0 开始增加到最大值 F_{max}。式(3-11)中的 φ 角,也从 0 开始增加到最大值,φ 角的最大值称为**摩擦角**(angle of friction),用 φ_m 表示。在刚开始运动的临界状态下,全反力为

$$F_R = F_N + F_{max} \quad (3\text{-}12)$$

摩擦角由下式确定:

$$\tan \varphi_m = \frac{F_{max}}{F_N} \quad (3\text{-}13)$$

如图 3-18 所示。

应用库仑摩擦定律,式(3-13)可以改写成

$$\tan \varphi_m = \frac{F_{max}}{F_N} = \frac{f_s F_N}{F_N} = f_s \quad (3\text{-}14)$$

上述分析结果表明:摩擦角是全反力 F_R 偏离接触面法线的最大角度,摩擦角的正切值等于静摩擦因数。

2. 自锁现象

当主动力合力的作用线位于摩擦角的范围以内时,无论主动力有多大,物体都保持平衡(图 3-19),这种现象称为**自锁**(lockself)。反之,如果主动力合力的作用线位于摩擦角的范围以外时,无论主动力有多小,物体也一定发生运动,这种现象称为**不自锁**。介于自锁与不自锁之间者为临界状态。

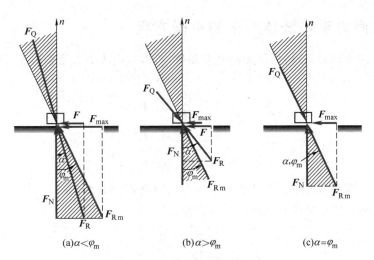

(a) $\alpha<\varphi_m$　　(b) $\alpha>\varphi_m$　　(c) $\alpha=\varphi_m$

图 3-19　物块的 3 种运动状态

以图 3-19 中所示的水平表面上的物块为例,作用在物块上的主动力有 F_N(重力 $mg=-F_N$)和水平推力 F。主动力的合力

$$F_Q = F_N + F$$

假设主动力合力的作用线与接触面法线之间的夹角为 α。可以证明,物块将存在 3 种可能运动状态:

(1) $\alpha<\varphi_m$ 时,物块保持静止(图 3-19(a))。

(2) $\alpha>\varphi_m$ 时,物块发生运动(图 3-19(b))。

(3) $\alpha=\varphi_m$ 时,物块处于临界状态(图 3-19(c))。

图 3-20(a)为螺旋零件的示意图,图 3-20(b)中 α 为螺旋角。为保证螺旋自锁,必须满足 $\alpha<\varphi_m$。

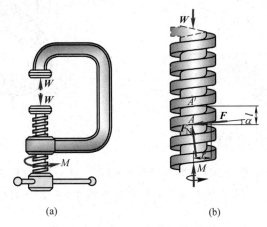

(a)　　(b)

图 3-20　螺旋零件的自锁条件

考虑摩擦时,主动力在一定范围内变动,物体仍能保持静止,这种变动范围称为平衡范围。因此,考虑摩擦时平衡所需要的力或其他参数不是一个定值,而是在一定的范围内取值。

3.4.5 空间力系特殊情形下的平衡方程

对于一般的空间力系，根据平衡的充要条件，可以写出 3 个力投影平衡方程和 3 个力矩平衡方程。

$$\left.\begin{array}{l}\sum F_x = 0; \quad \sum M_x(\boldsymbol{F}) = 0 \\ \sum F_y = 0; \quad \sum M_y(\boldsymbol{F}) = 0 \\ \sum F_z = 0; \quad \sum M_z(\boldsymbol{F}) = 0\end{array}\right\} \tag{3-15}$$

对于力系中所有力的作用线都相交于一点的**空间汇交力系**，如图 3-21 所示，上述平衡方程中三个力矩方程自然满足，因此，平衡方程为

$$\left.\begin{array}{l}\sum F_x = 0 \\ \sum F_y = 0 \\ \sum F_z = 0\end{array}\right\} \tag{3-16}$$

对于力偶作用面位于不同平面的**空间力偶系**，平衡方程中的三个力的投影方程自然满足，其平衡方程为

$$\left.\begin{array}{l}\sum M_x(\boldsymbol{F}) = 0 \\ \sum M_y(\boldsymbol{F}) = 0 \\ \sum M_z(\boldsymbol{F}) = 0\end{array}\right\} \tag{3-17}$$

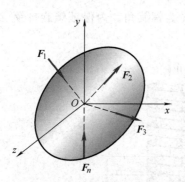

图 3-21 空间汇交力系

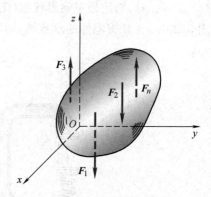

图 3-22 空间平行力系

所有力的作用线相互平行（例如都平行于坐标系 $Oxyz$ 中的 Oz 轴）的力系，称为**空间平行力系**（图 3-22）。对于空间平行力系，6 个平衡方程中，有 2 个力投影方程和 1 个力矩方程自然满足，例如：

$$\sum F_x = 0, \quad \sum F_y = 0, \quad \sum M_z(\boldsymbol{F}) = 0$$

于是，空间平行力系的平衡方程为

$$\left.\begin{array}{r}\sum F_z = 0 \\ \sum M_x(\boldsymbol{F}) = 0 \\ \sum M_y(\boldsymbol{F}) = 0\end{array}\right\} \qquad (3\text{-}18)$$

习题

3-1 一端和两端外伸梁受力分别如图(a)和(b)中所示。已知：图(a)中 $M = 60$ kN·m，$F_P = 20$ kN；图(b)中 $F_P = 10$ kN，$M = 20$ kN·m，$q = 20$ kN/m。试求：两外伸梁支座处的约束力 F_{RA}、F_{RB}。

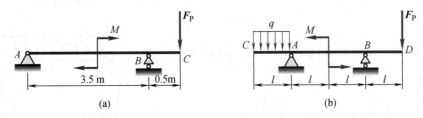

习题 3-1 图

3-2 直角折杆所受载荷、约束及尺寸均如图示。试求 A 处的约束力。

3-3 汽车的拖车重 $F_W = 20$ kN，汽车对拖车的牵引力 $F_P = 10$ kN。试求：拖车匀速直线行驶时，车轮 A、B 对地面的正压力。

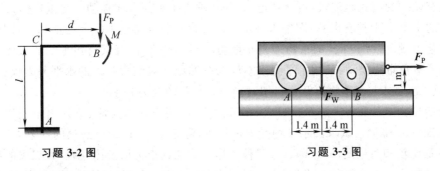

习题 3-2 图　　　　　　　习题 3-3 图

3-4 旋转式起重机 ABC 具有铅垂转动轴 AB，起重机重 $F_W = 3.5$ kN，重心在 D 处。在 C 处吊有重 $F_{W1} = 10$ kN 的物体。试求滑动轴承 A 和止推轴承 B 处的约束力。

3-5 钥匙的截面为直角三角形，其直角边 $AB = d_1$，$BC = d_2$。设在钥匙上作用一个力偶矩为 M 的力偶。若不计摩擦，且钥匙与锁孔之间的间隙很小，试求钥匙横截面的三顶点 A、B、C 对锁孔孔边的作用力。

3-6 一座桥自由地放置在支座 C 和 D 上，支座间的距离 $CD = 2d = 6$ m。桥面结构的自重可看作均匀分布载荷，载荷集度 $q = \dfrac{5}{3}$ kN/m。设汽车的前后轮所承受的重量分别为 20 kN 和 40 kN，两轮间的距离为 3 m。试求：当汽车从桥上驶过而不致使桥面翻转时桥面结构的两端外伸部分的最大长度 l。

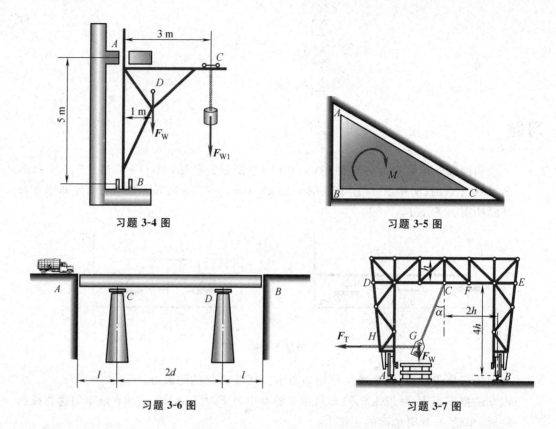

习题 3-4 图 习题 3-5 图 习题 3-6 图 习题 3-7 图

3-7 装有轮子的门式起重机，可沿轨道 A、B 在垂直于纸面方向移动。起重机桁架下弦 DE 杆的中点 C 上挂有滑轮（图中未画出），用来吊起挂在链索 CG 上的重物。从材料架上吊起重量 $F_W = 50$ kN 的重物。当此重物离开材料架时，链索与铅垂线的夹角 $\alpha = 20°$。为了避免重物摆动，又用水平绳索 GH 拉住重物。设链索张力的水平分力仅由右轨道 B 承受，试求：当重物离开材料架时，轨道 A、B 的受力。

3-8 静定梁由 AB 和 BC 两部分组成，A 端固定、C 端为辊轴支座、B 处用中间铰链连接。已知 d、q 和 M。试求图示 5 种受力情形下，静定梁在 A、B、C 三处的约束力。
注意比较和讨论图(a)、(b)、(c)三种情形下梁的约束力以及图(d)、(e)二梁的约束力。

3-9 活动梯子放在光滑的水平地面上，梯子由 AC 与 BC 两部分组成，C 处为铰链连接，EF 二处用柔索相连。AC 与 BC 两部分的重量均为 150 N，重心在杆子的中点。今有一重量为 600 N 的人，站在梯子的 D 处。试求柔索 EF 的拉力和 A、B 两处的约束力。

3-10 若干相同的均质板堆叠在一起，每一块板都比下面的一块板伸出一段，如图所示。已知板长为 $2l$。试求使这些堆叠在一起的板保持平衡时每块板伸出段最大长度。（提示：解题时，逐一将各板重量自上而下相加。）

3-11 厂房构架的三铰拱架由两片拱架在 C 处铰接而成。桥式吊车沿着垂直于纸面方向的轨道行驶，吊车梁的重量 $F_{W1} = 20$ kN，其重心在梁的中点。梁上的小车和起吊重物的重量 $F_{W2} = 60$ kN。两个拱架的重量均为 $F_{W3} = 60$ kN，二者的重心分别在 D、E 二点，正好与吊车梁的轨道在同一铅垂线上。风的合力为 10 kN，方向水平。试求：当小车位于离左边轨道的距离为 2 m 时，支座 A、B 二处的约束力。

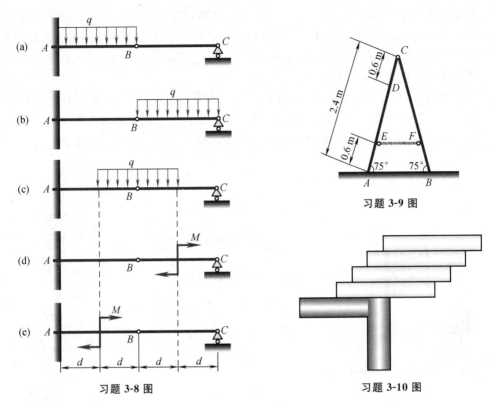

习题 3-8 图

习题 3-9 图

习题 3-10 图

3-12 图示为汽车台秤简图，BCF 为整体台面，杠杆 AB 可绕轴 O 转动，B、C、D 三处均为铰链，杆 DC 处于水平位置。假设砝码和汽车的重量分别为 F_{W1} 和 F_{W2}。试求：平衡时 F_{W1} 和 F_{W2} 之间的关系。

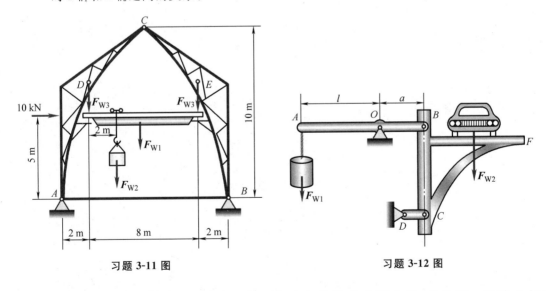

习题 3-11 图

习题 3-12 图

3-13 尖劈起重装置如图所示。尖劈 A 的顶角为 α，物块 B 上受力 F_Q 的作用。尖劈 A 与物块 B 之间的静摩擦因数为 f_s（有滚珠处摩擦力忽略不计）。如不计尖劈 A 和物块 B 的重量，试求：保持平衡时，施加在尖劈 A 上的力 F_P 的范围。

3-14 砖夹的宽度为 250 mm，折杆件 AGB 和 GCED 在 G 点铰接。已知：砖的重量为 $F_W = 250$ N，提砖的合力为 F_P，二者的作用线均通过砖夹的对称中心线，尺寸如图所示，砖夹与砖之间的静摩擦因数 $f_s = 0.5$。试确定能将砖夹起的 d 值（d 是点 G 到砖块上所受正压力作用线的距离）。

3-15 图示为凸轮顶杆机构，在凸轮上作用有力偶，其力偶矩的大小为 M，顶杆上作用有力 F_P。已知顶杆与滑道之间的静摩擦因数为 f_s，偏心距为 e，凸轮与顶杆之间的摩擦可以忽略不计。要使顶杆在滑道中向上运动而不致被卡住。试确定滑道的长度 l。

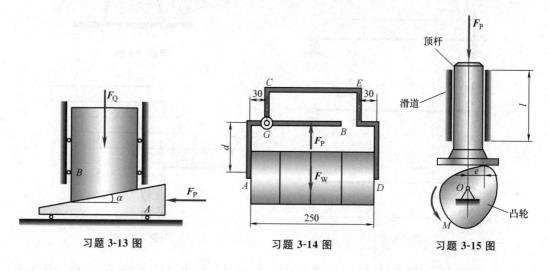

习题 3-13 图　　习题 3-14 图　　习题 3-15 图

第二篇 材料力学

材料力学(mechanics of materials)主要研究对象是弹性体。对于弹性体,除了平衡问题外,还将涉及变形,以及力和变形之间的关系。此外,由于变形,在材料力学中还将涉及弹性体的失效以及与失效有关的设计准则。

将材料力学理论和方法应用于工程,即可对杆类构件或零件进行常规的静力学设计,包括强度、刚度和稳定性设计。

第4章

材料力学概述

材料力学主要研究变形体受力后发生的变形;研究由于变形而产生的附加内力;研究由此而产生的失效以及控制失效的准则。在此基础上导出工程构件静力学设计的基本方法。

材料力学与理论力学在分析方法上,也不完全相同。材料力学的分析方法是在实验基础上,对于问题作一些科学的假定,将复杂的问题加以简化,从而得到便于工程应用的理论成果与数学公式。

本章介绍材料力学的基础知识、研究方法以及材料力学对于工程设计的重要意义。

4.1 材料力学的研究内容

材料力学(mechanics of materials)的研究内容属于两个学科。第一个学科是**固体力学**(solid mechanics),即研究物体在外力作用下的应力、变形和能量,统称为**应力分析**(stress analysis)。但是,材料力学所研究的仅限于杆、轴、梁等物体,其几何特征是纵向尺寸(长度)远大于横向(横截面)尺寸,这类物体统称为**杆**或**杆件**(bar 或 rod)。大多数工程结构的构件或机器的零部件都可以简化为杆件。第二个学科是**材料科学**(materials science)中的**材料的力学行为**(mechanical behavior of materials),即研究材料在外力和温度作用下所表现出的**力学性能**(mechanical properties)和**失效**(failure)行为。但是,材料力学所研究的仅限于材料的宏观力学行为,不涉及材料的微观机理。

以上两方面的结合使材料力学成为**工程设计**(engineering design)的重要组成部分,即设计出杆状构件或零部件的合理形状和尺寸,以保证它们具有足够的**强度**(strength)、**刚度**(stiffness)和**稳定性**(stability)。

4.2 工程构件设计中的材料力学问题

工程设计的任务之一就是保证结构和构件具有足够的强度、刚度和稳定性,这些都与材料力学有关。

所谓**强度**(strength)是指构件或零部件在确定的外力作用下,不发生破裂或过量塑性变形的能力。

所谓**刚度**(rigidity)是指构件或零部件在确定的外力作用下,其弹性变形或位移不超过工程允许范围的能力。

所谓**稳定性**(stability)是指构件或零部件在某些受力形式(如轴向压力)下其平衡形式不会发生突然转变的能力。

例如，如图 4-1 所示各种桥梁的桥面结构，采取什么形式才能保证不发生破坏，也不发生过大的弹性变形，即不仅保证桥梁具有足够的强度，而且具有足够的刚度，同时还要具有重量轻、节省材料等优点。

图 4-1　大型桥梁

各种建筑物从单个构件到整体结构（图 4-2）不仅需要有足够的强度和刚度，而且还要保证有足够的稳定性。

图 4-3 中所示的建筑施工的脚手架，如果没有足够的稳定性，在施工过程中会由于局部杆件或整体结构的不稳定性而导致整个脚手架的倾覆与坍塌，造成人民生命和国家财产的巨大损失。

图 4-2　"鸟巢"具有足够的强度、刚度和稳定性　　图 4-3　建筑物施工脚手架的强度、刚度和稳定性问题

此外，各种大型水利设施、核反应堆容器、计算机硬盘驱动器以及航空航天器及其发射装置等也都有大量的强度、刚度和稳定性问题。

4.3　杆件的受力与变形形式

实际杆件的受力可以是各式各样的，但都可以归纳为 4 种基本受力和变形形式：轴向拉伸（或压缩）、剪切、扭转和弯曲，以及由两种或两种以上基本受力和变形形式叠加而成的组合受力与变形形式。

(1) **拉伸或压缩**(tension or compression)。当杆件两端承受沿轴线方向的拉力或压力载荷时,杆件将产生轴向伸长或压缩变形,分别如图 4-4(a)、(b)所示。

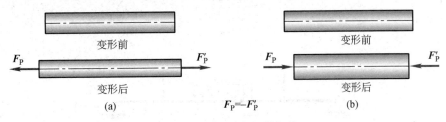

图 4-4 承受拉伸与压缩杆件

(2) **剪切**(shearing)。在平行于杆横截面的两个相距很近的平面内,方向相对地作用着两个横向力(力的作用线垂直于杆件的轴线),当这两个力相互错动并保持二者之间的距离不变时,杆件将产生剪切变形,如图 4-5 所示。

(3) **扭转**(torsion)。当作用在杆件上的力组成作用在垂直于杆轴平面内的力偶 M_e 时,杆件将产生扭转变形,即杆件的横截面绕其轴相互转动,如图 4-6 所示。

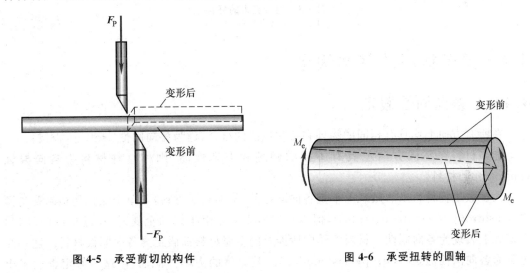

图 4-5 承受剪切的构件　　　　图 4-6 承受扭转的圆轴

(4) **弯曲**(bend)。当外加力偶 M(图 4-7(a))或外力作用于杆件的纵向平面内(图 4-7(b))时,杆件将发生弯曲变形,其轴线将变成曲线。

(5) **组合受力与变形**(complex loads and deformation)。由上述基本受力形式中的两种或两种以上所共同形成的受力与变形形式即为组合受力与变形,例如图 4-8 中所示之杆件的变形,即为拉伸与弯曲的组合(其中力偶 M 作用在纸平面内)。组合受力形式中,杆件将产生两种或两种以上的基本变形。

实际杆件的受力不管多么复杂,在一定的条件下,都可以简化为基本受力形式的组合。

工程上将承受拉伸的杆件统称为**拉杆**(bar in tension),简称杆;受压杆件称为**压杆**或**柱**(column);承受扭转或主要承受扭转的杆件统称为**轴**(shaft);承受弯曲的杆件统称为**梁**(beam)。

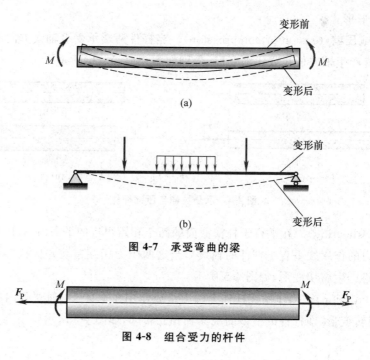

图 4-7 承受弯曲的梁

图 4-8 组合受力的杆件

4.4 关于材料的基本假定

4.4.1 各向同性假定

在所有方向上均具有相同的物理和力学性能的材料,称为**各向同性**(isotropy)材料。

如果材料在不同方向上具有不同的物理和力学性能,则称这种材料为**各向异性**(anisotropy)材料。

大多数工程材料虽然微观上不是各向同性的,例如金属材料,其单个晶粒呈**结晶各向异性**(anisotropy of crystallographic),但当它们形成多晶聚集体的金属时,呈随机取向,因而在宏观上表现为各向同性。材料力学中所涉及的金属材料都假定为各向同性材料。这一假定称为**各向同性假定**(isotropy assumption)。就总体的力学性能而言,这一假定也适用于大多数非金属材料,例如混凝土材料。

4.4.2 均匀连续性假定

实际材料的微观结构并不处处都是均匀连续的,但是当所考查的物体几何尺度足够大,而且所考查的物体上的点都是宏观尺度上的点,则可以假定所考查的物体的全部体积内,材料在各处是均匀、连续分布的。这一假定称为**均匀连续性假定**(homogenization and continuity assumption)。

根据这一假定,物体内因受力和变形而产生的内力和位移都将是连续的,因而可以表示为各点坐标的连续函数,从而有利于建立相应的数学模型。所得到的理论结果便于应用于工程设计。

4.4.3 小变形假定

实际结构或构件受力后都要发生变形,而且变形量都不大。大变形的力学问题大都是非线性的,所得到的理论结果都比较复杂;对于由满足胡克定律的材料制成的构件,小变形的力学问题大都是线性的。作为应用于工程设计的材料力学,假定:物体在外力作用下所产生的变形与物体本身的几何尺寸相比是很小的。这一假定称为**小变形假定**(assumption of small deformation)。根据这一假定,当考查变形固体的平衡问题时,一般可以略去变形的影响,因而可以直接应用静力学方法。

读者不难发现,在静力学中,实际上已经采用了上述关于小变形的假定。因为实际物体都是可变形物体,所谓刚体便是实际物体在变形很小时的理想化,即忽略了变形对平衡和运动规律的影响,从这个意义上讲,在材料力学中,当讨论平衡问题时,仍将沿用刚体概念,而在其他场合,必须代之以变形体的概念。

同时,基于小变形假定,将大大简化材料力学的分析过程,而且可以得到工程师们乐于接受和采用的理论结果与设计公式。

4.5 弹性体受力与变形特征

弹性体受力后,由于变形,其内部将产生相互作用的内力。这种内力不同于物体固有的内力,而是一种由于变形而产生的附加内力。利用一假想截面将弹性体截开,这种附加内力即可显示出来,如图 4-9 所示。

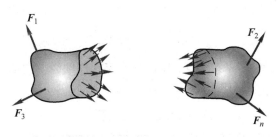

图 4-9 弹性体的分布内力

根据连续性假定,一般情形下,杆件横截面上的内力形成一分布力系。

由于整体平衡的要求,对于截开的每一部分也必须是平衡的。因此,作用在每一部分上的外力必须与截面上分布内力相平衡。这表明,弹性体由变形引起的内力不能是任意的。这是弹性体受力、变形的第一个特征。

在外力作用下,弹性体的变形应使弹性体各相邻部分,既不能断开,也不能发生重叠的现象。图 4-10 为从一弹性体中取出的两相邻部分的三种变形状况,其中图 4-10(a)、(b)上所示的两种情形是不正确的,只有图 4-10(c)中所示的情形是正确的。这表明,弹性体受力后发生的变形也不是任意的,而必须满足**协调**(compatibility)一致的要求。这是弹性体受力、变形的第二个特征。

此外,弹性体受力后发生的变形还与物性有关。这表明,受力与变形之间存在确定的关系,称为物性关系。

变形后两部分相互重叠
(a)

变形后两部分相互分离
(b)

变形后两部分协调一致
(c)

图 4-10　弹性体变形后各相邻部分之间的相互关系

【例题 4-1】 等截面直杆 AB 两端固定，C 截面处承受沿杆件轴线方向的力 $\boldsymbol{F}_P$，如图 4-11 所示。关于 A、B 两端的约束力有(A)、(B)、(C)、(D)四种答案，请判断哪一种是正确的。

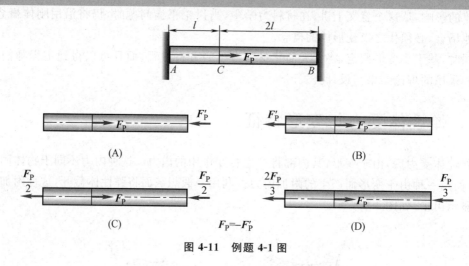

图 4-11　例题 4-1 图

解：根据约束的性质，以及外力 $\boldsymbol{F}_P$ 作用线沿着杆件轴线方向的特点，A、B 两端只有沿杆件轴线方向的约束力，分别用 $\boldsymbol{F}_A$ 和 $\boldsymbol{F}_B$ 表示，如图 4-12 所示。

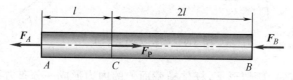

图 4-12　例题 4-1 解图

根据平衡条件 $\sum F_x = 0$，有

$$F_A + F_B = F_P \tag{a}$$

其中 F_A 和 F_B 都是未知量，仅由平衡方程不可能求出两个未知量。对于刚体模型，这个问题是无法求解的。但是，对于弹性体，这个问题是有解的。

作用在弹性体上的力除了满足平衡条件外，还必须使其所产生的变形满足变形协调的要求。本例中，杆 AC 段将发生伸长变形，杆 CB 段则发生缩短变形，由于杆 AB 两端固定，杆件的总变形量必须等于零。

显然，图 4-11 中的答案(A)和(B)都不能满足上述条件，因而是不正确的。

对于满足胡克定律的材料，其弹性变形都与杆件受力以及杆件的长度成正比。在答案

(C)中,平衡条件虽然满足,杆 CB 段与 AC 段受力相同,但杆 CB 段的长度大于杆 AC 段的长度,所以,杆 CB 段的缩短量大于杆 AC 段的伸长量,因而不能满足总变形量等于零的变形协调要求,所以也是不正确的。答案(D)的约束力,既满足平衡条件,也满足变形协调的要求,因此,答案(D)是正确的。

4.6 材料力学的分析方法

分析构件受力后发生的变形,以及由于变形而产生的内力,需要采用平衡的方法。但是,采用平衡的方法,只能确定横截面上内力的合力,并不能确定横截面上各点内力的大小。研究构件的强度、刚度与稳定性,不仅需要确定内力的合力,还需要知道内力的分布。

内力是不可见的,而变形却是可见的,并且各部分的变形相互协调,变形通过物性关系与内力相联系。所以,确定内力的分布,除了考虑平衡,还需要考虑变形协调与物性关系。

对于工程构件,所能观察到的变形,只是构件外部表面的。内部的变形状况,必须根据所观察到的表面变形作一些合理的推测,这种推测通常也称为假定。对于杆状的构件,考查相距很近的两个横截面之间微段的变形,这种假定是不难作出的。

4.7 杆件横截面上的内力与内力分量

4.7.1 内力主矢、主矩与内力分量

无论杆件横截面上的内力分布如何复杂,总可以将其向该截面上的某一简化中心简化,得到一主矢和一主矩,二者分别称为**内力主矢**(resultant vector of internal forces,principal vector of internal forces)和**内力主矩**(principal moment of internal forces)。图 4-13(a)中所示为以截面形心 C 为简化中心的主矢 F_R 和主矩 M。

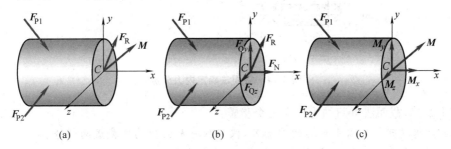

图 4-13 杆件横截面上的内力与内力分量

工程计算中有意义的是主矢和主矩在确定的坐标方向上的分量,称为**内力分量**(components of internal forces)。

以杆件横截面中心 C 为坐标原点,建立 Cxyz 坐标系,如图 4-13 所示,其中 x 沿杆件的轴线方向,y 和 z 分别沿着横截面的主轴(对于有对称轴的截面,对称轴即为主轴)方向。

图 4-13(b)和(c)中所示分别为主矢和主矩在 x、y、z 轴方向上的分量,分别用 F_N、F_{Qy}、F_{Qz} 和 M_x、M_y、M_z 表示。其中:

F_N 称为**轴力**(normal force),它将使杆件产生轴向变形(伸长或缩短)。

F_{Qy}、F_{Qz} 称为**剪力**(shearing force),二者均将使杆件产生剪切变形。

M_x 称为**扭矩**(torsional moment,torque),它将使杆件产生绕杆轴转动的扭转变形。

M_y、M_z 称为**弯矩**(bending moment),二者均使杆件产生弯曲变形。

为简单起见,本书在以后的叙述中,如果没有特别说明,凡是内力均指内力分量。

4.7.2 确定内力分量的截面法

为了确定杆件横截面上的内力分量,采用假想横截面在任意处将杆件截为两部分,考查其中任意一部分的受力,由平衡条件,即可得到该截面上的内力分量,这种方法称为**截面法**(section-method)。

以平面载荷作用情形(图 4-14(a))为例,为确定坐标为 x 的任意横截面上的内力分量,用假想截面从 x 处将杆件截开,考查截开后的左边(或右边)部分的受力和平衡,其受力如图 4-14(b)所示。因为所有外力都处于同一平面内,所以横截面上只有 $\boldsymbol{F}_N$、$\boldsymbol{F}_{Qy}$ 和 M_z 三个内力分量(z 坐标垂直于 xy 平面,书中未画出)。平面力系的三个平衡方程为

$$\sum F_x = 0$$
$$\sum F_y = 0$$
$$\sum M_C = 0$$

其中 C 为截面中心。据此,即可求得全部内力分量。

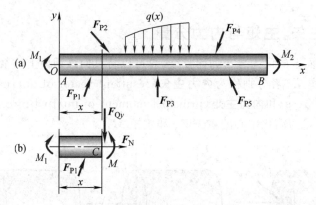

图 4-14 截面法确定内力分量

综上所述,截面法可归纳为以下三个步骤:

(1) **假想截开** 在需求内力的截面处,假想用一截面把构件截成两部分。

(2) **任意留取** 任取一部分为研究对象,将弃去部分对留下部分的作用以截面上的内力来代替。

(3) **平衡求力** 对留下部分建立平衡方程,求解内力。

4.8 应力、应变及其相互关系

4.8.1 应力

分布内力在一点的集度,称为**应力**(stress)。作用线垂直于截面的应力称为**正应力**(normal stress),用希腊字母 σ 表示;作用线位于截面内的应力称为**剪应力**或**切应力**

(shearing stress),用希腊字母 τ 表示。应力的单位为 Pa 或 MPa,工程上多用 MPa。

为了认识和理解应力是分布内力在一点的集度的概念,可以设想在横截面上有一有限小的面积 ΔA,其上作用有分布内力的合力 ΔF,如图 4-15(a) 所示,$\dfrac{\Delta F}{\Delta A}$ 为面积上分布内力的平均值。这一平均值不是应力。

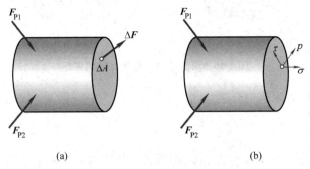

图 4-15 作用在微元面积上的内力及其分量

只有当 $\Delta A \to 0$ 时,$\dfrac{\Delta F}{\Delta A}$ 的极限值才是一点的应力,称为一点的总应力,用 p 表示:

$$p = \lim_{\Delta A \to 0} \frac{\Delta F}{\Delta A} \tag{4-1}$$

总应力在横截面的法线和切线方向的分量,就是上面所讲的正应力和剪应力,如图 4-15(b) 所示。

需要指出的是,上述极限表达式的引入只是为了说明应力的概念,二者在应力计算中没有实际意义。

4.8.2 应力与内力分量之间的关系

应力作为分布内力在一点的集度,与内力分量有着密切的关系。

杆件横截面上的应力与其作用的微面积 dA 的乘积,称为应力作用点的内力。通过积分可以建立微面积 dA 上的内力 σdA 与内力分量之间的关系。

考查图 4-16(a) 和 (b) 中所示作用在杆件横截面的微元面积 dA 上的正应力 σ 和剪应力 τ_{xy}、τ_{xz},将它们分别乘以微元面积,得到微元面积上的内力:σdA、$\tau_{xy} dA$、$\tau_{xz} dA$。将这些内力分别对 $Cxyz$ 坐标系中的 x、y 和 z 轴投影和取矩,并且沿整个横截面积分,即可得到应力与 6 个内力分量之间的关系式:

$$\left.\begin{aligned}
\int_A \sigma dA &= F_N \\
\int_A z(\sigma dA) &= M_y \\
\int_A y(\sigma dA) &= -M_z \\
\int_A \tau_{xy} dA &= F_{Qy} \\
\int_A \tau_{xz} dA &= F_{Qz} \\
-\int_A (\tau_{xy} dA) z + \int_A (\tau_{xz} dA) y &= M_x
\end{aligned}\right\} \tag{4-2}$$

其中，A 为横截面面积。

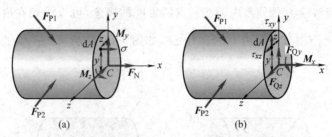

图 4-16 应力与内力分量之间的关系

相关内容将在以后章节中介绍。

4.8.3 应变

如果将弹性体看作由许多微单元体(简称微元体或微元)所组成，弹性体整体的变形则是所有微元体变形累加的结果。而单元体的变形则与作用在其上的应力有关。

围绕受力弹性体中的任意点截取微元体(通常为正六面体)，一般情形下微元体的各个面上均有应力作用。下面考查两种最简单的情形，分别如图 4-17(a)、(b)所示。

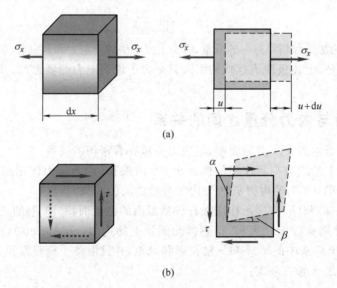

图 4-17 正应变与切应变

对于正应力作用下的微元体(图 4-17(a))，沿着正应力方向和垂直于正应力方向将产生伸长和缩短，这种变形称为线变形。描写弹性体在各点处线变形程度的量，称为**正应变**或**线应变**(normal strain)，用 ε_x 表示。根据微元体变形前、后 x 方向长度 dx 的相对改变量，有

$$\varepsilon_x = \frac{du}{dx} \tag{4-3}$$

式中，dx 为变形前微元体在正应力作用方向的长度；du 为微元体变形后相距 dx 的两截面沿正应力方向的相对位移；ε_x 的下标 x 表示应变方向。

切应力作用下的微元体将发生剪切变形，剪切变形程度用微元体直角的改变量度量。

微元直角改变量称为**剪应变**或**切应变**(shearing strain),用 γ 表示。在图 4-17(b)中,$\gamma = \alpha + \beta$。γ 的单位为 rad。

关于正应力和正应变的正负号,一般约定:拉应变为正,压应变为负;产生拉应变的应力(拉应力)为正,产生压应变的应力(压应力)为负。关于切应力和切应变的正负号将在以后介绍。

4.8.4 应力与应变之间的物性关系

对于工程中常用材料,实验结果表明:若在弹性范围内加载(应力小于某一极限值),对于只承受单方向正应力或承受剪应力的微元体,正应力与正应变以及剪应力与剪应变之间存在着线性关系:

$$\sigma_x = E\varepsilon_x \quad 或 \quad \varepsilon_x = \frac{\sigma_x}{E} \tag{4-4}$$

$$\tau_x = G\gamma_x \quad 或 \quad \gamma_x = \frac{\tau_x}{G} \tag{4-5}$$

式(4-4)、式(4-5)统称为**胡克定律**(Hooke law)。式中,E 和 G 为与材料有关的弹性常数:E 称为**弹性模量**(modulus of elasticity)或**杨氏模量**(Young's modulus);G 称为**切变模量**(shearing modulus)。式(4-4)和式(4-5)即为描述线弹性材料物性关系的方程。所谓线弹性材料是指弹性范围内加载时应力-应变满足线性关系的材料。

4.9 结论与讨论

4.9.1 刚体模型与弹性体模型

所有工程结构的构件,实际上都是可变形的弹性体,当变形很小时,变形对物体运动效应的影响甚小,因而在研究运动和平衡问题时一般可将变形略去,从而将弹性体抽象为刚体。从这一意义讲,刚体和弹性体都是工程构件在确定条件下的简化力学模型。

4.9.2 弹性体受力与变形特点

弹性体在载荷作用下,将产生连续分布的内力。弹性体内力应满足与外力的平衡关系、弹性体自身变形协调关系以及力与变形之间的物性关系。这是材料力学与理论力学的重要区别。

4.9.3 刚体静力学概念与原理在材料力学中的应用

工程中绝大多数构件受力后所产生的变形相对于构件的尺寸都是很小的,这种变形通常称为"小变形"。在小变形条件下,刚体静力学中关于平衡的理论和方法能否应用于材料力学,下列问题的讨论对于回答这一问题是有益的。

(1) 若将作用在弹性杆上的力(图 4-18(a)),沿其作用线方向移动(图 4-18(b))。

(2) 若将作用在弹性杆上的力(图 4-19(a)),向另一点平移(图 4-19(b))。

请读者分析:上述两种情形下对弹性杆的平衡和变形将会产生什么影响?

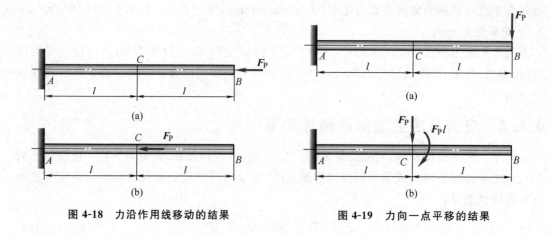

图 4-18 力沿作用线移动的结果

图 4-19 力向一点平移的结果

习题

4-1 已知两种情形下直杆横截面上的正应力分布分别如图(a)和(b)所示。请根据应力与内力分量之间的关系,分析两种情形下杆件横截面存在什么内力分量?(不要求进行具体计算)

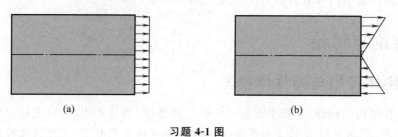

习题 4-1 图

4-2 微元在两种情形下受力后的变形分别如图(a)和(b)中所示,请根据剪应变的定义确定两种情形下微元的剪应变。

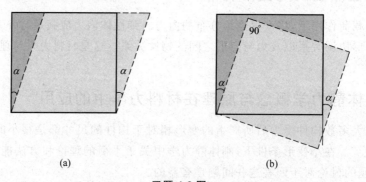

习题 4-2 图

4-3 由金属丝弯成的弹性圆环,直径为 d(图中的实线),受力变形后变成直径为 $d+\Delta d$ 的圆(图中的虚线)。如果 d 和 Δd 都是已知的,请应用正应变的定义确定:
(1) 圆环直径的相对改变量;

(2) 圆环沿圆周方向的正应变。

4-4 微元受力前形状如图中实线 $ABCD$ 所示,其中 $\angle ABC$ 为直角,$\mathrm{d}x = \mathrm{d}y$。受力变形后各边的长度尺寸不变,如图中虚线 $A'B'C'D'$ 所示。

(1) 请分析微元的四边可能承受什么样的应力才会产生这样的变形?

(2) 如果已知

$$CC' = \frac{\mathrm{d}x}{1000}$$

求 AC 方向上的正应变。

(3) 如果已知图中变形后的角度 α,求微元的剪应变。

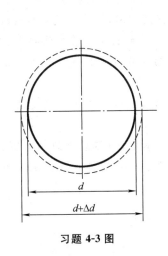

习题 4-3 图

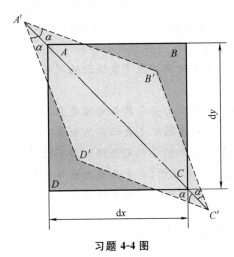

习题 4-4 图

第5章 杆件的内力分析与内力图

杆件在外力作用下,横截面上将产生轴力、剪力、扭矩、弯矩等内力分量。在很多情形下,内力分量沿杆件的长度方向的分布不是均匀的。研究强度问题,需要知道哪些横截面可能最先发生失效,这些横截面称为危险面。内力分量最大的横截面就是首先需要考虑的危险面。研究刚度虽然没有危险面的问题,但是也必须知道内力分量沿杆件长度方向是怎样变化的。

为了确定内力分量最大的横截面,必须知道内力分量沿着杆件的长度方向是怎样分布的。杆件的内力图就是表示内力分量变化的图形。

本章首先介绍与确定杆件横截面上内力分量有关的基本概念;然后介绍轴力图、扭矩图、剪力图与弯矩图,重点是剪力图与弯矩图;最后讨论载荷、剪力、弯矩之间的微分关系及其在绘制剪力图和弯矩图中的应用。

5.1 基本概念

确定外力作用下杆件横截面上的内力分量,重要的是正确应用平衡的概念和平衡的方法。这一点与静力分析中的概念和方法相似,但又不完全相同。主要区别在于,在静力分析中只涉及整个系统或单个构件的平衡,而在确定内力时,不仅要涉及单个构件以及构件系统的平衡,而且还要涉及构件的局部的平衡。因此,需要将平衡的概念扩展和延伸。

5.1.1 整体平衡与局部平衡的概念

弹性杆件在外力作用下若保持平衡,则从其上截取的任意部分也必须保持平衡。前者称为**整体平衡**或**总体平衡**(overall equilibrium);后者称为**局部平衡**(local equilibrium)。

整体是指杆件所代表的某一构件。局部可以是用一截面将杆截成的两部分中的任一部分,也可以是无限接近的两个截面所截出的一微段,还可以是围绕某一点截取的微元或微元的局部,等等。例如,图 5-1(a)所示直杆在集中力 F_{P1}、F_{P2}、F_{P3}、F_{P4}、F_{P5},集中力偶 M_1、M_2,以及集度为 $q(x)$ 的分布力作用下处于平衡状态,从位置坐标为 x 处的横截面截开,将直杆分成两部分,这两部分也都是平衡的,不过这时的平衡是作用在各部分上的外力与截开的横截面上的内力相平衡,图 5-1(b)所示为作用在左边部分上的外力与内力,这些外力和内力组成平衡力系。

这种整体平衡与局部平衡的关系,不仅适用于弹性杆件,而且适用于所有弹性体,因而可以称为**弹性体平衡原理**(equilibrium principle for elastic body)。

第 5 章　杆件的内力分析与内力图

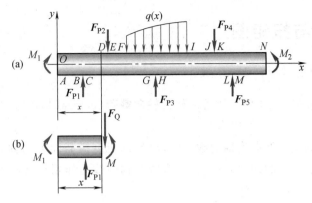

图 5-1　杆件内力与外力的变化有关

5.1.2　杆件横截面上的内力与外力的相依关系

应用第 4 章中所介绍的截面法，不难证明，当杆件上的外力（包括载荷与约束力）沿杆的轴线方向发生突变时，内力的变化规律也将发生变化。

外力突变是指有集中力、集中力偶作用的情形，或是分布载荷间断以及分布载荷集度发生突变的情形。

内力变化规律是指表示内力变化的函数或图线。如果在两个外力作用点之间的杆件上没有其他外力作用，则这一段杆件所有横截面上的内力可以用同一个数学方程或者同一图线描述。

例如，图 5-1(a)中所示平面载荷作用的杆，其上的 A—B、C—D、E—F、F—G、H—I、I—J、K—L、M—N 等各段内力分别按不同的函数规律变化。

5.1.3　控制面

根据以上分析，在一段杆上，内力按一种函数规律变化，这一段杆的两个端截面称为**控制面**(control cross-section)。控制面也就是函数定义域的两个端截面。据此，下列截面均可能为控制面：

（1）集中力作用点两侧截面。
（2）集中力偶作用点两侧截面。
（3）集度相同的均布载荷起点和终点处截面。

图 5-2 中所示杆件上的 A、B、C、D、E、F、G、H、I、J、K、L、M、N 等截面都是控制面。

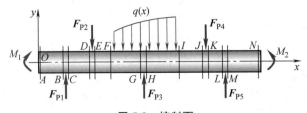

图 5-2　控制面

5.2 轴力图与扭矩图

5.2.1 轴力图

沿着杆件轴线方向作用的载荷,通常称为**轴向载荷**(normal load)。杆件承受轴向载荷作用时,横截面上只有轴力一种内力分量 F_N。

杆件只在两个端截面处承受轴向载荷时,杆件的所有横截面上的轴力都是相同的。如果杆件上作用有两个以上的轴向载荷,就只有两个轴向载荷作用点之间的横截面上的轴力是相同的。

表示轴力沿杆件轴线方向变化的图形,称为**轴力图**(diagram of normal force)。

为了绘制轴力图,首先需要规定轴力的正负号。规定轴力正负号的原则是:用一个假想截面将杆截开,同一截面的两侧的轴力必须具有相同的正负号——同一截面两侧截面上的轴力互为作用力与反作用力,大小相等、方向相反,但正负号却是相同的。在轴向拉伸和压缩的情形下,规定:凡是产生伸长变形的轴力为正,产生缩短变形的轴力为负。

其次,需要根据外力的作用位置,判断轴力的大致变化趋势,从而确定轴力图要不要分段,分几段,以及在哪些截面处需要分段?根据截面法和平衡条件,可以确定:当外力发生改变时,轴力图也随之变化,但是在两个集中力作用处的截面之间的所有截面都具有相同的轴力。因此,集中力作用处的两侧截面即为控制面。

综上所述,绘制轴力图的方法为:

(1) 确定约束力。

(2) 根据杆件上作用的载荷及约束力确定控制面,也就是轴力图的分段点。

(3) 应用截面法,用假想截面从控制面处将杆件截开,在截开的截面上,画出未知轴力,并假设为正方向;对截开的部分杆件建立平衡方程,确定控制面上的轴力数值。

(4) 建立 $F_N\text{-}x$ 坐标系,将所求得的轴力值标在坐标系中,画出轴力图。

下面举例说明轴力图的画法。

【例题 5-1】 如图 5-3(a)所示,在直杆 B、C 两处作用有集中载荷 F_1 和 F_2,其中 $F_1 = 5$ kN,$F_2 = 10$ kN。试画出杆件的轴力图。

解:(1) 确定约束力

A 处虽然是固定端约束,但由于杆件只有轴向载荷作用,所以只有一个轴向的约束力 F_A。由平衡方程

$$\sum F_x = 0$$

求得

$$F_A = 5 \text{ kN}$$

方向如图 5-3(a)所示。

(2) 确定控制面

在集中载荷 F_2、约束力 F_A 作用处的 A、C 截面,以及集中载荷 F_1 作用点 B 处的上、下两侧横截面 B''、B' 都是控制面,如图 5-3(a)中虚线所示。

第 5 章 杆件的内力分析与内力图

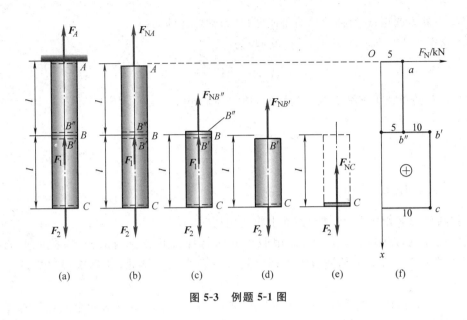

图 5-3 例题 5-1 图

(3) 应用截面法

用假想截面分别从控制面 A、B''、B'、C 处将杆截开，假设横截面上的轴力均为正方向（拉力），并考查截开后下面部分的平衡，如图 5-3(b)、(c)、(d)、(e)所示。

根据平衡方程

$$\sum F_x = 0$$

求得各控制面上的轴力分别为

A 截面：$F_{NA} = F_2 - F_1 = 5 \text{ kN}$

B'' 截面：$F_{NB''} = F_2 - F_1 = 5 \text{ kN}$

B' 截面：$F_{NB'} = F_2 = 10 \text{ kN}$

C 截面：$F_{NC} = F_2 = 10 \text{ kN}$

(4) 建立 F_N-x 坐标系，画轴力图

F_N-x 坐标系中 x 坐标轴沿着杆件的轴线方向，F_N 坐标轴垂直于 x 轴。

将所求得的各控制面上的轴力标在 F_N-x 坐标系中，得到 a、b''、b' 和 c 四点。因为在 A、B'' 之间以及 B'、C 之间，没有其他外力作用，故这两段中的轴力分别与 A（或 B''）截面以及 C（或 B'）截面相同。这表明点 a 与点 b'' 之间以及点 b' 与点 c 之间的轴力图为平行于 x 轴的直线。于是，得到杆的轴力图如图 5-3(f)所示。

5.2.2 扭矩图

1. 外力偶矩

作用在杆件上的外力偶矩，可以由外力向杆的轴线简化而得，但是对于传递功率的轴，通常都不是直接给出力或力偶矩，而是给定功率和转速。

因为力偶矩在单位时间内所做之功即为功率，于是有

$$M_e \omega = P$$

其中，M_e 为外力偶矩；ω 为轴转动的角速度；P 为轴传递的功率。

由 1 kW=1000 N·m/s，上式可以改写为

$$M_e = 9549 \frac{P}{n} \tag{5-1a}$$

其中，功率 P 的单位为 kW；n 为轴的转速，单位为 r/min。

若以马力作为功率单位，则有

$$M_e = 7024 \frac{P}{n} \tag{5-1b}$$

2. 扭矩与扭矩图

在扭转外力偶作用下，圆轴横截面上将产生扭矩。

确定扭矩的方法也是截面法，即用假想截面将杆截开分成两部分，横截面上的扭矩与作用在轴的任一部分上的所有外力偶矩组成平衡力系。据此，即可求得扭矩的大小与方向。

如果只在轴的两个端截面作用有外力偶，则沿轴线方向所有横截面上的扭矩都是相同的，并且都等于作用在轴上的外力偶矩。

当轴的长度方向上有两个以上的外力偶作用时，轴各段横截面上的扭矩将是不相等的，这时需用截面法确定各段横截面的扭矩。

扭矩沿杆轴线方向变化的图形，称为**扭矩图**(diagram of torsional moment)。

绘制扭矩图，同样需要规定扭矩的正负号。为了使同一处两侧截面上的扭矩具有相同的正负号，据此，采用右手螺旋定则规定扭矩的正负号：右手握拳，4 指与扭矩的转动方向一致，拇指指向扭矩矢量 M_x 方向。若扭矩矢量方向与截面外法线方向一致，则扭矩为正（图 5-4(a)）；若扭矩矢量方向与截面外法线方向相反，则扭矩为负（图 5-4(b)）。

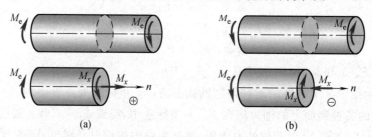

图 5-4 扭矩的正负号规则

绘制扭矩图的方法和过程与绘制轴力图相似，这里不再重复。下面举例说明。

【例题 5-2】 如图 5-5(a)所示，圆轴受有四个绕轴线转动的外力偶，各力偶的力偶矩的大小和方向均示于图中，其单位为 N·m，轴的尺寸单位为 mm。试画出圆轴的扭矩图。

解：（1）确定控制面

从圆轴所受的外力偶分布可以看出，外力偶处截面 A、B、C、D 左右两侧截面均为控制面。这表明 AB、BC、CD 各段横截面上的扭矩各不相同，但每一段内的扭矩却是相同的。为了计算简便，可以在 AB 段、BC 段、CD 段圆轴内任意选取一横截面，例如 1—1、2—2、

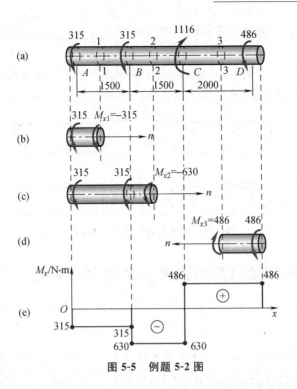

图 5-5 例题 5-2 图

3—3 截面,这 3 个横截面上的扭矩即对应 3 段圆轴上所有横截面的扭矩。

(2) 应用截面法确定各段圆轴内的扭矩

用 1—1、2—2、3—3 截面将圆轴截开,假设截开横截面上的扭矩为正方向,考查这些截面左侧或右侧部分圆轴的受力与平衡,分别如图 5-5(b)、(c)、(d)所示。由平衡方程

$$\sum M_x = 0$$

求得三段圆轴内的扭矩分别为

$$M_{x1} + 315 = 0, \qquad M_{x1} = -315 \text{ N·m}$$
$$M_{x2} + 315 + 315 = 0, \quad M_{x2} = -630 \text{ N·m}$$
$$M_{x3} - 486 = 0, \qquad M_{x3} = 486 \text{ N·m}$$

上述计算过程中,由于假定横截面上的扭矩为正方向,所以,结果为正者,表示假设的扭矩正方向是正确的;若为负,说明截面上的扭矩与假定方向相反,即扭矩为负。

(3) 建立 M_x-x 坐标系,画出扭矩图

建立 M_x-x 坐标系,其中 x 轴平行于圆轴的轴线,M_x 轴垂直于圆轴的轴线。将所求得的各段的扭矩值,标在 M_x-x 坐标系中,得到相应的点,过这些点作 x 轴的平行线,即得到所需要的扭矩图,如图 5-5(e)所示。

5.3 剪力图与弯矩图

5.3.1 剪力和弯矩的正负号规则

为了保证梁的同一处两侧截面上具有相同的正负号,对剪力和弯矩的正负号作如下规定:

使截开部分杆件产生顺时针方向转动趋势的剪力为正,使截开部分产生逆时针方向转动趋势的剪力为负。

梁在弯矩作用下发生弯曲后,一部分受拉,另一部分受压。使梁的上面受压、下面受拉的弯矩为正;使梁的上面受拉、下面受压的弯矩为负,图 5-6 中所示的剪力和弯矩都是正的。

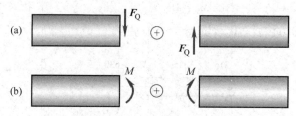

图 5-6　内力分量的正负号规则

5.3.2　截面法确定梁指定横截面上的剪力和弯矩

应用截面法确定某一个指定横截面上的内力分量首先需要用假想横截面从指定横截面处将杆件截为两部分。然后,考查其中任意一部分的受力,由平衡条件 $\sum F_y = 0, \sum M = 0$,即可得到该截面上的内力分量。其中,力矩平衡方程的矩心可以取为所截开截面的几何中心。

【**例题 5-3**】　外伸梁受载荷作用如图 5-7(a)所示。图中截面 1—1 和 2—2 都无限接近于截面 A,截面 3—3 和 4—4 也都无限接近于截面 D。试求:图示各截面的剪力和弯矩。

解:(1) 确定约束力
根据平衡条件

$$\sum M_A = 0$$
$$\sum M_B = 0$$

求得

$$F_{Ay} = \frac{5}{4} F_P, \quad F_{By} = -\frac{1}{4} F_P$$

其中,F_{By} 的负号表示这一约束力与图 5-7(a)中所假设的方向相反。

(2) 求截面 1—1 上的剪力和弯矩

用截面 1—1 将梁截开,考查梁左边部分平衡,在截开的截面上假设正方向的剪力 F_{Q1} 和弯矩 M_1,受力如图 5-7(b)所示。根据平衡方程

$$\sum F_y = 0: \quad -F_P - F_{Q1} = 0$$
$$\sum M_1 = 0: \quad 2F_P l + M_1 = 0$$

求得

$$F_{Q1} = -F_P$$

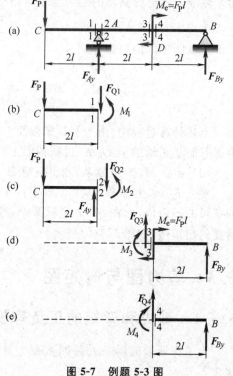

图 5-7　例题 5-3 图

$$M_1 = -2F_P l$$

上述结果中的负号表示剪力和弯矩的实际方向与图 5-7(b) 所假设的方向相反。

（3）求截面 2—2 上的内力

用截面 2—2 将梁截开，考查梁左边部分平衡，在截开的截面上假设正方向的剪力 F_{Q2} 和弯矩 M_2，受力如图 5-7(c) 所示。根据平衡方程

$$\sum F_y = 0: \quad F_{Ay} - F_P - F_{Q2} = 0$$

$$\sum M_2 = 0: \quad 2F_P l + M_2 = 0$$

得到

$$F_{Q2} = F_{Ay} - F_P = \frac{5}{4}F_P - F_P = \frac{1}{4}F_P$$

$$M_2 = -2F_P l$$

其中，M_2 中的负号表示弯矩 M_2 的实际方向与图 5-7(c) 所假设的方向相反。

（4）求截面 3—3 上的内力

用截面 3—3 将梁截开，考查梁右边部分平衡，在截开的截面上假设正方向的剪力 F_{Q3} 和弯矩 M_3，受力如图 5-7(d) 所示。根据平衡方程

$$\sum F_y = 0: \quad F_{Q3} + F_{By} = 0$$

$$\sum M_3 = 0: \quad -M_3 - M_e + 2F_{By} l = 0$$

解得

$$F_{Q3} = -F_{By} = \frac{F_P}{4}$$

$$M_3 = -F_P l - 2 \times \frac{F_P}{4} l = -\frac{3}{2} F_P l$$

其中，M_3 中的负号表示弯矩 M_3 的实际方向与图 5-7(d) 所假设的方向相反。

（5）求截面 4—4 上的内力

用截面 4—4 将梁截开，考查梁右边部分平衡，在截开的截面上假设正方向的剪力 F_{Q4} 和弯矩 M_4，受力如图 5-7(e) 所示。根据平衡方程

$$\sum F_y = 0: \quad F_{Q4} + F_{By} = 0$$

$$\sum M_4 = 0: \quad -M_4 + F_{By} \times 2l = 0$$

解得

$$F_{Q4} = -F_{By} = \frac{F_P}{4}$$

$$M_4 = 2F_{By} l = -\frac{1}{2} F_P l$$

其中，M_4 中的负号表示弯矩 M_4 的实际方向与图 5-7(e) 所假设的方向相反。

（6）本例小结

① 比较所得到的截面 1—1 和 2—2 的计算结果

$$F_{Q2} - F_{Q1} = \frac{F_P}{4} - (-F_P) = \frac{5}{4} F_P = F_{Ay}$$

$$M_2 = M_1$$

可以发现,在集中力左右两侧无限接近的横截面上弯矩相同,而剪力不同,剪力相差的数值等于该集中力的数值。这表明,在集中力的两侧截面上,弯矩没有变化,剪力却有突变,突变值等于集中力的数值。

② 比较截面 3—3 和 4—4 的计算结果

$$F_{Q4} = F_{Q3}$$

$$M_4 - M_3 = \frac{-F_P l}{2} - \left(-\frac{3}{2}F_P l\right) = F_P l = M$$

可以发现,在集中力偶两侧无限接近的横截面上剪力相同,而弯矩不同。这表明,在集中力偶的两侧截面上,剪力没有变化,弯矩却有突变,突变值等于集中力偶的数值。

上述结果为以后建立剪力方程和弯矩方程以及绘制剪力图和弯矩图,提供了重要的启示:在集中力和集中力偶作用处的两侧必须分段建立剪力方程和弯矩方程,二者的图形也因此而异。

5.3.3 剪力方程与弯矩方程

一般受力情形下,梁内剪力和弯矩将随横截面位置的改变而发生变化。描述梁的剪力和弯矩沿长度方向变化的代数方程,分别称为**剪力方程**(equation of shearing force)和**弯矩方程**(equation of bending moment)。

为了建立剪力方程和弯矩方程,必须首先建立 Oxy 坐标系,其中 O 为坐标原点,x 坐标轴与梁的轴线一致,坐标原点 O 一般取在梁的左端,x 坐标轴的正方向自左至右,y 坐标轴铅垂向上。

建立剪力方程和弯矩方程时,需要根据梁上的外力(包括载荷和约束力)作用状况,确定控制面,从而确定要不要分段,以及分几段建立剪力方程和弯矩方程。确定了分段之后,首先,在每一段中任意取一横截面,假设这一横截面的坐标为 x;然后从这一横截面处将梁截开,并假设所截开的横截面上的剪力 $F_Q(x)$ 和弯矩 $M(x)$ 都是正方向;最后分别应用力的投影方程和力矩的平衡方程,即可得到剪力 $F_Q(x)$ 和弯矩 $M(x)$ 的表达式,这就是所要求的剪力方程 $F_Q(x)$ 和弯矩方程 $M(x)$。

这一方法和过程实际上与前面所介绍的确定指定横截面上的内力分量的方法和过程是相似的,所不同的,现在的指定横截面是坐标为 x 的任意横截面。

需要特别注意的是,在剪力方程和弯矩方程中,x 是变量,而 $F_Q(x)$ 和 $M(x)$ 则是 x 的函数。

【**例题 5-4**】 图 5-8(a)中所示一端为固定铰链支座,另一端为辊轴支座的梁,称为**简支梁**(simple supported beam)。简支梁上承受集度为 q 的均布载荷作用,梁的长度为 $2l$。试写出该梁的剪力方程和弯矩方程。

解:(1) 确定约束力

因为只有铅垂方向的外力,所以支座 A 的水平约束力等于零。又因为梁的结构及受力都是对称的,故支座 A 与支座 B 处铅垂方向的约束力相同。于是,根据平衡条件不难求得:

$$F_{RA} = F_{RB} = ql$$

其方向均示于图 5-8(a)中。

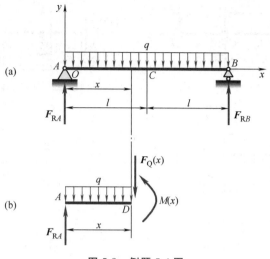

图 5-8 例题 5-4 图

(2) 确定控制面和分段

因为梁上只作用有连续分布载荷(载荷集度没有突变)，没有集中力和集中力偶的作用，所以，从 A 到 B 梁的横截面上的剪力和弯矩可以分别用一个方程描述，因而无需分段建立剪力方程和弯矩方程。

(3) 建立 Oxy 坐标系

以梁的左端为坐标原点，建立 Oxy 坐标系，如图 5-8(a)所示。

(4) 确定剪力方程和弯矩方程

以 A、B 之间坐标为 x 的任意截面为假想截面，将梁截开，取左段为研究对象，在截开的截面上标出剪力 $F_Q(x)$ 和弯矩 $M(x)$ 的正方向，如图 5-8(b)所示。由左段梁的平衡条件有

$$\sum F_y = 0: \quad F_{RA} - qx - F_Q(x) = 0$$

$$\sum M = 0: \quad M(x) - F_{RA} \times x + qx \times \frac{x}{2} = 0$$

据此，得到梁的剪力方程和弯矩方程分别为

$$F_Q(x) = F_{RA} - qx = ql - qx \quad (0 \leqslant x \leqslant 2l)$$

$$M(x) = qlx - \frac{qx^2}{2} \quad (0 \leqslant x \leqslant 2l)$$

这一结果表明，梁上的剪力方程是 x 的线性函数，弯矩方程是 x 的二次函数。

【例题 5-5】 悬臂梁在 B、C 二处分别承受集中力 F_P 和集中力偶 $M = 2F_P l$ 作用，如图 5-9(a)所示。梁的全长为 $2l$。试写出梁的剪力方程和弯矩方程。

解：(1) 确定控制面与分段

由于梁在固定端 A 处作用有约束力、自由端 B 处作用有集中力、中点 C 处作用有集中力偶，所以，截面 A、B、C、C' 均为控制面。因此，需要分为 AC 和 $C'B$ 两段建立剪力和弯矩方程。

(2) 建立 Oxy 坐标系

以梁的左端为坐标原点，建立 Oxy 坐标系，如图 5-9(a)所示。

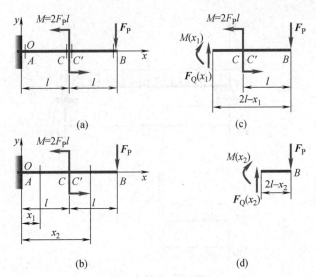

图 5-9 例题 5-5 图

(3) 建立剪力方程和弯矩方程

在 AC 和 $C'B$ 两段分别以坐标为 x_1 和 x_2 的横截面将梁截开,并在截开的横截面上标出剪力和弯矩,假设剪力 $F_Q(x_1)$、$F_Q(x_2)$ 和弯矩 $M(x_1)$、$M(x_2)$ 都是正方向,然后考查截开的右边部分梁的受力与平衡,分别如图 5-9(c) 和 (d) 所示。由平衡方程即可确定所需要的剪力方程和弯矩方程。

AC 段:由平衡方程

$$\sum F_y = 0: \quad F_Q(x_1) - F_P = 0$$
$$\sum M = 0: \quad -M(x_1) + M - F_P \times (2l - x_1) = 0$$

解得

$$F_Q(x_1) = F_P \quad (0 \leqslant x_1 \leqslant l)$$
$$M(x_1) = M - F_P(2l - x_1) = 2F_P l - F_P(2l - x_1) = F_P x_1 \quad (0 \leqslant x_1 \leqslant l)$$

$C'B$ 段:由平衡方程

$$\sum F_y = 0: \quad F_Q(x_2) - F_P = 0$$
$$\sum M = 0: \quad -M(x_2) - F_P \times (2l - x_2) = 0$$

解得

$$F_Q(x_2) = F_P \quad (l \leqslant x_2 \leqslant 2l)$$
$$M(x_2) = -F_P(2l - x_2) \quad (l \leqslant x_2 \leqslant 2l)$$

上述结果表明,AC 段和 $C'B$ 段的剪力方程相同,弯矩方程不同,但都是 x 的线性函数。

此外,需要指出的是,本例中,因为所考查的是截开后右边部分梁的平衡,与固定端 A 处的约束力无关,所以无需先确定约束力。

5.3.4 载荷集度、剪力、弯矩之间的微分关系

作用在梁上的平面载荷,如果不包含纵向力,这时梁的横截面上将只有弯矩和剪力。表

示剪力和弯矩沿梁轴线方向变化的图线,分别称为**剪力图**(diagram of shearing force)和**弯矩图**(diagram of bending moment)。

绘制剪力图和弯矩图有两种方法。第一种方法是:根据剪力方程和弯矩方程,在F_Q-x和M-x坐标系中首先标出剪力方程和弯矩方程定义域两个端点的剪力值和弯矩值,得到相应的点;然后按照剪力和弯矩方程的类型,绘制出相应的图线,便得到所需要的剪力图与弯矩图。

绘制剪力图和弯矩图的第二种方法是:先在F_Q-x和M-x坐标系中标出控制面上的剪力和弯矩数值,然后应用载荷集度、剪力、弯矩之间的微分关系,确定控制面之间的剪力和弯矩图线的形状,无需首先建立剪力方程和弯矩方程。

本书推荐第二种方法。下面介绍载荷集度、剪力、弯矩之间的微分关系。

根据相距$\mathrm{d}x$的两个横截面间微段的平衡,可以得到载荷集度、剪力、弯矩之间存在下列的微分关系:

$$\left.\begin{aligned}\frac{\mathrm{d}F_Q(x)}{\mathrm{d}x} &= q(x) \\ \frac{\mathrm{d}M(x)}{\mathrm{d}x} &= F_Q(x) \\ \frac{\mathrm{d}^2M(x)}{\mathrm{d}x^2} &= q(x)\end{aligned}\right\} \tag{5-2}$$

如果将例题5-4中所得到的剪力方程和弯矩方程分别求一次导数,同样也会得到上述微分关系式(5-2)。例题5-4中所得到的剪力方程和弯矩方程分别为

$$F_Q(x) = ql - qx \quad (0 \leqslant x \leqslant 2l)$$

$$M(x) = qlx - \frac{qx^2}{2} \quad (0 \leqslant x \leqslant 2l)$$

将$F_Q(x)$对x求一次导数,将$M(x)$对x求一次和二次导数,得到

$$\frac{\mathrm{d}F_Q(x)}{\mathrm{d}x} = -q$$

$$\frac{\mathrm{d}M(x)}{\mathrm{d}x} = ql - qx = F_Q$$

$$\frac{\mathrm{d}^2M}{\mathrm{d}x^2} = -q$$

上述第1式和第3式中等号右边的负号,是由于作用在梁上的均布载荷向下所致。因此,规定:对于向上的均布载荷,微分关系式(5-2)的第1式等号右边取正号;对于向下的均布载荷,微分关系式(5-2)的第1式等号右边取负号。

上述微分关系式(5-2),也说明剪力图和弯矩图图线的几何形状与作用在梁上的载荷集度有关:

(1)剪力图的斜率等于作用在梁上的均布载荷集度;弯矩图在某一点处斜率等于对应截面处剪力的数值。

(2)如果一段梁上没有分布载荷作用,即$q=0$,这一段梁上剪力的一阶导数等于零,则剪力方程为常数,因此,这一段梁的剪力图为平行于x轴的水平直线;弯矩的一阶导数等于常数,弯矩方程为x的线性函数,因此,弯矩图为斜直线。

(3)如果一段梁上作用有均布载荷,即$q=$常数,这一段梁上剪力的一阶导数等于常数,

则剪力方程为 x 的线性函数，因此，这一段梁的剪力图为斜直线；弯矩的一阶导数为 x 的线性函数，弯矩方程为 x 的二次函数，因此弯矩图为二次抛物线。

（4）弯矩图二次抛物线的凸凹性，与载荷集度 q 的正负有关：当 q 为正（向上）时，抛物线为凹曲线，凹的方向与 M 坐标正方向一致；当 q 为负（向下）时，抛物线为凸曲线，凸的方向与 M 坐标正方向一致。

上述微分关系将在本章的最后加以证明。

5.3.5 剪力图与弯矩图

根据载荷集度、剪力、弯矩之间的微分关系绘制剪力图与弯矩图的方法，与绘制轴力图和扭矩图的方法大体相似，但略有差异，主要步骤如下：

（1）根据载荷及约束力的作用位置，确定控制面。

（2）应用截面法确定控制面上的剪力和弯矩值。

（3）建立 F_Q-x 和 M-x 坐标系，并将控制面上的剪力和弯矩值标在上述坐标系中，得到若干相应的点。其中 x 坐标沿着梁的轴线自左向右，剪力 F_Q 坐标竖直向上，M 坐标可以向上也可以向下，本书采用 M 坐标向下的坐标系。

（4）应用微分关系确定各段控制面之间的剪力图和弯矩图的图线，得到所需要的剪力图与弯矩图。

下面举例说明之。

【例题 5-6】 简支梁受力的大小和方向如图 5-10(a)所示。试画出其剪力图和弯矩图，并确定剪力和弯矩绝对值的最大值：$|F_Q|_{max}$ 和 $|M|_{max}$。

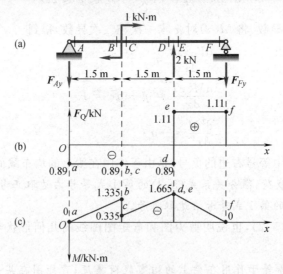

图 5-10 例题 5-6 图

解：(1) 确定约束力

根据力矩平衡方程

$$\sum M_A = 0, \quad \sum M_B = 0$$

可以求得 A、F 二处的约束力

$$F_{Ay} = 0.89 \text{ kN}, \quad F_{Fy} = 1.11 \text{ kN}$$

方向如图 5-10(a)中所示。

（2）建立坐标系

建立 F_Q-x 和 M-x 坐标系，分别如图 5-10(b)和(c)所示。

（3）确定控制面及控制面上的剪力和弯矩值

在集中力和集中力偶作用处的两侧截面以及支座反力内侧截面均为控制面，即图 5-10(a)中所示 A、B、C、D、E、F 各截面均为控制面。

应用截面法和平衡方程，求得这些控制面上的剪力和弯矩值分别为

A 截面：　　　　$F_Q = -0.89$ kN，　　$M = 0$

B 截面：　　　　$F_Q = -0.89$ kN，　　$M = -1.335$ kN·m

C 截面：　　　　$F_Q = -0.89$ kN，　　$M = -0.335$ kN·m

D 截面：　　　　$F_Q = -0.89$ kN，　　$M = -1.665$ kN·m

E 截面：　　　　$F_Q = 1.11$ kN，　　　$M = -1.665$ kN·m

F 截面：　　　　$F_Q = 1.11$ kN，　　　$M = 0$

将这些值分别标在 F_Q-x 和 M-x 坐标系中，便得到 a、b、c、d、e、f 各点，如图 5-10(b)、(c)所示。

（4）根据微分关系连图线

因为梁上无分布载荷作用，所以剪力 F_Q 图形均为平行于 x 轴的直线，弯矩 M 图形均为斜直线。于是，顺序连接 F_Q-x 和 M-x 坐标系中的 a、b、c、d、e、f 各点，便得到梁的剪力图与弯矩图，分别如图 5-10(b)、(c)所示。

从图中不难得到剪力与弯矩的绝对值的最大值分别为

$$|F_Q|_{\max} = 1.11 \text{ kN} \quad (\text{发生在 } EF \text{ 段})$$

$$|M|_{\max} = 1.665 \text{ kN} \quad (\text{发生在 } D \text{、} E \text{ 截面上})$$

从所得到的剪力图和弯矩图中不难看出 AB 段与 CD 段的剪力相等，因而这两段内的弯矩图具有相同的斜率。此外，在集中力作用点两侧截面上的剪力是不相等的，而在集中力偶作用处两侧截面上的弯矩是不相等的，其差值分别为集中力与集中力偶的数值，这是由于维持 DE 小段和 BC 小段梁的平衡所必需的。建议读者自行验证。

【例题 5-7】 图 5-11(a)所示梁由一个固定铰链支座和一个辊轴支座所支承，但是梁的一端向外伸出，这种梁称为**外伸梁**（overhanding beam）。外伸梁的受力以及各部分的尺寸均示于图中。试画出梁的剪力图与弯矩图，并确定剪力和弯矩绝对值的最大值：$|F_Q|_{\max}$ 和 $|M|_{\max}$。

解：（1）确定约束力

根据梁的整体平衡，由

$$\sum M_A = 0, \quad \sum M_B = 0$$

可以求得 A、B 二处的约束力

$$F_{Ay} = \frac{9}{4}qa, \quad F_{By} = \frac{3}{4}qa$$

方向如图 5-11(a)中所示。

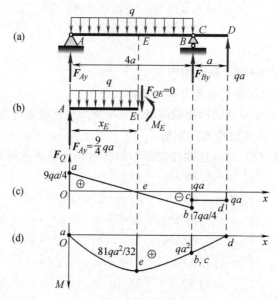

图 5-11 例题 5-7 图

(2) 建立坐标系

建立 F_Q-x 和 M-x 坐标系,分别如图 5-11(c)和(d)所示。

(3) 确定控制面及控制面上的剪力和弯矩值

由于 AB 段上作用有连续分布载荷,故 A、B 两个截面为控制面,约束力 F_{By} 右侧的 C 截面以及集中力 qa 左侧的 D 截面,也都是控制面。

应用截面法和平衡方程求得 A、B、C、D 四个控制面上的 F_Q、M 数值分别为

A 截面:$F_Q = \dfrac{9}{4}qa$, $M = 0$

B 截面:$F_Q = -\dfrac{7}{4}qa$, $M = qa^2$

C 截面:$F_Q = -qa$, $M = qa^2$

D 截面:$F_Q = -qa$, $M = 0$

将这些值分别标在 F_Q-x 和 M-x 坐标系中,便得到 a、b、c、d 各点,如图 5-11(c)、(d)所示。

(4) 根据微分关系连图线

对于剪力图:在 AB 段,因有均布载荷作用,剪力图为一斜直线,于是连接 a、b 两点,即得这一段的剪力图;在 CD 段,因无分布载荷作用,故剪力图为平行于 x 轴的直线,由连接 c、d 二点而得,或者由其中任一点作平行于 x 轴的直线而得。

对于弯矩图:在 AB 段,因有均布载荷作用,图形为二次抛物线。又因为 q 向下为负,弯矩图为凸向 M 坐标正方向的抛物线。于是,AB 段内弯矩图的形状便大致确定。为了确定曲线的位置,除 AB 段上两个控制面上弯矩数值外,还需确定在这一段内二次抛物线有没有极值点,以及极值点的位置和极值点的弯矩数值。从剪力图上可以看出,在 e 点剪力为零。根据

$$\dfrac{dM}{dx} = F_Q = 0$$

弯矩图在 e 点有极值点。利用 $F_Q=0$ 这一条件,可以确定极值点 e 的位置 x_E 的数值。进而由截面法可以确定极值点的弯矩数值 M_E。为此,将梁从 x_E 处截开,考查左边部分梁的受力,如图 5-11(b)所示。根据平衡方程

$$\sum F_y = 0:\quad \frac{9}{4}qa - q \times x_E = 0$$

$$\sum M = 0:\quad M_E - \frac{qx_E^2}{2} = 0$$

由此解得

$$x_E = \frac{9}{4}a$$

$$M_E = \frac{1}{2}qx_E^2 = \frac{81}{32}qa^2$$

将其标在 M-x 坐标系中,得到 e 点,根据 a、b、c 三点,以及图形为凸曲线并在 e 点取极值,即可画出 AB 段的弯矩图。在 CD 段因无分布载荷作用,故弯矩图为一斜直线,由 c、d 两点直接连接得到。

从图中可以看出剪力和弯矩绝对值的最大值分别为

$$|F_Q|_{max} = \frac{9}{4}qa$$

$$|M|_{max} = \frac{81}{32}qa^2$$

注意到在右边支座处,由于约束力的作用,该处剪力图有突变(支座两侧截面剪力不等),弯矩图在该处出现折点(弯矩图的曲线段在该处的切线斜率不等于斜直线 cd 的斜率)。

5.4 结论与讨论

5.4.1 关于内力分析的几点重要结论

(1) 根据弹性体的平衡原理,应用刚体静力学中的平衡方程,可以确定静定杆件上任意横截面上的内力分量。

(2) 内力分量的正负号的规则不同于刚体静力学,但在建立平衡方程时,依然可以规定某一方向为正、相反者为负。

(3) 剪力方程与弯矩方程都是横截面位置坐标 x 的函数表达式,不是某一个指定横截面上剪力与弯矩的数值。

(4) 无论是写剪力与弯矩方程,还是画剪力与弯矩图,都需要注意分段。因此,正确确定控制面是很重要的。

(5) 在轴力图、扭矩图、剪力图和弯矩图中,最重要也最难的是剪力图与弯矩图。可以根据剪力方程和弯矩方程绘制剪力图和弯矩图,也可以不写方程直接利用载荷集度、剪力、弯矩之间的微分关系绘制剪力图和弯矩图。

5.4.2 正确应用力系简化方法确定控制面上的内力分量

本章介绍了用局部平衡的方法确定控制面上内力分量。某些情形下,采用力系简化方

法,确定控制面上的内力分量,可能更方便一些。

以图 5-12(a)中的悬臂梁为例:为求 B 截面上的剪力和弯矩,可以将梁从 B 处截开,考查左边部分平衡,将作用在 A 点外力 F_P 向 B 处简化,得到一力和一力偶,其值分别 F_P 和 $\dfrac{F_P l}{2}$,但是,二者仍然是外力,而不是 B 截面上的剪力和弯矩。横截面上剪力 F_Q 和弯矩 M 分别与二者大小相等、方向相反,如图 5-12(b)所示。这样还显得很不方便。

如果考查截开处右边部分的平衡,也就是 B 处右侧截面,根据作用力与反作用力关系,这一侧截面上的剪力和弯矩应该与 B 左侧截面上剪力和弯矩大小相等、方向相反,如图 5-12(c)所示,而这就是外力 F_P 由 A 向 B 简化的结果。

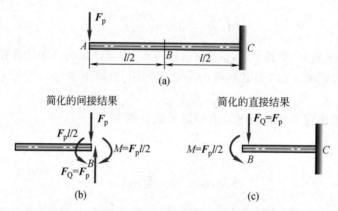

图 5-12 力系简化方法应用于确定横截面上的内力

于是,可以作出下列重要结论:将外力向所要求内力的截面简化时,对于与外力处于同一侧的截面,简化的结果仍然是外力,而不是内力;但是,对于与外力不在同一侧的截面,简化的结果就是这一侧截面上的内力。

上述结果将使控制面上的内力分量的确定过程大为简化,无需将杆一一截开,只需在控制面处作一记号,然后将外力向该处简化,即可确定该截面上内力分量大小及其正负号。实际分析时,如果概念清楚,也可以不作任何记号。

*5.4.3 剪力、弯矩与载荷集度之间的微分关系的证明

考查仅在 Oxy 平面有外力作用的情形,如图 5-13(a)所示,假设载荷集度 q 向上为正。用坐标为 x 和 $x+\mathrm{d}x$ 的两个相邻横截面从受力的梁上截取长度为 $\mathrm{d}x$ 的微段,微段的两侧横截面上的剪力和弯矩分别为

x 横截面: $\quad F_Q, \quad M$

$x+\mathrm{d}x$ 横截面: $\quad F_Q+\mathrm{d}F_Q, \quad M+\mathrm{d}M$

由于 $\mathrm{d}x$ 为无穷小距离,因此微段梁上的分布载荷可以看作是均匀分布的,即

$$q(x) = 常数$$

考查微段的平衡,由平衡方程可知

$$\sum F_y = 0: \quad F_Q + q(x)\mathrm{d}x - (F_Q + \mathrm{d}F_Q) = 0$$

$$\sum M = 0: \quad -M - F_Q\mathrm{d}x - q(x)\mathrm{d}x\left(\frac{\mathrm{d}x}{2}\right) + (M + \mathrm{d}M) = 0$$

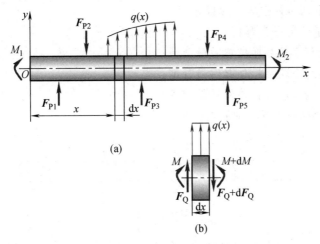

图 5-13 载荷集度、剪力、弯矩之间的微分关系

忽略力矩平衡方程中的二阶小量,得到

$$\frac{\mathrm{d}F_\mathrm{Q}}{\mathrm{d}x} = q(x) \tag{a}$$

$$\frac{\mathrm{d}M}{\mathrm{d}x} = F_\mathrm{Q} \tag{b}$$

将式(b)再对 x 求一次导数,便得到

$$\frac{\mathrm{d}^2 M}{\mathrm{d}x^2} = q(x) \tag{c}$$

这就是载荷集度、剪力、弯矩之间的微分关系。因为以上三式是根据平衡原理和平衡方法得到的,是整体平衡与局部平衡概念的进一步扩展,所以又称为平衡微分方程。

习题

5-1 试用截面法计算图示杆件各段的轴力,并画轴力图。

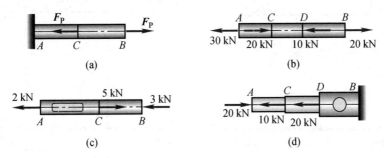

习题 5-1 图

5-2 圆轴上安有 5 个皮带轮,其中轮 2 为主动轮,由此输入功率 80 kW;1、3、4、5 均为从动轮,它们输出功率分别为 25 kW、15 kW、30 kW、10 kW,若圆轴设计成等截面的,为使设计更合理地利用材料,各轮位置可以互相调整。

（1）请判断下列布置中哪一种最好？
  （A）图示位置最合理；
  （B）2轮与5轮互换位置后最合理；
  （C）1轮与3轮互换位置后最合理；
  （D）2轮与3轮互换位置后最合理。
（2）画出带轮合理布置时轴的功率分布图。

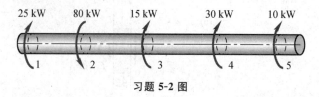

习题 5-2 图

5-3 一端固定另一端自由的圆轴承受 4 个外力偶作用，如图所示。各力偶的力偶矩数值均示于图中。试画出圆轴的扭矩图。

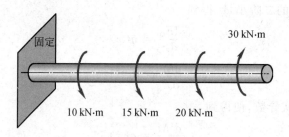

习题 5-3 图

5-4 试求图示各梁中指定截面上的剪力、弯矩值。

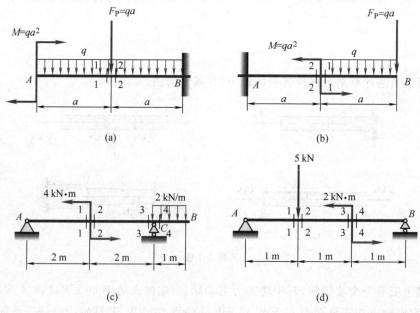

习题 5-4 图

5-5　试写出以下各梁的剪力方程、弯矩方程。

5-6　试画出习题 5-5 中各梁的剪力图、弯矩图，并确定剪力和弯矩的绝对值的最大值。

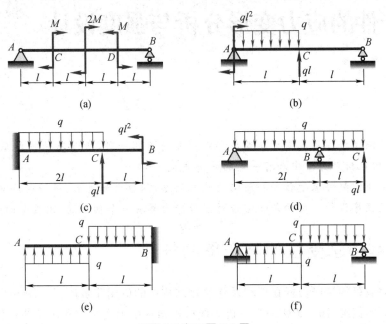

习题 5-5 和习题 5-6 图

第 6 章 拉压杆件的应力变形分析与强度设计

拉伸和压缩是杆件基本受力与变形形式中最简单的一种,所涉及的一些基本原理与方法比较简单,但在材料力学中却有一定的普遍意义。

本章主要介绍杆件承受拉伸和压缩的基本问题,如应力和变形;材料在拉伸和压缩时的力学性能以及强度设计。目的是使读者对弹性静力学有一个初步的、比较全面的了解。

6.1 工程中承受拉伸与压缩的杆件

承受轴向载荷的拉(压)杆在工程及建筑物结构中的应用非常广泛。图 6-1 所示为悬索桥上承受拉力的钢缆,图 6-2 所示为一机场候机楼结构中承受拉伸和压缩的杆件。

图 6-1 悬索桥承受拉力的钢缆

几乎所有机械结构与机构都离不开拉压杆件。例如,一些机器中用各种紧固螺栓(图 6-3)作为连接件,将两件零件或部件装配在一起,事先对螺栓施加预紧力,使螺栓承受轴向拉力,

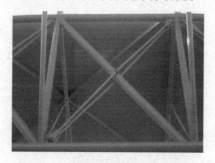

图 6-2 建筑物结构中的拉压杆件

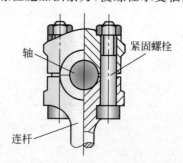

图 6-3 承受轴向拉伸的紧固螺栓

并发生伸长变形。图 6-4 所示为发动机中由汽缸、活塞、连杆组成的机构,当发动机工作时,不仅连接汽缸缸体和汽缸盖的螺栓承受轴向拉力,而且带动活塞运动的连杆由于两端都是铰链约束,因而也承受轴向载荷。

各种操纵和控制系统中拉压杆也是不可或缺的。图 6-5 中所示为舰载火炮操纵系统中的拉压杆件。

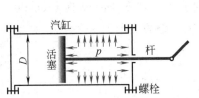

图 6-4　承受轴向拉伸的连杆　　　　图 6-5　舰载火炮操纵机构中的拉压杆

6.2　拉伸与压缩时杆件的应力与变形分析

6.2.1　应力计算

当外力或其合力沿着杆件的轴线作用时,其横截面上只有一个内力分量——轴力 F_N。与轴力相对应,杆件横截面上将只有正应力。

在很多情形下,杆件在轴力作用下产生均匀的伸长或缩短变形,因此,根据材料均匀性的假定,杆件横截面上的应力均匀分布,如图 6-6 所示。

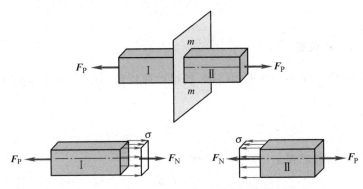

图 6-6　轴向载荷作用件下杆件横截面上的正应力

这时横截面上的正应力为

$$\sigma = \frac{F_N}{A} \tag{6-1}$$

其中,F_N 为横截面上的轴力,由截面法求得;A 为横截面面积。

6.2.2　变形计算

1. 绝对变形　弹性模量

设一长度为 l、横截面面积为 A 的等截面直杆,承受轴向载荷后,其长度变为 $l+\Delta l$,其

中 Δl 为杆的伸长量(图 6-7(a))。实验结果表明：如果所施加的载荷使杆件的变形处于弹性范围内，杆的伸长量 Δl 与杆所承受的轴向载荷成正比，如图 6-7(b)所示。写成关系式为

$$\Delta l = \pm \frac{F_N l}{EA} \tag{6-2}$$

这是描述弹性范围内杆件承受轴向载荷时力与变形的**胡克定律**(Hooke law)。其中，F_N 为杆横截面上的轴力，当杆件只在两端承受轴向载荷 F_P 作用时，$F_N = F_P$；E 为杆材料的弹性模量，它与正应力具有相同的单位；EA 称为杆件的**拉伸（或压缩）刚度**(tensile or compression rigidity)；式中"＋"号表示伸长变形，"－"号表示缩短变形。

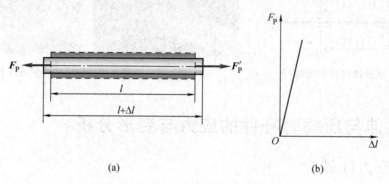

图 6-7 轴向载荷作用下杆件的变形

当拉、压杆有两个以上的外力作用时，需要先画出轴力图，然后按式(6-2)分段计算各段的变形，各段变形的代数和即为杆的总伸长量(或缩短量)：

$$\Delta l = \sum_i \frac{F_{Ni} l_i}{(EA)_i} \tag{6-3}$$

2. 相对变形　正应变

对于杆件沿长度方向均匀变形的情形，其相对伸长量 $\Delta l / l$ 表示轴向变形的程度，这种情形下杆件的正应变为

$$\varepsilon_x = \frac{\Delta l}{l} \tag{6-4}$$

将式(6-2)代入上式，考虑到 $\sigma_x = F_N / A$，得到

$$\varepsilon_x = \frac{\Delta l}{l} = \frac{\frac{F_N l}{EA}}{l} = \frac{\sigma_x}{E} \tag{6-5}$$

这是以应力与应变表示的胡克定律。

需要指出的是，上述关于正应变的表达式(6-5)只适用于杆件各处均匀变形的情形。对于各处变形不均匀的情形(图 6-8)，则必须考查杆件上沿轴向的微段 dx 的变形，并以微段 dx 的相对变形作为杆件局部的变形程度。这时

$$\varepsilon_x = \frac{\Delta dx}{dx} = \frac{\frac{F_N dx}{EA(x)}}{dx} = \frac{\sigma_x}{E}$$

可见，无论变形均匀还是不均匀，正应力与正应变之间的关系都是相同的。

3. 横向变形 泊松比

杆件承受轴向载荷时,除了轴向变形外,在垂直于杆件轴线方向也同时产生变形,称为横向变形。图 6-9 所示为拉伸杆件表面一微元(图中虚线所示)的轴向和横向变形的情形。

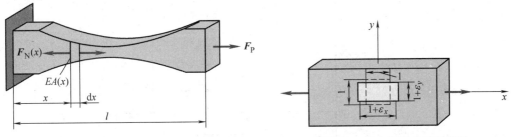

图 6-8 杆件轴向变形不均匀的情形　　　　图 6-9 轴向变形与横向变形

实验结果表明,若在弹性范围内加载,轴向应变 ε_x 与横向应变 ε_y 之间存在下列关系:

$$\varepsilon_y = -\nu \varepsilon_x \tag{6-6}$$

式中,ν 为材料的另一个弹性常数,称为**泊松比**(Poisson ratio)。泊松比为无量纲的量。

表 6-1 中给出了几种常用金属材料的 E、ν 值。

表 6-1　常用金属材料的 E、ν 值

材 料	E/GPa	ν
低碳钢	196～216	0.25～0.33
合金钢	186～216	0.24～0.33
灰铸铁	78.5～157	0.23～0.27
铜及其合金	72.6～128	0.31～0.42
铝合金	70	0.33

【例题 6-1】 图 6-10(a)所示,变截面直杆 ADE 段为铜制,EBC 段为钢制;在 A、D、B、C 等 4 处承受轴向载荷。已知:ADEB 段杆的横截面面积 $A_{AB}=10 \times 10^4 \text{ mm}^2$,BC 段杆的横截面面积 $A_{BC}=5 \times 10^4 \text{ mm}^2$;$F_P=60$ kN;铜的弹性模量 $E_c=100$ GPa,钢的弹性模量 $E_s=210$ GPa;各段杆的长度如图中所示,单位为 mm。试求:

(1) 直杆横截面上的绝对值最大的正应力 $|\sigma|_{\max}$;

(2) 直杆的总变形量 Δl_{AC}。

解: (1) 作轴力图

由于直杆上作用有 4 个轴向载荷,而且 AB 段与 BC 段杆横截面面积不相等,为了确定直杆横截面上的最大正应力和杆的总变形量,必须首先确定各段杆的横截面上的轴力。

应用截面法可以确定 AD、DEB、BC 段杆横截面上的轴力分别为

$$F_{NAD} = -2F_P = -120 \text{ kN}$$
$$F_{NDE} = F_{NEB} = -F_P = -60 \text{ kN}$$
$$F_{NBC} = F_P = 60 \text{ kN}$$

于是,在 F_N-x 坐标系可以画出轴力图,如图 6-10(b)所示。

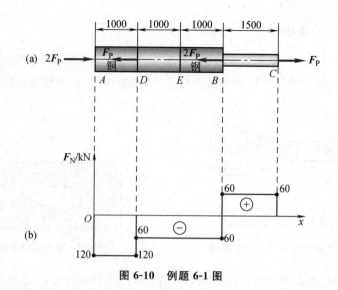

图 6-10 例题 6-1 图

(2) 计算直杆横截面上绝对值最大的正应力

根据式(6-1),横截面上绝对值最大的正应力将发生在轴力绝对值最大的横截面,或者横截面面积最小的横截面上。本例中,AD 段轴力最大,BC 段横截面面积最小。所以,最大正应力将发生在这两段杆的横截面上:

$$\sigma_{AD} = \frac{F_{NAD}}{A_{AD}} = -\frac{120 \times 10^3 \text{ N}}{10 \times 10^4 \times 10^{-6} \text{ m}^2} = -1.2 \times 10^6 \text{ Pa} = -1.2 \text{ MPa}$$

$$\sigma_{BC} = \frac{F_{NBC}}{A_{BC}} = \frac{60 \times 10^3 \text{ N}}{5 \times 10^4 \times 10^{-6} \text{ m}^2} = 1.2 \times 10^6 \text{ Pa} = 1.2 \text{ MPa}$$

于是,直杆中绝对值最大的正应力:

$$|\sigma|_{max} = |\sigma_{AD}| = \sigma_{BC} = 1.2 \text{ MPa}$$

(3) 计算直杆的总变形量

直杆的总变形量等于各段杆变形量的代数和。根据式(6-3),有

$$\Delta l = \sum_i \frac{F_{Ni} l_i}{(EA)_i} = \Delta l_{AD} + \Delta l_{DE} + \Delta l_{EB} + \Delta l_{BC}$$

$$= \frac{F_{NAD} l_{AD}}{E_c A_{AD}} + \frac{F_{NDE} l_{DE}}{E_c A_{DE}} + \frac{F_{NEB} l_{EB}}{E_s A_{EB}} + \frac{F_{NBC} l_{BC}}{E_s A_{BC}}$$

$$= -\frac{120 \times 10^3 \text{ N} \times 1000 \times 10^{-3} \text{ m}}{100 \times 10^9 \text{ Pa} \times 10 \times 10^{-2} \text{ m}^2} - \frac{60 \times 10^3 \text{ N} \times 1000 \times 10^{-3} \text{ m}}{100 \times 10^9 \text{ Pa} \times 10 \times 10^{-2} \text{ m}^2}$$

$$- \frac{60 \times 10^3 \text{ N} \times 1000 \times 10^{-3} \text{ m}}{210 \times 10^9 \text{ Pa} \times 10 \times 10^{-2} \text{ m}^2} + \frac{60 \times 10^3 \text{ N} \times 1500 \times 10^{-3} \text{ m}}{210 \times 10^9 \text{ Pa} \times 5 \times 10^{-2} \text{ m}^2}$$

$$= -1.2 \times 10^{-5} \text{ m} - 0.6 \times 10^{-5} \text{ m} - 0.286 \times 10^{-5} \text{ m} + 0.857 \times 10^{-5} \text{ m}$$

$$= -1.229 \times 10^{-5} \text{ m} = -1.229 \times 10^{-2} \text{ mm}$$

上述计算中,DE 和 EB 段杆的横截面面积以及轴力虽然都相同,但由于材料不同,所以需要分段计算变形量。

第 6 章 拉压杆件的应力变形分析与强度设计

【例题 6-2】 三角架结构尺寸及受力如图 6-11(a)所示,不计结构自重。其中 $F_P = 22.2\text{ kN}$,钢杆 BD 的直径 $d_1 = 25.4\text{ mm}$,钢梁 CD 的横截面面积 $A_2 = 2.32 \times 10^3\text{ mm}^2$。试求杆 BD 与 CD 的横截面上的正应力。

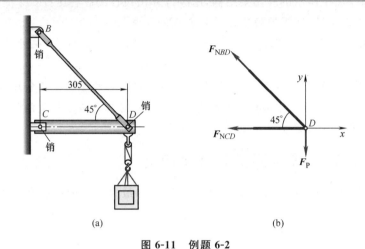

图 6-11 例题 6-2

解:(1) 受力分析,确定各杆的轴力

首先对组成三角架结构的构件作受力分析,因为 B、C、D 三处均为铰链连接,BD 与 CD 仅两端受力,故 BD 与 CD 均为二力构件,受力图如图 6-11(b)所示,由平衡方程

$$\sum F_x = 0, \quad \sum F_y = 0$$

解得二者的轴力分别为

$$F_{NBD} = \sqrt{2}F_P = \sqrt{2} \times 22.2\text{ kN} = 31.40\text{ kN}$$

$$F_{NCD} = -F_P = -22.2\text{ kN}$$

其中负号表示压力。

(2) 计算各杆的应力

应用拉、压杆件横截面上的正应力公式(6-1),杆 BD 与杆 CD 横截面上的正应力分别为

杆 BD:

$$\sigma_x = \frac{F_{NBD}}{A_{BD}} = \frac{F_{NBD}}{\dfrac{\pi d_1^2}{4}} = \frac{4 \times 31.4 \times 10^3}{\pi \times 25.4^2 \times 10^{-6}} = 62.0 \times 10^6\text{ Pa} = 62.0\text{ MPa}$$

杆 CD:

$$\sigma_x = \frac{F_{NCD}}{A_{CD}} = \frac{F_{NCD}}{A_2} = \frac{-22.2 \times 10^3}{2.32 \times 10^3 \times 10^{-6}} = -9.57 \times 10^6\text{ Pa} = -9.57\text{ MPa}$$

其中负号表示压应力。

6.3 拉伸与压缩杆件的强度设计

6.2 节中分析了轴向载荷作用下杆件中的应力与变形,以后的几章中还将对其他载荷作用下的构件作应力和变形分析。但是,在工程应用中,确定应力很少是最终目的,而只是

工程师借助于完成下列主要任务的中间过程：

(1) 分析已有的或设想中的机器或结构，确定它们在特定载荷条件下的性态；

(2) 设计新的机器或新的结构，使之安全而经济地实现特定的功能。

例如，例题 6-2 中所示的三角架结构，已经计算出拉杆 BD 和压杆 CD 横截面上的正应力，但是，对于工程设计，还需要解决以下几方面的问题：

(1) 在这样的应力水平下，二杆分别选用什么材料，才能保证三角架结构可以安全可靠地工作？

(2) 在给定载荷和材料的情形下，怎样判断三角架结构能否安全可靠地工作？

(3) 在给定杆件截面尺寸和材料的情形下，怎样确定三角架结构所能承受的最大载荷？

为了回答上述问题，需要引入强度设计的概念。

6.3.1 强度条件、安全因数与许用应力

所谓**强度设计**(strength design)是指将杆件中的最大应力限制在允许的范围内，以保证杆件正常工作，不仅不发生强度失效，而且还要具有一定的安全裕度。为此，对于拉伸与压缩杆件，杆件中的最大正应力应满足：

$$\sigma_{\max} \leqslant [\sigma] \tag{6-7}$$

这一表达式称为拉伸与压缩杆件的**强度设计准则**(criterion for strength design)，又称为**强度条件**。其中 $[\sigma]$ 称为**许用应力**(allowable stress)，与杆件的材料力学性能以及工程对杆件安全裕度的要求有关，由下式确定：

$$[\sigma] = \frac{\sigma^0}{n} \tag{6-8}$$

式中，σ^0 为材料的**极限应力**或**危险应力**(critical stress)，由材料的拉伸实验确定；n 为安全因数，对于不同的机器或结构，在相应的设计规范中都有不同的规定。

6.3.2 三类强度计算问题

应用强度条件，可以解决 3 类强度问题：

(1) 强度校核——已知杆件的几何尺寸、受力大小以及许用应力，校核杆件或结构的强度是否安全，也就是验证强度条件(6-7)是否满足。如果满足，则杆件或结构的强度是安全的；否则，是不安全的。

(2) 尺寸设计——已知杆件的受力大小以及许用应力，根据设计准则，计算所需要的杆件横截面面积，进而设计出合理的横截面尺寸。根据式(6-7)可得

$$\sigma_{\max} \leqslant [\sigma] \Rightarrow \frac{F_N}{A} \leqslant [\sigma] \Rightarrow A \geqslant \frac{F_N}{[\sigma]} \tag{6-9}$$

式中，F_N 和 A 分别为产生最大正应力的横截面上的轴力和面积。

(3) 确定杆件或结构所能承受的**许用载荷**(allowable load)——根据强度条件(6-7)，确定杆件或结构所能承受的最大轴力，进而求得所能承受的外加载荷。

$$\sigma_{\max} \leqslant [\sigma] \Rightarrow \frac{F_N}{A} \leqslant [\sigma] \Rightarrow F_N \leqslant [\sigma] A \Rightarrow [F_P] \tag{6-10}$$

式中，$[F_P]$ 为许用载荷。

6.3.3 强度条件应用举例

【例题 6-3】 螺纹内径 $d=15\,\text{mm}$ 的螺栓,紧固时所承受的预紧力为 $F_P=20\,\text{kN}$。若已知螺栓的许用应力 $[\sigma]=150\,\text{MPa}$,试校核螺栓的强度是否安全。

解:(1) 确定螺栓所受轴力

应用截面法,很容易求得螺栓所受的轴力即为预紧力:
$$F_N = F_P = 20\,\text{kN} \quad (\text{压})$$

(2) 计算螺栓横截面上的正应力

根据拉伸与压缩杆件横截面上的正应力公式(6-1),螺栓在预紧力作用下,横截面上的正应力

$$\sigma = \frac{F_N}{A} = \frac{F_P}{\dfrac{\pi d^2}{4}} = \frac{4F_P}{\pi d^2} = \frac{4 \times 20 \times 10^3\,\text{N}}{\pi \times (15 \times 10^{-3}\,\text{m})^2}$$

$$= 113.2 \times 10^6\,\text{Pa} = 113.2\,\text{MPa} \quad (\text{压})$$

(3) 应用强度条件进行强度校核

已知许用应力
$$[\sigma] = 150\,\text{MPa}$$

而上述计算结果表明螺栓横截面上的实际应力
$$\sigma = 113.2\,\text{MPa} < [\sigma] = 150\,\text{MPa}$$

所以,螺栓的强度是安全的。

【例题 6-4】 图 6-12(a) 所示为可以绕铅垂轴 OO_1 旋转的吊车简图,其中斜拉杆 AC 由两根 50 mm×50 mm×5 mm 的等边角钢组成,水平横梁 AB 由两根 10 号槽钢组成。杆 AC 和梁 AB 的材料都是 Q235 钢,许用应力 $[\sigma]=120\,\text{MPa}$。当行走小车位于 A 点时(小车的两个轮子之间的距离很小,小车作用在横梁上的力可以看作是作用在 A 点的集中力),试求允许的最大起吊重量 F_W(包括行走小车和电动机的自重)。杆和梁的自重忽略不计。

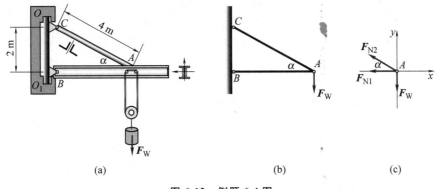

图 6-12 例题 6-4 图

解:(1) 受力分析

由题意,可将梁 AB 与杆 AC 的两端都简化为铰链连接,则吊车的计算模型可以

简化为图 6-12(b)中所示。因为杆和梁的自重均忽略不计,于是梁 AB 和杆 AC 都是二力杆。

(2) 确定二杆的轴力

以节点 A 为研究对象,并设梁 AB 和杆 AC 的轴力均为拉力,分别为 F_{N1} 和 F_{N2}。于是节点 A 的受力如图 6-12(c)所示。由平衡条件

$$\sum F_x = 0: \quad -F_{N1} - F_{N2}\cos\alpha = 0$$

$$\sum F_y = 0: \quad -F_W + F_{N2}\sin\alpha = 0$$

根据图 6-12(a)中的几何尺寸,有

$$\sin\alpha = \frac{1}{2}, \quad \cos\alpha = \frac{\sqrt{3}}{2}$$

于是,由平衡方程解得

$$F_{N1} = -1.73 F_W, \quad F_{N2} = 2F_W$$

(3) 确定最大起吊重量

对于梁 AB,由型钢表查得单根 10 号槽钢的横截面面积为 12.74 cm²,注意到梁 AB 由两根槽钢组成,因此,杆横截面上的正应力

$$\sigma_{AB} = \frac{|F_{N1}|}{A_1} = \frac{1.73 F_W}{2 \times 12.74 \text{ cm}^2}$$

将其代入强度条件,得到

$$\sigma_{AB} = \frac{|F_{N1}|}{A_1} = \frac{1.73 F_W}{2 \times 12.74 \text{ cm}^2} \leqslant [\sigma]$$

由此解出保证杆 AB 强度安全所能承受的最大起吊重量

$$F_{W1} \leqslant \frac{2 \times [\sigma] \times 12.74 \times 10^{-4} \text{ m}^2}{1.73} = \frac{2 \times 120 \times 10^6 \text{ Pa} \times 12.74 \times 10^{-4} \text{ m}^2}{1.73}$$

$$= 176.7 \times 10^3 \text{ N} = 176.7 \text{ kN}$$

对于杆 AC,由型钢表查得单根 50 mm×50 mm×5 mm 等边角钢的横截面面积为 4.803 cm²,注意到杆 AC 由两根角钢组成,杆横截面上的正应力

$$\sigma_{AC} = \frac{F_{N2}}{A_2} = \frac{2F_W}{2 \times 4.803 \text{ cm}^2}$$

将其代入强度条件,得到

$$\sigma_{AC} = \frac{F_{N2}}{A_2} = \frac{F_W}{4.803 \text{ cm}^2} \leqslant [\sigma]$$

由此解出保证杆 AC 强度安全所能承受的最大起吊重量

$$F_{W2} \leqslant [\sigma] \times 4.803 \times 10^{-4} \text{ m}^2 = 120 \times 10^6 \text{ Pa} \times 4.803 \times 10^{-4} \text{ m}^2$$

$$= 57.6 \times 10^3 \text{ N} = 57.6 \text{ kN}$$

为保证整个吊车结构的强度安全,吊车所能起吊的最大重量,应取上述 F_{W1} 和 F_{W2} 中较小者。于是,吊车的最大起吊重量

$$F_W = 57.6 \text{ kN}$$

本例讨论

根据以上分析,在最大起吊重量 $F_W = 57.6$ kN 的情形下,显然梁 AB 的强度尚有富余。

因此，为了节省材料，同时还可以减轻吊车结构的重量，可以重新设计梁 AB 的横截面尺寸。

根据强度条件，有

$$\sigma_{AB} = \frac{|F_{N1}|}{A_1} = \frac{1.73 F_W}{2 \times A_1'} \leqslant [\sigma]$$

其中，A_1' 为单根槽钢的横截面面积。于是，有

$$A_1' \geqslant \frac{1.73 F_W}{2[\sigma]} = \frac{1.73 \times 57.6 \times 10^3}{2 \times 120 \times 10^6} = 4.2 \times 10^{-4} \text{ m}^2 = 4.2 \times 10^2 \text{ mm}^2 = 4.2 \text{ cm}^2$$

由型钢表可以查得，5 号槽钢即可满足这一要求。

这种设计实际上是一种等强度的设计，是保证构件与结构安全的前提下，最经济合理的设计。

6.4 拉伸与压缩时材料的力学性能

6.3 节中所介绍的强度条件中的许用应力

$$[\sigma] = \frac{\sigma^0}{n}$$

其中，σ^0 为材料的极限应力或危险应力。所谓危险应力是指材料发生强度失效时的应力。这种应力不是通过计算，而是通过材料的拉伸实验得到的。

通过拉伸实验，一方面可以观察到材料发生强度失效的现象，另一方面可以得到材料失效时的极限应力值。

6.4.1 材料拉伸时的应力-应变曲线

进行拉伸实验，首先需要将被试验的材料按国家标准制成**标准试样**（standard specimen）；然后将试样安装在试验机上，使试样承受轴向拉伸载荷。通过缓慢的加载过程，试验机自动记录下试样所受的载荷和变形，得到应力与应变的关系曲线，称为**应力-应变曲线**（stress-strain curve）。

不同的材料，其应力-应变曲线有很大的差异。图 6-13 所示为典型的**韧性材料**（ductile materials）——低碳钢的拉伸应力-应变曲线；图 6-14 所示为典型的**脆性材料**（brittle materials）——铸铁的拉伸应力-应变曲线。

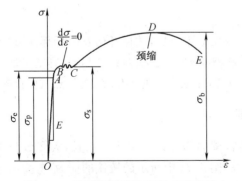

图 6-13 低碳钢的拉伸应力-应变曲线

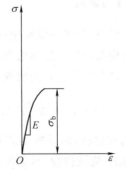

图 6-14 铸铁的拉伸应力-应变曲线

通过分析拉伸应力-应变曲线,可以得到材料的若干力学性能指标。

6.4.2　韧性材料拉伸时的力学性能

1. 弹性模量

应力-应变曲线中的直线段称为线弹性阶段,如图 6-13 中曲线的 OA 部分。弹性阶段中的应力与应变成正比,比例常数即为材料的弹性模量 E。

2. 比例极限与弹性极限

应力-应变曲线上线弹性阶段的应力最高限称为**比例极限**(proportional limit),用 σ_p 表示。线弹性阶段之后,应力-应变曲线上有一小段微弯的曲线(图 6-13 中的 AB 段),这表示应力超过比例极限以后,应力与应变不再成正比关系,但是,如果在这一阶段,卸去试样上的载荷,试样的变形将随之消失。这表明这一阶段内的变形都是弹性变形,因而包括线弹性阶段在内,统称为弹性阶段(图 6-13 中的 OB 段)。弹性阶段的应力最高限称为**弹性极限**(elastic limit),用 σ_e 表示。大部分韧性材料比例极限与弹性极限极为接近,只有通过精密测量才能加以区分。

3. 屈服应力

许多韧性材料的应力-应变曲线中,在弹性阶段之后,出现近似的水平段,这一阶段中应力几乎不变,而变形急剧增加,这种现象称为**屈服**(yield),例如图 6-13 中所示曲线的 BC 段。这一阶段曲线的最低点的应力值称为**屈服应力**或**屈服强度**(yield stress),用 σ_s 表示。

对于没有明显屈服阶段的韧性材料,工程上则规定产生 0.2% 塑性应变时的应力值为其屈服应力,称为材料的**条件屈服应力**(offset yield stress),用 $\sigma_{0.2}$ 表示。

4. 强度极限

应力超过屈服应力或条件屈服应力后,要使试样继续变形,必须再继续增加载荷。这一阶段称为**强化**(strengthening)阶段,例如图 6-13 中曲线上的 CD 段。这一阶段应力的最高限称为**强度极限**(strength limit),用 σ_b 表示。

5. 颈缩与断裂

某些韧性材料(例如低碳钢和铜),应力超过强度极限以后,试样开始发生局部变形,局部变形区域内横截面尺寸急剧缩小,这种现象称为**颈缩**(neck)。出现颈缩之后,试样变形所需拉力相应减小,应力-应变曲线出现下降阶段,如图 6-13 中曲线上的 DE 段,至 E 点试样拉断。

6.4.3　脆性材料拉伸时的力学性能

对于脆性材料,从开始加载直至试样被拉断,试样的变形都很小。而且,大多数脆性材料拉伸的应力-应变曲线上,都没有明显的直线段,图 6-14 中所示的铸铁的应力-应变曲线即属此例。这类材料拉伸过程几乎没有塑性变形,也不会出现屈服和颈缩现象,如图 6-15(c)所示。因而只有断裂时的应力值—强度极限 σ_b。

图 6-15(a)和(b)中所示为韧性材料试样发生颈缩和断裂时的照片;图 6-15(c)中所示为脆性材料试样断裂时的照片。

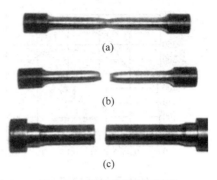

图 6-15 试样的颈缩与断裂

6.4.4 强度失效概念与失效应力

如果构件发生断裂,将完全丧失正常功能,这是强度失效的一种最明显的形式。如果构件没有发生断裂而是产生明显的塑性变形,这在很多工程中也是不允许的,因此,当发生屈服,产生明显塑性变形时,也是失效。根据拉伸实验过程中观察的现象,强度失效的形式可以归纳为:

韧性材料的强度失效——屈服与断裂;

脆性材料的强度失效——断裂。

因此,发生屈服和断裂时的应力,就是**失效应力**(failure stress),也就是强度设计中的危险应力。韧性材料与脆性材料的强度失效应力分别为:

韧性材料的强度失效应力——屈服强度σ_s(或条件屈服强度$\sigma_{0.2}$)、强度极限σ_b;

脆性材料的强度失效应力——强度极限σ_b。

某些材料力学教材中将屈服强度与强度极限称为材料的强度指标。

此外,通过拉伸试验还可得到衡量材料韧性性能的指标——延伸率δ和截面收缩率ψ:

$$\delta = \frac{l_1 - l_0}{l_0} \times 100\% \tag{6-11}$$

$$\psi = \frac{A_0 - A_1}{A_0} \times 100\% \tag{6-12}$$

其中,l_0为试样原长(规定的标距);A_0为试样的初始横截面面积;l_1和A_1分别为试样拉断后的长度(变形后的标距长度)和断口处最小的横截面面积。

延伸率和截面收缩率的数值越大,表明材料的韧性越好。工程中一般认为$\delta \geq 5\%$者为韧性材料;$\delta < 5\%$者为脆性材料。

6.4.5 压缩时材料的力学性能

材料压缩实验,通常采用短试样。低碳钢压缩时的应力-应变曲线如图 6-16 所示。与拉伸时的应力-应变曲线相比较,拉伸和压缩屈服前的曲线基本重合,即拉伸、压缩时的弹性模量及屈服应力相同,但屈服后,由于试样越压越扁,应力-应变曲线不断上升,试样不会发生破坏。

铸铁压缩时的应力-应变曲线如图 6-17 所示,与拉伸时的应力-应变曲线不同的是,压缩时的强度极限远远大于拉伸时的数值,通常是拉伸强度极限的 4~5 倍。对于拉伸和压缩强度极限不等的材料,拉伸强度极限和压缩强度极限分别用σ_b^+和σ_b^-表示。这种压缩强度极限明显高于拉伸强度极限的脆性材料,通常用于制作受压构件。

表 6-2 中所列为我国常用工程材料的主要力学性能。

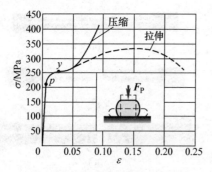
图 6-16 低碳钢压缩时的应力-应变曲线

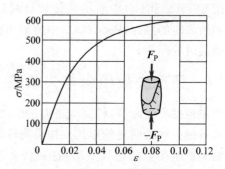
图 6-17 铸铁压缩时的应力-应变曲线

表 6-2 我国常用工程材料的主要力学性能

材料名称	牌号	屈服强度σ_s/MPa	强度极限σ_b/MPa	δ_5/%
普通碳素钢	Q216	186~216	333~412	31
	Q235	216~235	373~461	25~27
	Q274	255~274	490~608	19~21
优质碳素结构钢	15	225	373	27
	40	333	569	19
	45	353	598	16
普通低合金结构钢	12Mn	274~294	432~441	19~21
	16Mn	274~343	471~510	19~21
	15MnV	333~412	490~549	17~19
	18MnMoNb	441~510	588~637	16~17
合金结构钢	40Cr	785	981	9
	50Mn2	785	932	9
碳素铸钢	ZG15	196	392	25
	ZG35	274	490	16
可锻铸铁	KTZ45-5	274	441	5
	KTZ70-2	539	687	2
球墨铸铁	QT40-10	294	392	10
	QT45-5	324	441	5
	QT60-2	412	588	2
灰铸铁	HT15-33		98.1~274(压)	
	HT30-54		255~294(压)	

注:表中 δ_5 是指 $l_0=5d_0$ 时标准试样的延伸率。

6.5 结论与讨论

6.5.1 本章的主要结论

通过拉、压构件的变形与强度问题的分析,可以看出,材料力学分析问题的思路和方法与静力学分析方法相比,除了受力分析与平衡方法的应用方面有共同之处外,还具有自身的特点:

(1) 不仅要应用平衡原理和平衡方法,确定构件所受的外力,而且要应用截面法确定构件内力;要根据变形的特点确定横截面上的应力分布,建立计算应力的表达式。

(2) 通过实验确定材料的力学性能,了解材料何时发生失效,进而建立保证构件安全、可靠工作的强度条件。

对于承受拉伸和压缩的杆件,由于变形的均匀性,因而比较容易推知杆件横截面上的正应力均匀分布。对于承受其他变形形式的杆件,同样需要根据变形推知横截面上的应力分布,只不过分析过程要复杂一些。

此外,对于承受拉伸和压缩杆件,直接通过实验就可以建立失效判据,进而建立设计准则。在以后的分析中将会看到,材料在一般受力与变形形式下的失效判据,是无法直接通过实验建立的。但是,轴向拉伸的实验结果,仍然是建立材料在一般受力与变形形式下失效判据的重要依据。

6.5.2 关于应力和变形公式的应用条件

本章得到了承受拉伸或压缩时杆件横截面上的正应力公式与变形公式

$$\sigma = \frac{F_N}{A}$$

$$\Delta l = \frac{F_N l}{EA}$$

其中,正应力公式只有杆件沿轴向方向均匀变形时,才是适用的。怎样从受力或内力分析中判断杆件沿轴向变形是否均匀的呢?这一问题请读者对图 6-18 中所示的二杆加以比较、分析和总结。

图 6-18(a)中所示的直杆,载荷作用线沿着杆件的轴线方向,所有横截面上的轴力作用线都通过横截面的中心。因此,这一杆件的所有横截面上的应力都是均匀分布的,这表明:正应力公式 $\sigma = \frac{F_N}{A}$ 对图中所有横截面都是适用的。

图 6-18(b)中所示的直杆则不然。这种情形下,对于某些横截面(上、下无缺口部分)上轴力的作用线通过横截面中心;而另外的一些横截面(中间有缺口部分),当将外力向这些截面中心简化时,不仅得到一个轴力,而且还有一个弯矩。请读者想一想,这些横截面将会发生什么变形?哪些横截面上的正应力可以应用 $\sigma = \frac{F_N}{A}$ 计算?哪些横截面则不能应用上述公式。

对于变形公式 $\Delta l = \frac{F_N l}{EA}$,应用时有两点必须注意:一是因为导出这一公式时应用了弹性范围内力与变形之间的线性关系(胡克定律),因此只有杆件在弹性范围内加载时,才能应用上述公式计算杆件的变形;二是公式中的 F_N 为一段杆件内的轴力,只有当杆件仅在两端受力时 F_N 才等于外力 F_P。当杆件上有多个外力作用,则必须先计算各

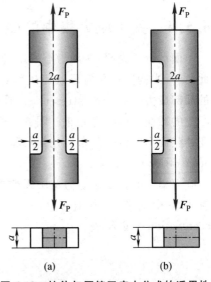

图 6-18 拉伸与压缩正应力公式的适用性

段轴力,再分段计算变形,然后把变形按代数值相加。

读者还可以思考:为什么变形公式只适用于弹性范围,而正应力公式就没有弹性范围的限制呢?

*6.5.3　关于加力点附近区域的应力分布

前面已经提到拉伸和压缩时的正应力公式,只有在杆件沿轴线方向的变形均匀时,横截面上正应力均匀分布才是正确的。因此,对杆件端部的加载方式有一定的要求。

当杆端承受集中载荷或其他非均匀分布载荷时,杆件并非所有横截面都能保持平面,从而产生均匀的轴向变形。这种情形下,上述正应力公式不是对杆件上的所有横截面都适用。

考查图 6-19(a)中所示的橡胶拉杆模型,为观察各处的变形大小,加载前在杆表面画上小方格。当集中力通过刚性平板施加于杆件时,若平板与杆端面的摩擦极小,这时杆的各横截面均发生均匀轴向变形,如图 6-19(b)所示。若载荷通过尖楔块施加于杆端,则在加力点附近区域的变形是不均匀的:一是横截面不再保持平面;二是愈接近加力点的小方格变形愈大,如图 6-19(c)所示。但是,距加力点稍远处,轴向变形依然是均匀的,因此在这些区域,正应力公式仍然成立。

上述分析表明:如果杆端两种外加力静力学等效,则距离加力点稍远处,静力学等效对应力分布的影响很小,可以忽略不计。这一思想最早是由法国科学家圣维南(Saint-Venant, A. J. C. B. de)于 1855 和 1856 年研究弹性力学问题时提出的。1885 年布森涅斯克(Boussinesq, J. V.)将这一思想推广,并称之为**圣维南原理**(Saint-Venant principle)。当然,圣维南原理也有不适用的情形,这已超出本书的范围。

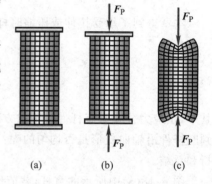

图 6-19　加力点附近局部变形的不均匀性

*6.5.4　关于应力集中的概念

上面的分析说明,在加力点的附近区域,由于局部变形,应力的数值会比一般截面上大。除此而外,当构件的几何形状**不连续**(discontinuity),如开孔或截面突变等处,也会产生很高的**局部应力**(localized stresses)。图 6-20(a)中所示为开孔板条承受轴向载荷时,通过孔中心线的截面上的应力分布。图 6-20(b)所示为轴向加载的变宽度矩形截面板条,在宽度突变处截面上的应力分布。几何形状不连续处应力局部增大的现象,称为**应力集中**(stress concentration)。

应力集中的程度用应力集中因数描述。应力集中处横截面上的应力最大值 σ_{max} 与不考虑应力集中时的应力值 σ_n(名义应力)之比,称为**应力集中因数**(factor of stress concentration),用 K 表示:

$$K = \frac{\sigma_{max}}{\sigma_n} \tag{6-13}$$

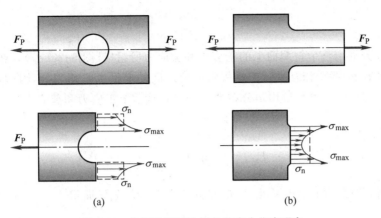

图 6-20 几何形状不连续处的应力集中现象

6.5.5 拉伸与压缩杆件斜截面上的应力

考查一橡皮拉杆模型,其表面画有一正置小方格和一斜置小方格,分别如图 6-21(a)和(b)所示。

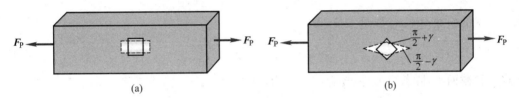

图 6-21 拉杆中的剪切变形

受力后,正置小方块的直角并未发生改变,而斜置小方格变成了菱形,直角发生变化。这种现象表明,在拉、压杆件中,虽然横截面上只有正应力,但在斜截面方向却产生剪切变形,这种剪切变形必然与斜截面上的剪应力有关。

为确定拉(压)杆斜截面上的应力,可以用假想截面沿斜截面方向将杆截开(图 6-22(a)),斜截面法线与杆轴线的夹角设为 θ。考查截开后任意部分的平衡,求得该斜截面上的总内力为 $F_R = F_P$,如图 6-22(b)所示。力 F_R 对斜截面而言,既非轴力又非剪力,故需将其分解为沿斜截面法线和切线方向上的分量:F_N 和 F_Q(图 6-22(c)):

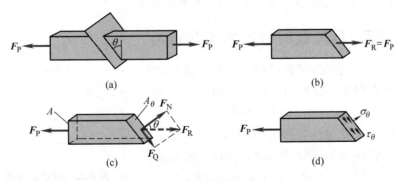

图 6-22 拉杆斜截面上的应力

$$\left.\begin{array}{l}F_N = F_P\cos\theta\\ F_Q = F_P\sin\theta\end{array}\right\} \tag{6-14}$$

F_N 和 F_Q 分别由整个斜截面上的正应力和剪应力所组成(图 6-22(d))。在轴向均匀拉伸或压缩的情形下,两个相互平行的相邻斜截面之间的变形也是均匀的,因此,可以认为斜截面上的正应力和剪应力都是均匀分布的。于是斜截面上正应力和剪应力分别为

$$\left.\begin{array}{l}\sigma_\theta = \dfrac{F_N}{A_\theta} = \dfrac{F_P\cos\theta}{A_\theta} = \sigma_x\cos^2\theta\\ \tau_\theta = \dfrac{F_Q}{A_\theta} = \dfrac{F_P\sin\theta}{A_\theta} = \dfrac{1}{2}\sigma_x\sin(2\theta)\end{array}\right\} \tag{6-15}$$

其中,σ_x 为杆横截面上的正应力,由式(6-1)确定。A_θ 为斜截面面积,

$$A_\theta = \frac{A}{\cos\theta}$$

上述结果表明:杆件承受拉伸或压缩时,横截面上只有正应力;斜截面上则既有正应力又有剪应力。而且,对于不同倾角的斜截面,其上的正应力和剪应力各不相同。

根据式(6-15),在 $\theta=0$ 的截面(即横截面)上,σ_θ 取最大值,即

$$\sigma_{\theta\max} = \sigma_x = \frac{F_P}{A} \tag{6-16}$$

在 $\theta=45°$ 的斜截面上,τ_θ 取最大值,即

$$\tau_{\theta\max} = \tau_{45°} = \frac{\sigma_x}{2} = \frac{F_P}{2A} \tag{6-17}$$

在这一斜截面上,除剪应力外,还存在正应力,其值为

$$\sigma_{45°} = \frac{\sigma_x}{2} = \frac{F_P}{2A} \tag{6-18}$$

应用上述结果,可以对两种强度失效的原因作简单的解释:

(1) 低碳钢试样拉伸至屈服时,如果试样表面具有足够的光洁度,将会在试样表面出现与轴线夹角为 45° 的花纹,称为滑移线。通过拉、压杆件斜截面上的应力分析,在与轴线夹角为 45° 的斜截面上剪应力取最大值。因此,可以认为,这种材料的屈服是由于剪应力最大的斜截面相互错动产生滑移,导致应力虽然不增加,但应变继续增加。

(2) 灰铸铁拉伸时,最后将沿横截面断开,显然这是由于拉应力拉断的。但是,灰铸铁压缩至破坏时,却是沿着约 55° 的斜截面错动破坏的,而且断口处有明显的由于相互错动引起的痕迹。这显然不是由于正应力所致,而是与剪应力有关。

*6.5.6 卸载、再加载时材料的力学行为

韧性材料拉伸实验时,当载荷超过弹性范围后,例如达到应力-应变曲线上的 K 点后卸载,如图 6-23 所示(图中曲线 $OAKDE$ 为没有卸载过程的应力-应变曲线)。这时,应力-应变曲线将沿着直线 KK_1 卸载至 ε 轴上的点 K_1。直线 KK_1 平行于初始线弹性阶段的直线 OA。

卸载后,如果再重新加载,应力-应变曲线将沿着

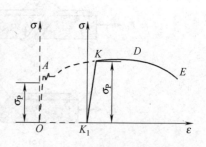

图 6-23 韧性材料的加载-卸载再加载曲线

K_1K 上升，到达点 K 后开始出现塑性变形，应力-应变曲线继续沿曲线 KDE 变化，直至拉断。

卸载再加载曲线与原来的应力-应变曲线比较（图 6-23 中曲线 $OAKDE$ 上的虚线所示），可以看出：K 点的应力数值远远高于 A 点的应力数值，即比例极限有所提高；而断裂时的塑性变形却有所降低。这种现象称为**应变硬化**（strain hard）。工程上常利用应变硬化来提高某些构件在弹性范围内的承载能力。

*6.5.7 连接件强度的工程假定计算

螺栓、销钉和铆钉等工程上常用的连接件以及被连接的构件在连接处的应力，都属于所谓"加力点附近局部应力"。由于应力的局部性质，连接件横截面上或被连接构件在连接处的应力分布是很复杂的，很难作出精确的理论分析。因此，在工程设计中大都采取"假定计算"方法。

所谓假定计算，一般包含两层含意：其一是假定应力分布规律——均匀分布；其二是利用试件或实际构件进行确定危险应力的试验时，尽量使试件或实际构件的受力状况与实际受力状况相似或相同，得到破坏时的剪切力，同样按照假定计算确定极限应力。

1. 剪切假定计算

当作为连接件的铆钉、销钉、键等零件承受一对大小相等、方向相反、作用线互相平行且相距很近的力作用时，这时连接件主要产生剪切变形，如图 6-24 所示。

这种情形下，剪切面上的剪应力分布是比较复杂的。工程假定计算中，假定剪应力在截面上均匀分布，有

$$\tau = \frac{F_Q}{A} \tag{6-19}$$

式中，A 为剪切面面积；F_Q 为作用在剪切面上的剪力。

$$\tau = \frac{F_Q}{A} = \frac{F_Q}{\frac{\pi d^2}{4}} \quad \left(\text{或 } \tau = \frac{F_Q}{0.785 d^2}\right) \tag{6-20}$$

式中，A 为铆钉的横截面面积；d 为铆钉直径。相应的强度条件为

$$\tau = \frac{F_Q}{0.785 d^2} \leqslant [\tau] \tag{6-21}$$

这是铆钉剪切计算的依据。其中，$[\tau]$ 为铆钉剪切许用应力，$\tau = \tau_b/n$。τ_b 为铆钉实物与模拟剪切实验确定的剪切强度极限；n 为安全因数。通常 $[\tau]$ 与 $[\sigma]$ 存在下列关系：

$$[\tau] = (0.75 \sim 0.80)[\sigma]$$

其中，$[\sigma]$ 为轴向拉伸许用正应力。

需要注意的是，在计算中要正确确定有几个剪切面，以及每个剪切面上的剪力。例如，图 6-24 所示的铆钉只有一个剪切面；而图 6-25 所示的铆钉则有两个剪切面。

2. 挤压假定计算

在承载的情况下，铆钉与连接板接触并挤压，因而在两者接触面的局部地区产生较大的接触应力，称为**挤压应力**（bearing stresses），用 σ_c 表示。挤压应力是垂直于接触面的正应

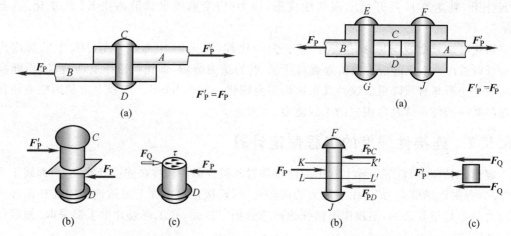

图 6-24 剪切与剪切破坏　　　　图 6-25 具有双剪切面的铆钉

力。这种挤压应力过大时，在两者接触的局部地区产生过量的塑性变形，从而导致铆接件丧失承载能力。

挤压接触面上的应力分布是很复杂的。在工程计算中，同样采用简化假定方法，即假定挤压应力在"有效挤压面"上均匀分布。所谓有效挤压面是指挤压面积在垂直于总挤压力方向上的投影（图 6-26）。于是，挤压应力为

$$\sigma_c = \frac{F_{Pc}}{A} \tag{6-22}$$

式中，A 为有效挤压面的面积；F_{Pc} 为作用在有效挤压面上的挤压力。

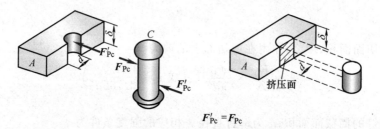

图 6-26 挤压与挤压面

挤压力过大，连接件会在承受挤压的局部区域产生塑性变形，从而导致失效。为了保证连接件具有足够的挤压强度，必须将挤压应力限制在一定的范围内。

假定了挤压应力在有效挤压面上均匀分布之后，保证连接件可靠工作的挤压强度条件为

$$\sigma_c = \frac{F_{Pc}}{A} = \frac{F_{Pc}}{d \times \delta} \leqslant [\sigma_c] \tag{6-23}$$

其中，F_{Pc} 为作用在铆钉上的总挤压力；$[\sigma_c]$ 为板材的挤压许用应力。对于钢材 $[\sigma_c] = (1.7 \sim 2.0)[\sigma]$。当连接件与连接板材料强度不同时，应对强度较低者进行挤压强度计算。

习题

6-1 图示之等截面直杆由钢杆 ABC 与铜杆 CD 在 C 处粘接而成。直杆各部分的直径均为 $d=36$ mm，受力如图所示。若不考虑杆的自重，试求 AC 段和 AD 段杆的轴向变形量 Δl_{AC} 和 Δl_{AD}。

6-2 长度 $l=1.2$ m、横截面面积为 1.10×10^{-3} m² 的铝制圆筒放置在固定的刚性块上；直径 $d=15.0$ mm 的钢杆 BC 悬挂在铝筒顶端的刚性板上；铝制圆筒的轴线与钢杆的轴线重合。若在钢杆的 C 端施加轴向拉力 F_P，且已知钢和铝的弹性模量分别为 $E_s=200$ GPa，$E_a=70$ GPa；轴向载荷 $F_P=60$ kN，试求钢杆 C 端向下移动的距离。

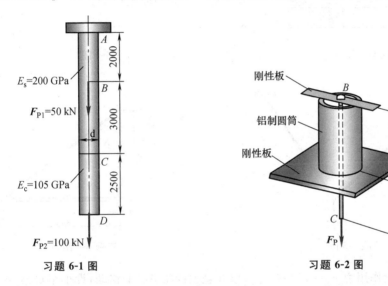

习题 6-1 图　　　　　习题 6-2 图

6-3 螺旋压紧装置如图所示。现已知工件所受的压紧力为 $F=4$ kN，装置中旋紧螺栓螺纹的内径 $d_1=13.8$ mm，固定螺栓内径 $d_2=17.3$ mm。两根螺栓材料相同，其许用应力 $[\sigma]=53.0$ MPa。试校核各螺栓的强度是否安全。

6-4 现场施工所用起重机吊环由两根侧臂组成。每一侧臂 AB 和 BC 都由两根矩形截面杆所组成，A、B、C 三处均为铰链连接，如图所示。已知起重载荷 $F_P=1200$ kN，每根矩形杆截面尺寸比例 $b/h=0.3$，材料的许用应力 $[\sigma]=78.5$ MPa。试设计矩形杆的截面尺寸 b 和 h。

6-5 图示结构中 BC 和 AC 都是圆截面直杆，直径均为 $d=20$ mm，材料都是 Q235 钢，其许用应力 $[\sigma]=157$ MPa。试求该结构的许用载荷。

6-6 图示的杆件结构中①、②杆为木制，③、④杆为钢制。已知①、②杆的横截面面积 $A_1=A_2=4000$ mm²，③、④杆的横截面面积 $A_3=A_4=800$ mm²；①、②杆的许用应力 $[\sigma_w]=20$ MPa，③、④杆的许用应力 $[\sigma_s]=120$ MPa。试求结构的许用载荷 $[F_P]$。

6-7 电线杆由钢缆通过螺旋张紧器施加拉力使之稳固。已知钢缆的横截面面积为 1×10^3 mm²，$E=200$ GPa，$[\sigma]=300$ MPa；输电导线张力为 F_T。欲使电线杆对基础的作用力 $F_R=100$ kN，张紧器的螺杆需相对移动多少？并校核此时钢缆的强度是否安全。

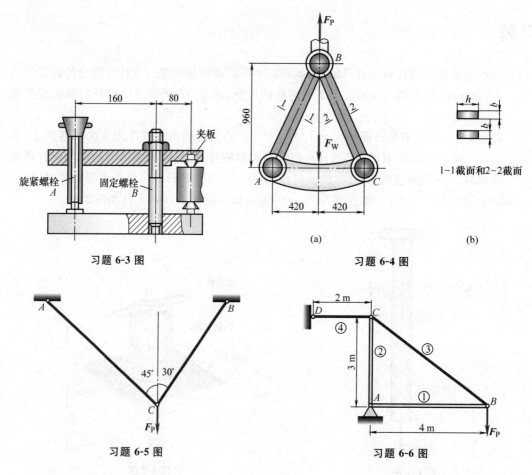

习题 6-3 图　　习题 6-4 图　　习题 6-5 图　　习题 6-6 图

6-8　图示小车上作用力 $F_P = 15$ kN，它可以在悬架的梁 AC 上移动，设小车对梁 AC 的作用可简化为集中力。斜杆 AB 的横截面为圆形（直径 $d = 20$ mm），钢质，许用应力 $[\sigma] = 160$ MPa。试校核杆 AB 是否安全。

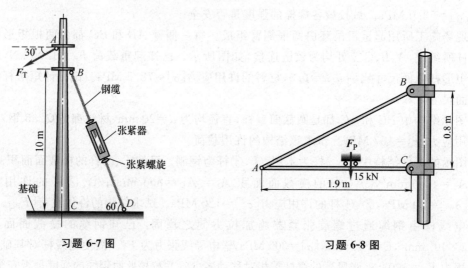

习题 6-7 图　　习题 6-8 图

6-9 桁架受力及尺寸如图所示。$F_P = 30$ kN，材料的抗拉许用应力$[\sigma]^+ = 120$ MPa，抗压许用应力$[\sigma]^- = 60$ MPa。试设计杆 AC 及杆 AD 所需之等边角钢钢号。（提示：利用型钢表。）

6-10 蒸汽机的汽缸如图所示。汽缸内径 $D = 560$ mm，内压强 $p = 2.5$ MPa，活塞杆直径 $d = 100$ mm。所有材料的屈服极限 $\sigma_s = 300$ MPa。（1）试求活塞杆的正应力及工作安全因数。（2）若连接汽缸和汽缸盖的螺栓直径为 30 mm，其许用应力$[\sigma] = 60$ MPa，试求连接每个汽缸盖所需的螺栓数。

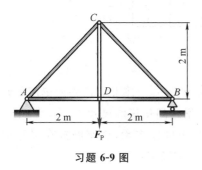

习题 6-9 图

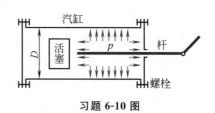

习题 6-10 图

6-11 图示为硬铝拉伸试件，$h = 2$ mm，$b = 20$ mm。试验段长度 $l_0 = 70$ mm。在轴向拉力 $F_P = 6$ kN 作用下，测得试验段伸长 $\Delta l_0 = 0.15$ mm，板宽缩短 $\Delta b = 0.014$ mm。试计算硬铝的弹性模量 E 和泊松比 ν。

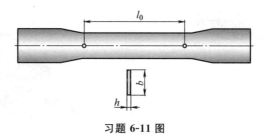

习题 6-11 图

6-12 图示杠杆机构中 B 处为螺栓连接，若螺栓材料的许用剪应力$[\tau] = 98$ MPa，试按剪切强度确定螺栓的直径。

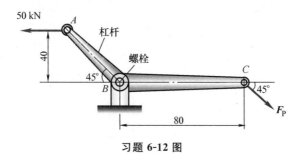

习题 6-12 图

6-13 图示的铆接件中，已知铆钉直径 $d = 19$ mm，钢板宽 $b = 127$ mm，厚度 $\delta = 12.7$ mm；铆钉的许用剪应力$[\tau] = 137$ MPa，挤压许用应力$[\sigma_c] = 314$ MPa；钢板的拉伸许用应力$[\sigma] = 98.0$ MPa，挤压许用应力$[\sigma_c] = 196$ MPa。假设 4 个铆钉所受剪力相等。试求此连接件的许可载荷。

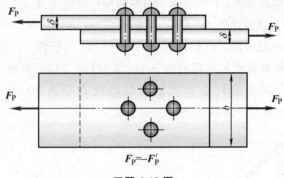

习题 6-13 图

6-14 木梁由柱支承如图所示,今测得柱中的轴向压力为 $F_P = 75$ kN,已知木梁所能承受的许用挤压应力 $[\sigma_c] = 3.0$ MPa。试确定柱与木梁之间垫板的尺寸。

6-15 图示承受轴向压力 $F_P = 40$ kN 的木柱由混凝土底座支承,底座静置在平整的土壤上。已知土壤的挤压许用应力 $[\sigma_c] = 145$ kPa。试确定:

(1) 混凝土底座中的平均挤压应力;
(2) 底座的尺寸。

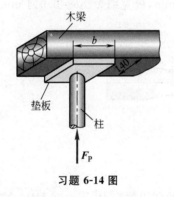

习题 6-14 图

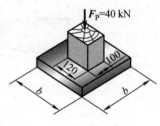

习题 6-15 图

第 7 章

圆轴扭转时的应力变形分析以及强度和刚度设计

圆轴的两端承受大小相等、方向相反、作用平面垂直于杆件轴线的两个力偶,杆的任意两横截面将绕轴线相对转动,这种受力与变形形式称为**扭转**(torsion)。

工程上将主要承受扭转的杆件称为轴,当轴的横截面上仅有扭矩(M_x)作用时,与扭矩相对应的分布内力的作用面与横截面重合。这种分布内力在一点处的集度,即为剪应力。圆截面轴与非圆截面轴扭转时横截面上的剪应力分布有着很大的差异。

本章主要分析圆轴扭转时横截面上的剪应力以及两相邻横截面的相对扭转角,同时介绍圆轴扭转时的强度与刚度设计方法。

分析圆轴扭转时的应力和变形的方法与分析拉伸和压缩时的应力和变形的方法不同。除了平衡条件外,还必须借助于变形协调。

7.1 圆轴在工程中的应用

工程上传递功率的轴,大多数为圆轴。图 7-1 中所示为火力发电厂中汽轮机通过传动轴带动发电机转动的结构简图。高温高压气体推动的汽轮机将功率通过传动轴传递给发动机,从而使发动机发电,其中传动轴两端承受扭转力偶的作用。汽轮机和发动机的主轴在承受扭转力偶作用发生扭转变形的同时,还会由于作用垂直于轴线的载荷(轴的自重和转子的重量)而承受弯曲变形。

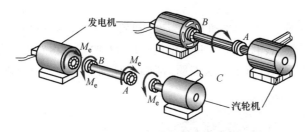

图 7-1 火力发电系统中的受扭圆轴

汽车的传动轴(图 7-2)将发动机发出的功率经过变速系统传给后桥,带动两侧的驱动轮产生驱动力,驱动车辆前行。变速系统中的齿轮轴大都同时承受扭转与弯曲的共同作用。

图 7-3 中所示的风力发电机的叶片在风载的作用下产生动力,叶轮主轴通过变速器(非直驱式)或者直接(直驱式)将功率传给发动机发电。叶轮的主轴主要承受扭矩作用。

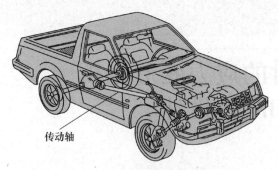

图 7-2 汽车中传递功率的圆轴

图 7-3 风力发电机中传递功率的圆轴

此外,水力发电系统中水轮机的主轴,以及各种搅拌机械中的主轴和其他传递功率的旋转零部件,大都承受扭转力偶的作用。

7.2 受扭圆轴的扭转变形

本书第 5 章中已经给出了外加力偶矩与轴所传递的功率和转速之间的关系。外加力偶矩 M_e 确定后,应用截面法可以确定横截面上的内力——扭矩,圆轴两端受外加力偶矩 M_e 作用时,横截面上将产生分布剪应力,这些剪应力将组成对横截面中心的合力矩,即扭矩,用 M_x 表示。

不难看出,圆轴(图 7-4(a))受扭后,将产生**扭转变形**(twist deformation),如图 7-4(b)所示。圆轴上的每个微元(例如图 7-4(a)中的 $ABCD$)的直角均发生变化,这种直角的改变量即为剪应变,如图 7-4(c)所示。这表明,圆轴横截面和纵截面上都将出现剪应力(图中

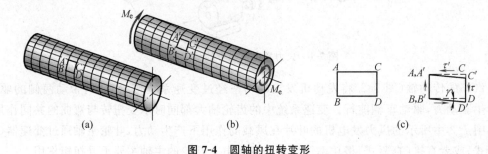

图 7-4 圆轴的扭转变形

AB 和 CD 边对应着横截面；AC 和 BD 边则对应着纵截面），分别用 τ 和 τ' 表示。

7.3 剪应力互等定理

圆轴扭转时，微元的剪切变形现象表明，圆轴不仅在横截面上存在剪应力，而且在通过轴线的纵截面上也将存在剪应力。这是平衡所要求的。

如果用圆轴的相距很近的一对横截面、一对纵截面以及一对圆柱面，从受扭的圆轴上截取一微元，如图 7-5(a)所示，微元与横截面对应的一对面上存在剪应力 τ，这一对面上的剪应力与其作用面的面积相乘后组成一绕 z 轴的力偶，其力偶矩为 $(\tau \mathrm{d}y\mathrm{d}z)\mathrm{d}x$。为了保持微元的平衡，在微元与纵截面对应的一对面上，必然存在剪应力 τ'，这一对面上的剪应力也组成一个力偶矩为 $(\tau'\mathrm{d}x\mathrm{d}z)\mathrm{d}y$ 的力偶。这两个力偶的力偶矩大小相等、方向相反，才能使微元保持平衡。

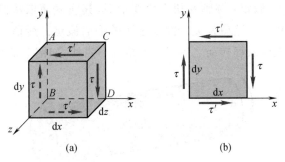

图 7-5 剪应力互等定理

应用对 z 轴之矩的平衡方程，可以写出

$$\sum M_z = 0: \quad -(\tau \mathrm{d}y\mathrm{d}z)\mathrm{d}x + (\tau'\mathrm{d}x\mathrm{d}z)\mathrm{d}y = 0$$

由此解出

$$\tau = \tau' \tag{7-1}$$

这一结果表明，如果在微元的一对面上存在剪应力，与此剪应力作用线互相垂直的另一对面上必然存在与其大小相等、方向或相对（两剪应力的箭头相对）或相背（两剪应力的箭尾相对）的剪应力，以使微元保持平衡。微元上剪应力的这种相互关系称为**剪应力互等定理**或**剪应力成对定理**(theorem of conjugate shearing stress)。

木材试样扭转实验的破坏现象，可以证明圆轴扭转时纵截面上确实存在剪应力：沿木材顺纹方向截取的圆截面试样承受扭矩发生破坏时，将沿纵截面发生破坏，这种破坏就是由于剪应力所致。

7.4 圆轴扭转时横截面上的剪应力分析

应用平衡方法可以确定圆轴扭转时横截面上的内力分量——扭矩，但是不能确定横截面上各点剪应力的大小。为了确定横截面上各点的剪应力，在确定了扭矩后，还必须知道横截面上的剪应力是怎样分布的。

研究圆轴扭转时横截面上剪应力的分布规律，需要考查扭转变形，首先得到剪应变的分布；然后应用剪切胡克定律，即可得到剪应力在截面上的分布规律；最后，利用静力方程可建立扭矩与剪应力的关系，从而得到确定横截面上各点剪应力的表达式。这是分析扭转剪应力的基本方法，也是分析弯曲正应力的基本方法。这一方法可以用图 7-6 概述。

图 7-6　应力分析方法与过程

圆轴扭转时，其圆柱面上的圆保持不变，都是两个相邻的圆绕圆轴的轴线相互转过一角度。根据这一变形特征，假定：圆轴受扭发生变形后，其横截面依然保持平面，并且绕圆轴的轴线刚性地转过一角度。这就是关于圆轴扭转的平面假定。所谓"刚性地转过一角度"，就是横截面上的直径在横截面转动之后依然保持为一直线，如图 7-7 所示。

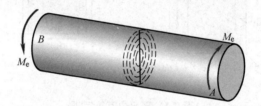

图 7-7　圆轴扭转时横截面保持平面

7.4.1　变形协调方程

若将圆轴用同轴柱面分割成许多半径不等的圆柱，根据上述结论，在 dx 长度上，虽然所有圆柱的两端面均转过相同的角度 dφ，但半径不等的圆柱上产生的剪应变各不相同，半径越小者剪应变越小，如图 7-8(a)、(b)、(c)所示。

设到轴线任意远 ρ 处的剪应变为 $\gamma(\rho)$，则从图 7-8 中可得到如下几何关系：

$$\gamma(\rho) = \rho \frac{\mathrm{d}\varphi}{\mathrm{d}x} \tag{7-2}$$

式中，$\dfrac{\mathrm{d}\varphi}{\mathrm{d}x}$ 称为**单位长度相对扭转角**(angle of twist per unit length of the shaft)。对于两个相邻的横截面，$\dfrac{\mathrm{d}\varphi}{\mathrm{d}x}$ 为常量，故式(7-2)表明：圆轴扭转时，其横截面上任意点处的剪应变与该点至截面中心之间的距离成正比。式(7-2)即为圆轴扭转时的变形协调方程。

7.4.2　弹性范围内的剪应力-剪应变关系

若在弹性范围内加载，即剪应力小于某一极限值时，对于大多数各向同性材料，剪应力与剪应变之间存在线性关系，如图 7-9 所示。于是，有

$$\tau = G\gamma \tag{7-3}$$

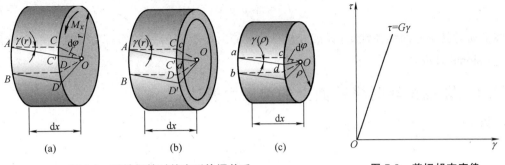

图 7-8 圆轴扭转时的变形协调关系 　　　图 7-9 剪切胡克定律

此即为**剪切胡克定律**(Hooke law in shearing),式中,G 为比例常数,称为**剪切弹性模量**或**切变模量**(shearing modulus)。

7.4.3 静力学方程

将式(7-2)代入式(7-3),得到

$$\tau(\rho) = G\gamma(\rho) = \left(G\frac{\mathrm{d}\varphi}{\mathrm{d}x}\right)\rho \tag{7-4}$$

其中,$\left(G\dfrac{\mathrm{d}\varphi}{\mathrm{d}x}\right)$ 对于确定的横截面是一个不变的量。

于是,上式表明,横截面上各点的剪应力与点到横截面中心的距离成正比,即剪应力沿横截面的半径呈线性分布,方向如图 7-10(a)所示。在同一半径上剪应力大小相等,方向垂直于半径,并与扭矩方向一致(图 7-10(b))。

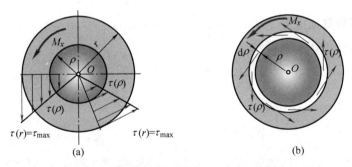

图 7-10 圆轴扭转时横截面上的剪应力分布

作用在横截面上的剪应力形成一分布力系,这一力系向截面中心简化结果为一力偶,其力偶矩即为该截面上的扭矩。于是有

$$\int_A \rho[\tau(\rho)\mathrm{d}A] = M_x \tag{7-5}$$

此即静力学方程。

将式(7-4)代入式(7-5),积分后得到

$$\frac{\mathrm{d}\varphi}{\mathrm{d}x} = \frac{M_x}{GI_\mathrm{p}} \tag{7-6}$$

其中

$$I_P = \int_A \rho^2 dA \tag{7-7}$$

是圆截面对其中心的极惯性矩(详细分析见第 8 章)。式(7-6)中的 GI_P 称为圆轴的**扭转刚度**(torsional rigidity)。

7.4.4 圆轴扭转时横截面上的剪应力表达式

将式(7-6)代入式(7-4),得到

$$\tau(\rho) = \frac{M_x \rho}{I_P} \tag{7-8}$$

这就是圆轴扭转时,横截面上任意点的剪应力表达式,其中 M_x 由平衡条件确定;I_P 由式(7-7)积分求得(参见图 7-10(b)中微元面积的取法)。对于直径为 d 的实心截面圆轴:

$$I_P = \frac{\pi d^4}{32} \tag{7-9}$$

对于内、外直径分别为 d、D 的空心截面圆轴,极惯性矩 I_P 为

$$I_P = \frac{\pi D^4}{32}(1-\alpha^4), \quad \alpha = \frac{d}{D} \tag{7-10}$$

从图 7-10(a)中不难看出,最大剪应力发生在横截面边缘上各点,其值由下式确定:

$$\tau_{\max} = \frac{M_x \rho_{\max}}{I_P} = \frac{M_x}{W_P} \tag{7-11}$$

其中,

$$W_P = \frac{I_P}{\rho_{\max}} \tag{7-12}$$

称为圆截面的**扭转截面模量**(section modulus in torsion)。

对于直径为 d 的实心圆截面

$$W_P = \frac{\pi d^3}{16} \tag{7-13}$$

对于内、外直径分别为 d、D 的空心截面圆轴

$$W_P = \frac{\pi D^3}{16}(1-\alpha^4), \quad \alpha = \frac{d}{D} \tag{7-14}$$

【**例题 7-1**】 实心圆轴与空心圆轴通过牙嵌式离合器相连,并传递功率,如图 7-11 所示。已知轴的转速 $n=100$ r/min,传递的功率 $P=7.5$ kW。若已知实心圆轴的直径 $d_1=45$ mm;空心圆轴的内、外直径之比 $(d_2/D_2)=\alpha=0.5$,$D_2=46$ mm。试确定实心轴与空心圆轴横截面上的最大剪应力。

解:由于两传动轴的转速与传递的功率相等,故二者承受相同的外加扭转力偶矩,横截面上的扭矩也因而相等。根据外加力偶矩与轴所传递的功率以及转速之间的关系,求得横截面上的扭矩

$$M_x = M_e = \left(9549 \times \frac{7.5}{100}\right) \text{N} \cdot \text{m} = 716.2 \text{ N} \cdot \text{m}$$

对于实心轴:根据式(7-11)、(7-13)和已知条件,横截面上的最大剪应力为

$$\tau_{\max} = \frac{M_x}{W_P} = \frac{16M_x}{\pi d_1^3} = \frac{16 \times 716.2 \text{ N} \cdot \text{m}}{\pi (45 \times 10^{-3} \text{ m})^3} = 40 \times 10^6 \text{ Pa} = 40 \text{ MPa}$$

对于空心轴：根据式(7-11)、式(7-14)和已知条件，横截面上的最大剪应力为

$$\tau_{\max} = \frac{M_x}{W_P} = \frac{16M_x}{\pi D_2^3 (1-\alpha^4)} = \frac{16 \times 716.2 \text{ N} \cdot \text{m}}{\pi (46 \times 10^{-3} \text{ m})^3 (1-0.5^4)} = 40 \times 10^6 \text{ Pa} = 40 \text{ MPa}$$

本例讨论

上述计算结果表明，本例中的实心轴与空心轴横截面上的最大剪应力数值相等。但是二轴的横截面面积之比为

$$\frac{A_1}{A_2} = \frac{d_1^2}{D_2^2(1-\alpha^2)} = \left(\frac{45 \times 10^{-3}}{46 \times 10^{-3}}\right)^2 \times \frac{1}{1-0.5^2} = 1.28$$

可见，如果轴的长度相同，在最大剪应力相同的情形下，实心轴所用材料要比空心轴多。

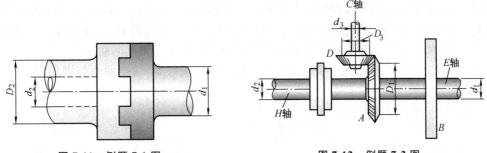

图 7-11 例题 7-1 图　　　图 7-12 例题 7-2 图

【例题 7-2】 图 7-12 所示传动机构中，功率从轮 B 输入，通过锥形齿轮将一半传递给铅垂 C 轴，另一半传递给 H 水平轴。已知输入功率 $P_1 = 14$ kW，水平(E 和 H)转速 $n_1 = n_2 = 120$ r/min；锥齿轮 A 和 D 的齿数分别为 $z_1 = 36$，$z_3 = 12$；各轴的直径分别为 $d_1 = 70$ mm，$d_2 = 50$ mm，$d_3 = 35$ mm。试确定各轴横截面上的最大剪应力。

解： (1) 各轴所承受的扭矩

各轴所传递的功率分别为

$$P_1 = 14 \text{ kw}, \quad P_2 = P_3 = P_1/2 = 7 \text{ kW}$$

各轴转速不完全相同。E 轴和 H 轴的转速均为 120 r/min，即

$$n_1 = n_2 = 120 \text{ r/min}$$

E 轴和 C 轴的转速与齿轮 A 和齿轮 D 的齿数成反比，由此得到 C 轴的转速

$$n_3 = n_1 \times \frac{z_1}{z_3} = \left(120 \times \frac{36}{12}\right) \text{r/min} = 360 \text{ r/min}$$

据此，算得各轴承受的扭矩：

$$M_{x1} = M_{e1} = \left(9549 \times \frac{14}{120}\right) \text{N} \cdot \text{m} = 1114 \text{ N} \cdot \text{m}$$

$$M_{x2} = M_{e2} = \left(9549 \times \frac{7}{120}\right) \text{N} \cdot \text{m} = 557 \text{ N} \cdot \text{m}$$

$$M_{x3} = M_{e3} = \left(9549 \times \frac{7}{360}\right) \text{N} \cdot \text{m} = 185.7 \text{ N} \cdot \text{m}$$

(2) 计算最大剪应力

E、H、C 轴横截面上的最大剪应力分别为

$$\tau_{\max}(E) = \frac{M_{x1}}{W_{P1}} = \left(\frac{16 \times 1114}{\pi \times 70^3 \times 10^{-9}}\right) \text{Pa} = 16.54 \times 10^6 \text{ Pa} = 16.54 \text{ MPa}$$

$$\tau_{\max}(H) = \frac{M_{x2}}{W_{P2}} = \left(\frac{16 \times 557}{\pi \times 50^3 \times 10^{-9}}\right) \text{Pa} = 22.69 \times 10^6 \text{ Pa} = 22.69 \text{ MPa}$$

$$\tau_{\max}(C) = \frac{M_{x3}}{W_{P3}} = \left(\frac{16 \times 185.7}{\pi \times 35^3 \times 10^{-9}}\right) \text{Pa} = 22.06 \times 10^6 \text{ Pa} = 22.06 \text{ MPa}$$

7.5 圆轴扭转时的强度与刚度设计

7.5.1 扭转实验与扭转破坏现象

为了测定剪切时材料的力学性能，需将材料制成扭转试样在扭转试验机上进行试验。对于低碳钢，采用薄壁圆管或圆筒进行试验，使薄壁截面上的剪应力接近均匀分布，这样才能得到反映剪应力与剪应变关系的曲线。对于铸铁这样的脆性材料，由于基本上不发生塑性变形，所以采用实圆截面试样也能得到反映剪应力与剪应变关系的曲线。

扭转时，韧性材料（低碳钢）和脆性材料（铸铁）的试验应力-应变曲线分别如图 7-13(a) 和 (b) 所示。

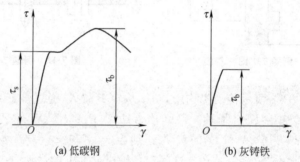

(a) 低碳钢 　　　　(b) 灰铸铁

图 7-13　扭转实验的应力-应变曲线

试验结果表明，低碳钢的剪应力与剪应变关系曲线，类似于拉伸正应力与正应变关系曲线，也存在线弹性、屈服和断裂三个主要阶段。屈服强度和强度极限分别用 τ_s 和 τ_b 表示。

对于铸铁，整个扭转过程，都没有明显的线弹性阶段和塑性阶段，最后发生脆性断裂。其强度极限用 τ_b 表示。

韧性材料与脆性材料扭转破坏时，其试样断口有着明显的区别。韧性材料试样最后沿横截面剪断，断口比较光滑、平整，如图 7-14(a) 所示。铸铁试样扭转破坏时沿 45°螺旋面断开，断口呈细小颗粒状，如图 7-14(b) 所示。

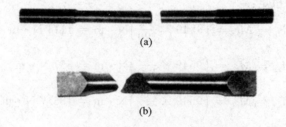

图 7-14　扭转实验的破坏现象

7.5.2 圆轴扭转强度设计

与拉伸、压缩强度设计相类似，扭转强度设计时，首先需要根据扭矩图和横截面的尺寸判断可能的危险截面；然后根据危险截面上的应力分布确定危险点（即最大剪应力作用点）；最后利用试验结果直接建立扭转时的强度条件。

圆轴扭转时的强度条件为

$$\tau_{\max} \leqslant [\tau] \tag{7-15}$$

其中，$[\tau]$ 为许用剪应力。

对于脆性材料，

$$[\tau] = \frac{\tau_b}{n_b} \tag{7-16}$$

对于韧性材料，

$$[\tau] = \frac{\tau_s}{n_s} \tag{7-17}$$

上述各式中，许用剪应力与许用正应力之间存在一定的关系。

对于脆性材料，

$$[\tau] = [\sigma]$$

对于韧性材料，

$$[\tau] = (0.5 \sim 0.577)[\sigma]$$

如果设计中不能提供 $[\tau]$ 值时，可根据上述关系由 $[\sigma]$ 值求得 $[\tau]$ 值。

【**例题 7-3**】 图 7-15 所示的汽车发动机将功率通过主传动轴 AB 传递给后桥，驱动车轮行驶。设主传动轴所承受的最大外力偶矩为 $M_e = 1.5\ \text{kN}\cdot\text{m}$，轴由 45 号无缝钢管制成，外直径 $D = 90\ \text{mm}$，壁厚 $\delta = 2.5\ \text{mm}$，$[\tau] = 60\ \text{MPa}$。试：

(1) 校核主传动轴的强度；
(2) 若改用实心轴，在具有与空心轴相同的最大剪应力的前提下，确定实心轴的直径；
(3) 确定空心轴与实心轴的重量比。

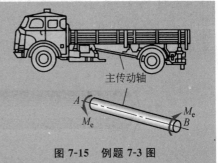

图 7-15 例题 7-3 图

解：(1) 校核空心轴的强度

根据已知条件，主传动轴横截面上的扭矩 $M_x = M_e = 1.5\ \text{kN}\cdot\text{m}$，轴的内直径与外直径之比

$$\alpha = \frac{d}{D} = \frac{D-2\delta}{D} = \frac{90\ \text{mm} - 2 \times 2.5\ \text{mm}}{90\ \text{mm}} = 0.944$$

因为轴只在两端承受外加力偶，所以轴各横截面的危险程度相同，轴的所有横截面上的最大剪应力均为

$$\tau_{\max} = \frac{M_x}{W_P} = \frac{16 M_x}{\pi D^3 (1-\alpha^4)} = \frac{16 \times 1.5 \times 10^3\ \text{N}\cdot\text{m}}{\pi (90 \times 10^{-3}\ \text{m})^3 (1-0.944^4)}$$

$$= 50.9 \times 10^6\ \text{Pa} = 50.9\ \text{MPa} < [\tau]$$

由此可以得出结论：主传动轴的强度是安全的。

（2）确定实心轴的直径

根据实心轴与空心轴具有同样数值的最大剪应力的要求，实心轴横截面上的最大剪应力也必须等于 50.9 MPa。若设实心轴直径为 d_1，则有

$$\tau_{\max} = \frac{M_x}{W_P} = \frac{16M_x}{\pi d_1^3} = \frac{16 \times 1.5 \times 10^3 \text{ N} \cdot \text{m}}{\pi d_1^3} = 50.9 \text{ MPa} = 50.9 \times 10^6 \text{ Pa}$$

据此，实心轴的直径

$$d_1 = \sqrt[3]{\frac{16 \times 1.5 \times 10^3 \text{ N} \cdot \text{m}}{\pi \times 50.9 \times 10^6 \text{ Pa}}} = 53.1 \times 10^{-3} \text{ m} = 53.1 \text{ mm}$$

（3）计算空心轴与实心轴的重量比

由于二者长度相等、材料相同，所以重量比即为横截面的面积比，即

$$\eta = \frac{W_1}{W_2} = \frac{A_1}{A_2} = \frac{\dfrac{\pi(D^2 - d^2)}{4}}{\dfrac{\pi d_1^2}{4}} = \frac{D^2 - d^2}{d_1^2} = \frac{90^2 - 85^2}{53.1^2} = 0.31$$

本例讨论

上述结果表明，空心轴远比实心轴轻，即采用空心圆轴比采用实心圆轴合理。这是由于圆轴扭转时横截面上的剪应力沿半径方向非均匀分布，截面中心附近区域的剪应力比截面边缘各点的剪应力小得多，当最大剪应力达到许用剪应力 $[\tau]$ 时，中心附近的剪应力远小于许用剪应力值。将受扭杆件做成空心圆轴，使得横截面中心附近的材料得到较充分利用。

【**例题 7-4**】 木制圆轴受扭如图 7-16(a) 所示，圆轴的轴线与木材的顺纹方向一致。轴的直径为 150 mm，圆轴沿木材顺纹方向的许用剪应力 $[\tau]_\text{顺} = 2$ MPa，沿木材横纹方向的许用剪应力 $[\tau]_\text{横} = 8$ MPa。试求轴的许用扭转力偶的力偶矩。

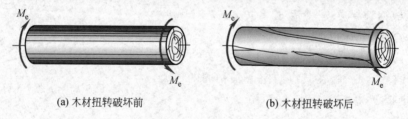

(a) 木材扭转破坏前　　　　　(b) 木材扭转破坏后

图 7-16　例题 7-4 图

解：木材的许用剪应力沿顺纹（纵截面内）和横纹（横截面内）具有不同的数值。圆轴受扭后，根据剪应力互等定理，不仅横截面上产生剪应力，而且包含轴线的纵截面上也会产生剪应力。所以需要分别校核木材沿顺纹和沿横纹方向的强度。

横截面上的剪应力沿径向线性分布，纵截面上的剪应力亦沿径向线性分布，而且二者具有相同的最大值，即

$$[\tau_{\max}]_\text{顺} = [\tau_{\max}]_\text{横}$$

而木材沿顺纹方向的许用剪应力低于沿横纹方向的许用剪应力，因此本例中的圆轴扭转破坏时将沿纵向截面裂开，如图 7-16(b) 所示。故本例只需要按圆轴沿顺纹方向的强度计算许用外加力偶的力偶矩。于是，由顺纹方向的强度条件：

$$[\tau_{\max}]_{\text{顺}} = \frac{M_x}{W_P} = \frac{16M_x}{\pi d^3} \leqslant [\tau_{\max}]_{\text{顺}}$$

得到

$$[M_e] = M_x = \frac{\pi d^3 [\tau_{\max}]_{\text{顺}}}{16} = \frac{\pi (150 \times 10^{-3} \text{ m})^3 \times 2 \times 10^6 \text{ Pa}}{16}$$

$$= 1.33 \times 10^3 \text{ N} \cdot \text{m} = 1.33 \text{ kN} \cdot \text{m}$$

7.5.3 圆轴扭转刚度设计

扭转刚度计算是将单位长度上的相对扭转角限制在允许的范围内,即必须使构件满足刚度条件:

$$\theta = \frac{d\varphi}{dx} \leqslant [\theta] \tag{7-18}$$

根据式(7-6),其中单位长度上的相对扭转角为

$$\theta = \frac{d\varphi}{dx} = \frac{M_x}{GI_p}$$

式(7-18)中的$[\theta]$称为单位长度上的许用相对扭转角,其数值视轴的工作条件而定:用于精密机械的轴$[\theta] = (0.25 \sim 0.5)(°)/\text{m}$,一般传动轴$[\theta] = (0.5 \sim 1.0)(°)/\text{m}$,刚度要求不高的轴$[\theta] = 2(°)/\text{m}$。

刚度设计中要注意单位的一致性。式(7-18)不等号左边 $\theta = \frac{d\varphi}{dx} = \frac{M_x}{GI_p}$ 的单位为 rad/m;而右边通常所用的单位为(°)/m。因此,在实际设计中,若不等式两边均采用 rad/m,则必须在不等式右边乘以$(\pi/180)$;若两边均采用(°)/m,则必须在左边乘以$(180/\pi)$。

【例题 7-5】 钢制空心圆轴的外直径 $D = 100$ mm,内直径 $d = 50$ mm。若要求轴在 2 m 长度内的最大相对扭转角不超过 $1.5°$,材料的切变模量 $G = 80.4$ GPa。
(1) 试求该轴所能承受的最大扭矩;
(2) 确定此时轴内最大剪应力。

解:(1) 确定轴所能承受的最大扭矩
根据刚度条件,有

$$\theta = \frac{d\varphi}{dx} = \frac{M_x}{GI_p} \leqslant [\theta]$$

由已知条件,可得单位长度上的许用相对扭转角为

$$[\theta] = \frac{1.5°}{2 \text{ m}} = \frac{1.5}{2} \times \frac{\pi}{180} \text{ rad/m} \tag{a}$$

空心圆轴截面的极惯性矩

$$I_P = \frac{\pi D^4}{32}(1-\alpha^4), \quad \alpha = \frac{d}{D} \tag{b}$$

将式(a)和式(b)一并代入刚度条件,得到轴所能承受的最大扭矩为

$$M_x \leqslant [\theta] \times GI_P = \frac{1.5}{2} \times \frac{\pi}{180} \text{ rad/m} \times G \times \frac{\pi D^4}{32}(1-\alpha^4)$$

$$= \frac{1.5 \times \pi^2 \times 80.4 \times 10^9 \times (100 \times 10^{-3})^4 \left[1 - \left(\frac{50 \text{ mm}}{100 \text{ mm}}\right)^4\right]}{2 \times 180 \times 32} \text{ N} \cdot \text{m}$$

$$= 9.686 \times 10^3 \text{ N} \cdot \text{m} = 9.686 \text{ kN} \cdot \text{m}$$

(2) 计算轴在承受最大扭矩时，横截面上的最大剪应力

轴在承受最大扭矩时，横截面上最大剪应力

$$\tau_{\max} = \frac{M_x}{W_P} = \frac{16 \times 9.686 \times 10^3 \text{ N} \cdot \text{m}}{\pi (100 \times 10^{-3} \text{ m})^3 \left[1 - \left(\frac{50 \text{ mm}}{100 \text{ mm}}\right)^4\right]} = 52.6 \times 10^6 \text{ Pa} = 52.6 \text{ MPa}$$

7.6 结论与讨论

7.6.1 关于圆轴强度与刚度设计

圆轴是很多工程中常见的零件之一，其强度设计和刚度设计一般过程如下：

(1) 根据轴传递的功率以及轴每分钟的转数，确定作用在轴上的外力偶的力偶矩。

(2) 应用截面法确定轴的横截面上的扭矩，当轴上同时作用有两个以上的绕轴线转动的外力偶时，一般需要画出扭矩图。

(3) 根据轴的扭矩图，确定可能的危险面和危险面上的扭矩数值。

(4) 计算危险截面上的最大剪应力或单位长度上的相对扭转角。

(5) 根据需要，应用强度条件与刚度条件对圆轴进行强度与刚度校核、设计轴的直径以及确定许用载荷。

需要指出的是，工程结构与机械中有些传动轴都是通过与之连接的零件或部件承受外力作用的。这时需要首先将作用在零件或部件上的力向轴线简化，得到轴的受力图。这种情形下，圆轴将同时承受扭转与弯曲，而且弯曲可能是主要的。这一类圆轴的强度设计比较复杂，本书将在第 10 章中介绍。

此外，还有一些圆轴所受的外力（大小或方向）随着时间的改变而变化，这一类圆轴的强度问题，将在第 13 章中介绍。

7.6.2 矩形截面杆扭转时的剪应力

试验结果表明：非圆（正方形、矩形、三角形、椭圆形等）截面杆扭转时，横截面外周线将改变原来的形状，并且不再位于同一平面内。由此推定，杆横截面将不再保持平面，而发生**翘曲**（warping）。图 7-17(a)中所示为一矩形截面杆受扭后发生翘曲的情形。

由于翘曲，非圆截面杆扭转时横截面上的剪应力将与圆截面杆有很大差异。

应用剪应力互等定理可以得到以下结论：

(1) 非圆截面杆扭转时，横截面上周边各点的剪应力沿着周边切线方向。

(2) 对于有凸角的多边形截面杆，横截面上凸角点处的剪应力等于零。

考查图 7-17(a)中所示的受扭矩形截面杆上位于角点的微元（图 7-17(b)）。假定微元各面上的剪应力如图 7-17(c)中所示。由于垂直于 y、z 坐标轴的杆表面均为自由表面（无外力作用），故微元上与之对应的面上的剪应力均为零，即

$$\tau_{yz} = \tau_{yx} = \tau_{zy} = \tau_{zx} = 0$$

剪应力的第一个小标表示其作用面的法线方向；第二个小标表示剪应力方向。

角点微元垂直于 x 轴的面（对应于杆横截面）上，由前述剪应力互等定理，剪应力也必

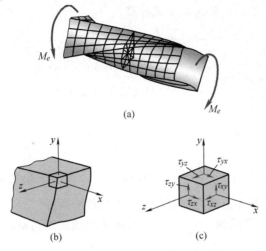

图 7-17 非圆截面杆扭转时的翘曲变形

然为零,即

$$\tau_{xy} = \tau_{xz} = 0$$

采用类似方法,读者不难证明,杆件横截面上沿周边各点的剪应力必与周边相切。

由弹性力学理论以及实验方法可以得到矩形截面构件扭转时,横截面上的剪应力分布以及剪应力计算公式,现将结果介绍如下。

剪应力分布如图 7-18 所示。从图中可以看出,最大剪应力发生在矩形截面的长边中点处,其值为

$$\tau_{\max} = \frac{M_x}{C_1 h b^2} \tag{7-19}$$

在短边中点处,剪应力

$$\tau = C_1' \tau_{\max} \tag{7-20}$$

上述式中,C_1 和 C_1' 为与长、短边尺寸之比 h/b 有关的因数。表 7-1 中所示为若干 h/b 值下的 C_1 和 C_1' 数值。

当 $h/b > 10$ 时,截面变得狭长,这时 $C_1 = 0.333 \approx 1/3$,于是,式(7-19)变为

$$\tau_{\max} = \frac{3M_x}{hb^2} \tag{7-21}$$

这时,沿宽度 b 方向的剪应力可近似视为线性分布。

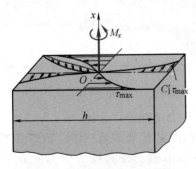

图 7-18 矩形截面扭转时横截面上的应力分布

表 7-1 矩形截面杆扭转剪应力公式中的因数

	C_1	C_1'
1.0	0.208	1.000
1.5	0.231	0.895
2.0	0.246	0.795
3.0	0.267	0.766
4.0	0.282	0.750
6.0	0.299	0.745
8.0	0.307	0.743
10.0	0.312	0.743
∞	0.333	0.743

矩形截面杆横截面单位扭转角由下式计算：

$$\theta = \frac{M_x}{Ghb^3\left[\frac{1}{3} - 0.21\frac{b}{h}\left(1 - \frac{b^4}{12h^4}\right)\right]} \tag{7-22}$$

式中，G 为材料的切变模量。

习题

7-1 关于扭转剪应力公式 $\tau(\rho) = \dfrac{M_x \rho}{I_P}$ 的应用范围，有以下几种答案，请试判断哪一种是正确的。

(A) 等截面圆轴，弹性范围内加载　　(B) 等截面圆轴

(C) 等截面圆轴与椭圆轴　　(D) 等截面圆轴与椭圆轴，弹性范围内加载

正确答案是_____。

7-2 两根长度相等、直径不等的圆轴受扭后，轴表面上母线转过相同的角度。设直径大的轴和直径小的轴的横截面上的最大剪应力分别为 τ_{1max} 和 τ_{2max}，材料的切变模量分别为 G_1 和 G_2。关于 τ_{1max} 和 τ_{2max} 的大小，有下列四种结论，请判断哪一种是正确的。

(A) $\tau_{1max} > \tau_{2max}$　　(B) $\tau_{1max} < \tau_{2max}$

(C) 若 $G_1 > G_2$，则有 $\tau_{1max} > \tau_{2max}$　　(D) 若 $G_1 > G_2$，则有 $\tau_{1max} < \tau_{2max}$

正确答案是_____。

7-3 长度相等的直径为 d_1 的实心圆轴与内、外直径分别为 d_2、D_2（$\alpha = d_2/D_2$）的空心圆轴，二者横截面上的最大剪应力相等。关于二者重量之比（W_1/W_2）有如下结论，请判断哪一种是正确的。

(A) $(1-\alpha^4)^{\frac{3}{2}}$　　(B) $(1-\alpha^4)^{\frac{3}{2}}(1-\alpha^2)$

(C) $(1-\alpha^4)(1-\alpha^2)$　　(D) $\dfrac{(1-\alpha^4)^{\frac{2}{3}}}{1-\alpha^2}$

正确答案是_____。

7-4 变截面轴受力如图所示，图中尺寸单位为 mm。若已知 $M_{e1} = 1765$ N·m，$M_{e2} = 1171$ N·m，材料的切变模量 $G = 80.4$ GPa，试求：

(1) 轴内最大剪应力，并指出其作用位置；

(2) 轴内最大相对扭转角 φ_{max}。

7-5 图示实心圆轴承受外加扭转力偶，其力偶矩 $M_e = 3$ kN·m。试求：

(1) 轴横截面上的最大剪应力；

(2) 轴横截面上半径 $r = 15$ mm 以内部分承受的扭矩所占全部横截面上扭矩的百分比；

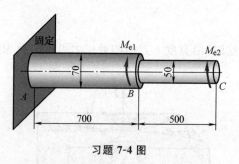

习题 7-4 图

(3) 去掉 $r = 15$ mm 以内部分，横截面上的最大剪应力增加的百分比。

7-6 同轴线的芯轴 AB 与轴套 CD，在 D 处二者无接触，而在 C 处焊成一体。轴的 A 端承受扭转力偶作用，如图所示。已知轴直径 $d = 66$ mm，轴套外直径 $D = 80$ mm，厚度 $\delta = 6$ mm；材料的许用剪应力 $[\tau] = 60$ MPa。试求结构所能承受的最大外力偶矩。

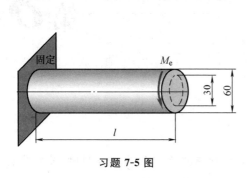

习题 7-5 图

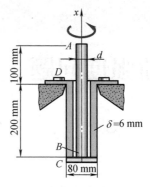

习题 7-6 图

7-7 由同一材料制成的实心和空心圆轴，二者长度和质量均相等。设实心轴半径为 R_0，空心圆轴的内、外半径分别为 R_1 和 R_2，且 $R_1/R_2=n$；二者所承受的外加扭转力偶矩分别为 M_{es} 和 M_{eh}。若二者横截面上的最大剪应力相等，试证明：

$$\frac{M_{es}}{M_{eh}} = \frac{\sqrt{1-n^2}}{1+n^2}$$

7-8 图示圆轴的直径 $d=50$ mm，外力偶矩 $M_e=1$ kN·m，材料的 $G=82$ GPa。试求：
(1) 横截面上 A 点处 ($\rho_A=d/4$) 的剪应力和相应的剪应变；
(2) 最大剪应力和单位长度相对扭转角。

 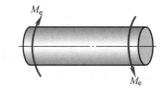

习题 7-8 图

7-9 已知圆轴的转速 $n=300$ r/min，传递功率 450 马力，材料的 $[\tau]=60$ MPa，$G=82$ GPa。要求在 2 m 长度内的相对扭转角不超过 1°，试求该轴的直径。

7-10 钢制实心轴和铝制空心轴（内外径比值 $\alpha=0.6$）的横截面面积相等。$[\tau]_{钢}=80$ MPa，$[\tau]_{铝}=50$ MPa。若仅从强度条件考虑，哪一根轴能承受较大的扭矩？

7-11 化工反应器的搅拌轴由功率 $P=6$ kW 的电动机带动，转速 $n=30$ r/min，轴由外直径 $D=89$ mm、壁厚 $t=10$ mm 的钢管制成，材料的许用切应力 $[\tau]=50$ MPa。试校核轴的扭转强度。

7-12 功率为 150 kW、转速为 15.4 r/s（转/秒）的电机轴如图所示。其中 $d_1=135$ mm，$d_2=75$ mm，$d_3=90$ mm，$d_4=65$ mm，$d_5=70$ mm。轴外伸端装有胶带轮。试对轴的扭转强度进行校核。

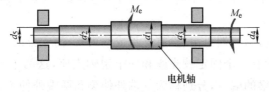

习题 7-12 图

第 8 章

弯曲强度问题

杆件承受垂直于其轴线的外力或位于其轴线所在平面内的力偶作用时,其轴线将弯曲成曲线。这种受力与变形形式称为弯曲。主要承受弯曲的杆件称为梁。

根据内力分析的结果,梁弯曲时,通常将在弯矩最大的横截面处发生失效。这种最容易发生失效的截面称为"危险截面"。但是,危险截面的哪一点最先发生失效?怎样才能保证梁不发生失效?这些就是本章所要讨论的问题。

要知道横截面上哪一点最先发生失效,必须知道横截面上的应力是怎样分布的。第 5 章中已经分析了梁承受弯曲时横截面上将有剪力和弯矩两个内力分量。与这两个内力分量相对应,横截面上将有连续分布的剪应力和正应力。第 5 章中所介绍的是应用平衡原理与平衡方法,确定梁的横截面上的剪力和弯矩。但是,剪力和弯矩只是横截面上分布剪应力与正应力的简化结果。怎样确定梁的横截面上的应力分布?

应力是不可见的,而变形却是可见的,并且应力与应变存在一定的关系。因此,为了确定应力分布,必须分析和研究梁的变形,必须研究材料应力与应变之间的关系,即必须涉及变形协调与应力-应变关系两个重要方面。二者与平衡原理一起组成分析弹性杆件应力分布的基本方法。

绝大多数细长梁的失效,主要与正应力有关,剪应力的影响是次要的。本章将主要确定梁横截面上正应力以及与正应力有关的强度问题。

8.1 承弯构件的力学模型与工程中的承弯构件

材料力学中将主要承受弯曲的杆件简化为梁,可以说梁就是承受弯曲的杆件的力学模型。有些结构或者结构的局部,形式上不属于杆件,但是,进行总体结构设计时,有时也需要将其视为梁。从这个意义上讲,梁又是一个广义的概念,泛指主要承受弯曲的构件、部件以及结构整体等。

根据梁的支承形式和支承位置不同,梁可以分为悬臂梁(图 8-1(a))、简支梁(图 8-1(b))、外伸梁(图 8-1(c)、(d))。

悬臂梁的一端固定,另一端自由(没有支承或约束)。简支梁的一端为固定铰支座,另一端为辊轴支座。外伸梁有一个固定铰支座和一个辊轴支座,这两个支座中有一个不在梁的端点,或者两个都不在梁的端点,分别称为一端外伸梁和两端外伸梁。

工程结构的设计中,可以看作梁的对象很多。

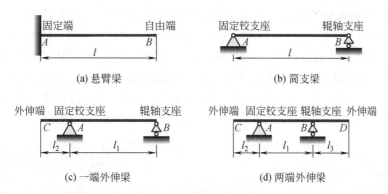

(a) 悬臂梁　　　　　　　　(b) 简支梁

(c) 一端外伸梁　　　　　　(d) 两端外伸梁

图 8-1　梁的力学模型

图 8-2 中，直升机旋翼的桨叶可以看成一端固定、另一端自由的悬臂梁，在重力和空气动力作用下桨叶将发生弯曲变形。

图 8-2　可简化为悬臂梁的直升机旋翼的桨叶

高层建筑（图 8-3(a)、(b)）和古塔（图 8-4）在风载的作用下将发生弯曲变形，总体设计时，可以看作下端固定、上端自由的悬臂梁。

图 8-3　可视为悬臂梁的高层建筑

图 8-4　可简化为悬臂梁的古塔

图 8-5(a)为美国科罗拉多大峡谷的"玻璃人行桥"及其结构,此桥从大峡谷南端的飞鹰峰延伸至大峡谷上空,长约 21 m,距离谷底约 1220 m。桥道宽约 3 m,两边由强化玻璃包围。这座桥为悬臂式设计:U 形一端用钢桩固定在峡谷岩石中,同时安放了重约 220 吨左右的钢管;另一端则悬在半空。大梁采用钢制箱型结构(图 8-5(b)、(c)),总重约 485 吨,相当于 4 架波音 757 喷气式飞机的总重量。除了钢梁的自重外,还将承受两万游客的重量以及时速 160 km 的大风的风载。因此,可以说这是架在"空中的巨型悬臂梁"。

图 8-5 架在空中的悬臂梁

图 8-6 所示为大自然中的"悬臂梁"——独根草,多年生草本植物,具有粗壮的根状茎,生长在山谷和悬崖石缝处,为中国特有。

工厂车间内行车(图 8-7)的大梁,通过行走轮支承在车间两侧的轨道上,可以看作简支梁。大梁设计中除了考虑起吊设备(马达)和起吊重物的重量外,还要考虑大梁自身的质量,前者为集中力,后者为均匀分布载荷。

图 8-6 大自然中的"悬臂梁"——独根草　　图 8-7 工厂车间内行车的大梁可简化为简支梁

工程中可以简化为外伸梁的对象也不少见。例如,图 8-8 中所示的整装待运的化工容器,可以简化为承受均匀分布载荷(自重和装载物质量)的两端外伸梁;图 8-9 中为正在吊装的风力发电机叶片,这时的叶片可以简化为在自重作用下的两端外伸梁,不过这时作用在叶片上的自重载荷不是均匀分布载荷,而是非均匀分布载荷。

本章将在第 5 章剪力图和弯矩图的基础上,分析梁的横截面上的应力,进而解决梁的强度问题。下一章将在本章的基础上解决梁的刚度问题。

作为应力分析基础,下面先介绍与应力分析有关的截面图形的几何性质。

图 8-8　静置的化工容器可简化为
承受均布载荷的外伸梁

图 8-9　吊装中风电叶片可简化为承受
非均匀分布载荷的外伸梁

8.2　与应力分析相关的截面图形的几何性质

　　拉压杆的正应力分析以及强度计算的结果表明,拉压杆横截面上正应力大小以及拉压杆的强度只与杆件横截面的大小,即横截面面积有关。而受扭圆轴横截面上剪应力的大小,则与横截面的极惯性矩有关。这表明圆轴的强度不仅与截面的大小有关,而且与截面的几何形状有关,例如,在材料和横截面面积都相同的条件下,空心圆轴的扭转强度高于实心圆轴的扭转强度。不同受力与变形形式下,由于应力分布的差别,应力分析中会出现不同的几何量。

　　对于图 8-10 所示的应力均匀分布情况,利用内力与应力的静力学关系,得到

$$\sigma = \frac{F_N}{A}$$

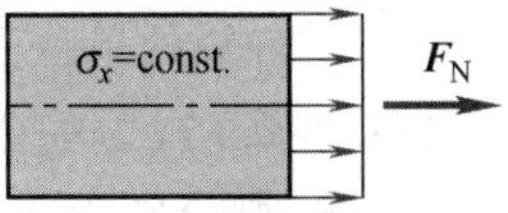

图 8-10　横截面上均匀分布应力

其中,A 为杆件的横截面面积。

　　当杆件横截面上,除了轴力还存在弯矩时,其上的应力不再是均匀分布的,这时得到的应力表达式,仍然与横截面上的内力分量和横截面的几何量有关。但是,这时的几何量将不再是横截面的面积,而是其他的形式。例如当横截面上的正应力沿横截面的高度方向线性分布时,即 $\sigma = Cy$ 时(图 8-11),根据应力与内力的静力学关系,这样的应力分布将组成弯矩 M_z,于是有

$$\int_A (\sigma dA) y = \int_A (Cy dA) y = C \int_A y^2 dA = M_z$$

由此得到

$$C = \frac{M_z}{\int_A y^2 dA} = \frac{M_z}{I_z}, \quad \sigma = Cy = \frac{M_z y}{I_z}$$

其中

$$I_z = \int_A y^2 dA$$

不仅与横截面的面积大小有关,而且与横截面各部分到 z 轴距离的平方(y^2)有关。

　　分析弯曲正应力时将涉及若干与横截面大小以及横截面形状有关的量,包括形心、静矩、惯性矩、惯性积以及主轴等。研究上述几何量,完全不考虑研究对象的物理和力学因素,作为纯几何问题加以处理。

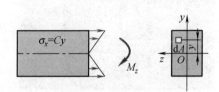 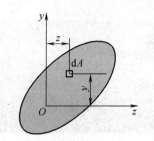

图 8-11 横截面上非均匀分布应力　　　图 8-12 平面图形的静矩与形心

8.2.1 静矩、形心及其相互关系

考查任意平面几何图形如图 8-12 所示，在其上取面积微元 dA，该微元在 Oyz 坐标系中的坐标为 y、z（为与本书所用坐标系一致，将通常所用的 Oxy 坐标系改为 Oyz 坐标系）。定义下列积分：

$$\left.\begin{aligned} S_y &= \int_A z\,\mathrm{d}A \\ S_z &= \int_A y\,\mathrm{d}A \end{aligned}\right\} \tag{8-1}$$

分别称为图形对于 y 轴和 z 轴的**截面一次矩**（first moment of an area）或**静矩**（static moment）。静矩的单位为 m^3 或 mm^3。

如果将 dA 视为垂直于图形平面的力，则 ydA 和 zdA 分别为 dA 对于 z 轴和 y 轴的力矩；S_z 和 S_y 则分别为 A 对 z 轴和 y 轴之矩。

图形几何形状的中心称为**形心**（centroid of an area），若将面积视为垂直于图形平面的力，则形心即为合力的作用点。

设 z_C、y_C 为形心坐标，则根据合力矩定理

$$\left.\begin{aligned} S_z &= Ay_C \\ S_y &= Az_C \end{aligned}\right\} \tag{8-2}$$

或

$$\left.\begin{aligned} y_C &= \frac{S_z}{A} = \frac{\int_A y\,\mathrm{d}A}{A} \\ z_C &= \frac{S_y}{A} = \frac{\int_A z\,\mathrm{d}A}{A} \end{aligned}\right\} \tag{8-3}$$

这就是图形形心坐标与静矩之间的关系。

根据上述关于静矩的定义以及静矩与形心之间的关系可以看出：

(1) 静矩与坐标轴有关，同一平面图形对于不同的坐标轴有不同的静矩。对某些坐标轴静矩为正；对另外一些坐标轴静矩则可能为负；对于通过形心的坐标轴，图形对其静矩等于零。

(2) 如果已经计算出静矩，就可以确定形心的位置；反之，如果已知形心在某一坐标系中的位置，则可计算图形对于这一坐标系中坐标轴的静矩。

实际计算中，对于简单的、规则的图形，其形心位置可以直接判断，例如：矩形、正方形、

圆形、正三角形等的形心位置是显而易见的。对于组合图形,则先将其分解为若干个简单图形(可以直接确定形心位置的图形);然后由式(8-2)分别计算它们对于给定坐标轴的静矩,并求其代数和,即

$$\left.\begin{array}{l} S_z = A_1 y_{C1} + A_2 y_{C2} + \cdots + A_n y_{Cn} = \sum_{i=1}^{n} A_i y_{Ci} \\ S_y = A_1 z_{C1} + A_2 z_{C2} + \cdots + A_n z_{Cn} = \sum_{i=1}^{n} A_i z_{Ci} \end{array}\right\} \quad (8\text{-}4)$$

再利用式(8-3),即可得组合图形的形心坐标:

$$\left.\begin{array}{l} y_C = \dfrac{S_z}{A} = \dfrac{\sum_{i=1}^{n} A_i y_{Ci}}{\sum_{i=1}^{n} A_i} \\ \\ z_C = \dfrac{S_y}{A} = \dfrac{\sum_{i=1}^{n} A_i z_{Ci}}{\sum_{i=1}^{n} A_i} \end{array}\right\} \quad (8\text{-}5)$$

8.2.2 惯性矩、极惯性矩、惯性积、惯性半径

对于图 8-12 中的任意图形,以及给定的 Oyz 坐标,定义下列积分:

$$\left.\begin{array}{l} I_y = \int_A z^2 \mathrm{d}A \\ I_z = \int_A y^2 \mathrm{d}A \end{array}\right\} \quad (8\text{-}6)$$

分别为图形对于 y 轴和 z 轴的**截面二次轴矩**(second moment of an area)或**惯性矩**(moment of inertia)。

定义积分

$$I_P = \int_A r^2 \mathrm{d}A \quad (8\text{-}7)$$

为图形对于点 O 的**截面二次极矩**(second polar moment of an area)或**极惯性矩**(polar moment of inertia)。

定义积分

$$I_{yz} = \int_A yz \, \mathrm{d}A \quad (8\text{-}8)$$

为图形对于通过点 O 的一对坐标轴 y、z 的**惯性积**(product of inertia)。

定义

$$\left.\begin{array}{l} i_y = \sqrt{\dfrac{I_y}{A}} \\ i_z = \sqrt{\dfrac{I_z}{A}} \end{array}\right\} \quad (8\text{-}9)$$

分别为图形对于 y 轴和 z 轴的**惯性半径**(radius of gyration)。

根据上述定义可知：

(1) 惯性矩和极惯性矩恒为正；而惯性积则由于坐标轴位置的不同，可能为正，也可能为负。三者的单位均为 m⁴ 或 mm⁴。

(2) 因为 $r^2 = x^2 + y^2$，所以由上述定义不难得到惯性矩与极惯性矩之间的下列关系

$$I_P = I_y + I_z \qquad (8\text{-}10)$$

(3) 根据极惯性矩的定义式(8-7)，以及图 8-13 中所示的微面积取法，不难得到圆截面对其中心的极惯性矩

$$I_P = \frac{\pi d^4}{32} \qquad (8\text{-}11)$$

或

$$I_P = \frac{\pi R^4}{2} \qquad (8\text{-}12)$$

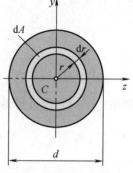

图 8-13 圆形的极惯性矩

式中，d 为圆截面的直径；R 为半径。

类似地，还可以得圆环截面对于圆环中心的极惯性矩为

$$I_P = \frac{\pi D^4}{32}(1 - \alpha^4), \quad \alpha = \frac{d}{D} \qquad (8\text{-}13)$$

式中，D 为圆环外直径；d 为内直径。

根据式(8-10)、式(8-11)，注意到圆形对于通过其中心的任意两根轴具有相同的惯性矩，便可得到圆截面对于通过其中心的任意轴的惯性矩均为

$$I = \frac{\pi d^4}{64} \qquad (8\text{-}14)$$

对于外径为 D、内径为 d 的圆环截面，则有

$$I = \frac{\pi D^4}{64}(1 - \alpha^4), \quad \alpha = \frac{d}{D} \qquad (8\text{-}15)$$

(4) 根据惯性矩的定义式(8-6)，注意微面积的取法(图 8-14)，不难求得矩形截面对于通过其形心、平行于矩形周边轴的惯性矩：

$$\left. \begin{aligned} I_y &= \frac{hb^3}{12} \\ I_z &= \frac{bh^3}{12} \end{aligned} \right\} \qquad (8\text{-}16)$$

应用上述积分定义，还可以计算其他各种简单图形截面对于给定坐标轴的惯性矩。

必须指出，对于由简单几何图形组合成的图形，为避免复杂数学运算，一般都不采用积分的方法计算它们的惯性矩。而是利用简单图形的惯性矩计算结果以及图形对于不同坐标轴(如互相平行的坐标轴、不同方向的坐标轴)惯性矩之间的关系，由求和的方法求得。

8.2.3 惯性矩与惯性积的移轴定理

图 8-15 所示的任意图形，在以形心 O 为原点的 Oyz 坐标系中，对于 y、z 轴的惯性矩和惯性积为 I_y、I_z、I_{yz}。另有一坐标系 $O_1y_1z_1$，其中 y_1 和 z_1 分别平行于 y 和 z 轴，且二者之间的距离分别为 a 和 b。图形对于 y_1、z_1 轴的惯性矩和惯性积为 I_{y1}、I_{z1}、I_{y1z1}。

所谓**移轴定理**(parallel-axis theorem)是指图形对于互相平行轴的惯性矩、惯性积之间的关系。即通过已知图形对于一对坐标轴(通常是过形心的一对坐标)的惯性矩、惯性积，求图形对另一对与上述坐标轴平行的坐标轴的惯性矩与惯性积。根据惯性矩与惯性积的定

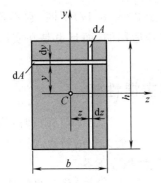

图 8-14 矩形微面积的取法

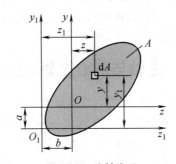

图 8-15 移轴定理

义,通过同一微面积在两个坐标系中的坐标之间的关系,可以得到:

$$\left.\begin{array}{l} I_{y1} = I_y + b^2 A \\ I_{z1} = I_z + a^2 A \\ I_{y1z1} = I_{yz} + abA \end{array}\right\} \quad (8\text{-}17)$$

此即关于图形对于平行轴惯性矩与惯性积之间关系的移轴定理。其中 y、z 轴必须通过图形形心。

移轴定理表明:

(1) 图形对任意轴的惯性矩,等于图形对于与该轴平行的通过形心轴的惯性矩,加上图形面积与两平行轴间距离平方的乘积。

(2) 图形对于任意一对直角坐标轴的惯性积,等于图形对于平行于该坐标轴的一对通过形心的直角坐标轴的惯性积,加上图形面积与两对平行轴间距离的乘积。

(3) 因为面积及包含 a^2、b^2 的项恒为正,故自形心轴移至与之平行的任意轴,惯性矩总是增加的。

(4) a、b 为原坐标系原点在新坐标系中的坐标,要注意二者的正负号;二者同号时 abA 为正,异号时为负。所以,移轴后惯性积有可能增加也可能减少。

8.2.4 惯性矩与惯性积的转轴定理

所谓**转轴定理**(rotation-axis theorem)是研究坐标轴绕原点转动时,图形对这些坐标轴的惯性矩和惯性积的变化规律。

图 8-16 所示的图形对于 y、z 轴的惯性矩和惯性积分别为 I_y、I_z 和 I_{yz}。

将 Oyz 坐标系绕坐标原点 O 逆时针方向转过 α 角,得到一新的坐标系 Oy_1z_1。图形对新坐标系的 I_{y1}、I_{z1}、I_{y1z1} 与图形对原坐标系 I_y、I_z、I_{yz} 之间存在关系:

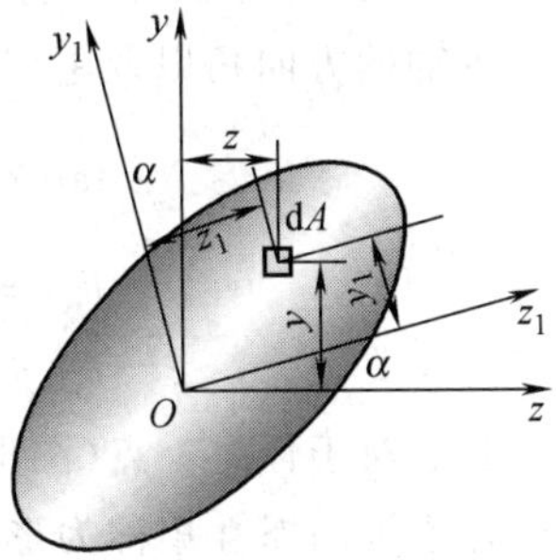

$$\left.\begin{array}{l} I_{y1} = \dfrac{I_y + I_z}{2} - \dfrac{I_y - I_z}{2}\cos 2\alpha - I_{yz}\sin 2\alpha \\ I_{z1} = \dfrac{I_y + I_z}{2} + \dfrac{I_y - I_z}{2}\cos 2\alpha + I_{yz}\sin 2\alpha \\ I_{y1z1} = \dfrac{I_y - I_z}{2}\sin 2\alpha + I_{yz}\cos 2\alpha \end{array}\right\} \quad (8\text{-}18)$$

图 8-16 转轴定理

上述由转轴定理得到的式(8-18),与移轴定理所得到的式(8-17)不同,它不要求 y、z 通过形心。当然,式(8-18)对于绕形心转动的坐标系也是适用的,而且也是在实际应用中最感兴趣的。

8.2.5 主轴与形心主轴、主惯性矩与形心主惯性矩

从式(8-18)的第三式可以看出,对于确定的点(坐标原点),当坐标轴旋转时,随着角度 α 的改变,惯性积也发生变化,并且根据惯性积可能为正,也可能为负的特点,总可以找到一角度 α_0 以及相应的 y_0、z_0 轴,图形对于这一对坐标轴的惯性积等于零。

考查图 8-17 中的矩形截面,以图形内或图形外的某一点(如 O 点)作为坐标原点,建立 Oyz 坐标系。在图 8-17(a)的情形下,图形中的所有面积的 y、z 坐标均为正值,根据惯性积的定义,图形对于这一对坐标轴的惯性积大于零,即 $I_{yz}>0$。

将坐标系 Oyz 逆时针方向旋转 $90°$,如图 8-17(b)所示,这时,图形中的所有面积的 y 坐标均为正值,z 坐标均为负值,根据惯性积的定义,图形对于这一对坐标轴的惯性积小于零,即 $I_{yz}<0$。

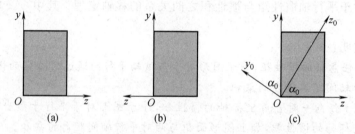

图 8-17 图形的惯性积与坐标轴取向的关系

当坐标轴旋转时,惯性积由正变负(或者由负变正)的事实表明,在坐标轴旋转的过程中,一定存在一角度(如 α_0),以及相应的坐标轴(如 y_0、z_0 轴),图形对于这一对坐标轴的惯性积等于零(如 $I_{y_0z_0}=0$)。据此,作出如下定义。

如果图形对于过一点的一对坐标轴的惯性积等于零,则称这一对坐标轴为过这一点的**主轴**(principal axes)。图形对于主轴的惯性矩称为**主惯性矩**(principal moment of inertia of an area)。主惯性矩具有极大值或极小值的特征。

主轴的方向角以及主惯性矩可以通过初始坐标轴的惯性矩和惯性积确定:

$$\tan 2\alpha_0 = \frac{2I_{yz}}{I_y - I_z} \tag{8-19}$$

$$\left.\begin{array}{l} I_{y0} = I_{\max} \\ I_{z0} = I_{\min} \end{array}\right\} = \frac{I_y + I_z}{2} \pm \frac{1}{2}\sqrt{(I_y - I_z)^2 + 4I_{yz}^2} \tag{8-20}$$

图形对于任意一点(图形内或图形外)都有主轴,而通过形心的主轴称为**形心主轴**,图形对形心主轴的惯性矩称为**形心主惯性矩**,简称为**形心主矩**。

工程计算中有意义的是形心主轴与形心主矩。

当图形有一个对称轴时,对称轴和与之垂直的任意轴即为过二者交点的主轴。例如图 8-18 所示的具有一个对称轴的图形,位于对称轴 y 一侧的部分图形对于 y、z 轴的惯性积与位于另一侧的图形对于 y、z 轴的惯性积,二者数值相等,但符号相反。所以,整个图形

对于 y、z 轴的惯性积 $I_{yz}=0$,故 y、z 轴为主轴。又因为 C 为形心,故 y、z 轴为形心主轴。

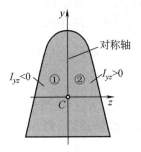

图 8-18 对称轴为主轴

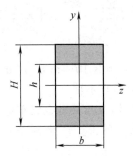

图 8-19 例题 8-1 图

【例题 8-1】 截面图形的几何尺寸如图 8-19 所示。试求图中阴影部分的惯性矩 I_y 和 I_z。

解:根据积分定义,具有断面线的图形对于 y、z 轴的惯性矩,等于高为 H、宽为 b 的矩形对于 y、z 轴的惯性矩,减去高为 h、宽为 b 的矩形对于相同轴的惯性矩,即

$$I_y = \frac{Hb^3}{12} - \frac{hb^3}{12} = \frac{b^3}{12}(H-h)$$

$$I_z = \frac{bH^3}{12} - \frac{bh^3}{12} = \frac{b}{12}(H^3 - h^3)$$

上述计算方法称为**负面积法**,可用于图形中有挖空部分的情形,计算比较简捷。

*【例题 8-2】 T 形截面尺寸如图 8-20(a)所示。试求其形心主惯性矩。

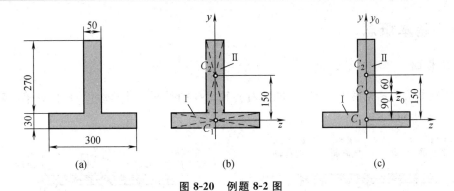

图 8-20 例题 8-2 图

解:(1) 将所给图形分解为简单图形的组合

将 T 形分解为如图 8-20(b)所示的两个矩形 Ⅰ 和 Ⅱ。

(2) 确定形心位置

首先,以矩形 Ⅰ 的形心 C_1 为坐标原点,建立如图 8-20(b)所示的 C_1yz 坐标系。因为 y 轴为 T 字形的对称轴,故图形的形心必位于该轴上。因此,只需要确定形心在 y 轴上的位置,即可确定 y_C。

根据式(8-5),形心 C 的坐标

$$y_C = \frac{\sum_{i=1}^{3} A_i y_{Ci}}{\sum_{i=1}^{3} A_i} = \left[\frac{0 + (270 \times 10^{-3} \times 50 \times 10^{-3}) \times 150 \times 10^{-3}}{300 \times 10^{-3} \times 30 \times 10^{-3} + 270 \times 10^{-3} \times 50 \times 10^{-3}}\right] \text{m}$$

$$= 90 \times 10^{-3} \text{ m} = 90 \text{ mm}$$

(3) 确定形心主轴

因为对称轴及与其垂直的轴即为通过二者交点的主轴，故以形心 C 为坐标原点建立如图 8-20(c)所示的 $Cy_0 z_0$ 坐标系，其中 y_0 通过原点且与对称轴重合，则 y_0、z_0 即为形心主轴。

(4) 采用组合法及移轴定理计算形心主惯性矩 I_{y0} 和 I_{z0}

根据惯性矩的积分定义，有

$$I_{y0} = I_{y0}(\text{I}) + I_{y0}(\text{II}) = \left[\frac{30 \times 10^{-3} \times 300^3 \times 10^{-9}}{12} + \frac{270 \times 10^{-3} \times 50^3 \times 10^{-9}}{12}\right] \text{m}^4$$

$$= 7.03 \times 10^{-5} \text{ m}^4 = 7.03 \times 10^7 \text{ mm}^4$$

$$I_{z0} = I_{z0}(\text{I}) + I_{z0}(\text{II})$$

$$= \left[\frac{300 \times 10^{-3} \times 30^3 \times 10^{-9}}{12} + 90^2 \times 10^{-6} \times (300 \times 10^{-3} \times 30 \times 10^{-3})\right.$$

$$\left. + \frac{50 \times 10^{-3} \times 270^3 \times 10^{-9}}{12} + 60^2 \times 10^{-6} \times (270 \times 10^{-3} \times 50 \times 10^{-3})\right] \text{m}^4$$

$$= 2.04 \times 10^{-4} \text{ m}^4 = 2.04 \times 10^8 \text{ mm}^4$$

8.3 平面弯曲时梁横截面上的正应力

8.3.1 基本概念

1. 对称面

梁的横截面具有对称轴，所有相同的对称轴组成的平面（图 8-21(a)），称为梁的**对称面**（symmetric plane）。

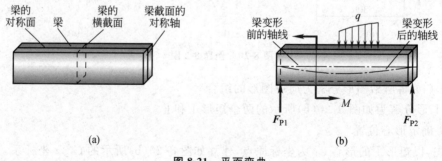

图 8-21 平面弯曲

2. 主轴平面

梁的横截面如果没有对称轴，但是都有通过横截面形心的形心主轴，所有相同的形心主轴组成的平面,称为梁的**主轴平面**(plane including principal axes)。由于对称轴也是主轴,所以对称面也是主轴平面;反之则不然。以下的分析和叙述中均使用**主轴平面**。

3. 平面弯曲

所有外力(包括力、力偶)都作用在梁的同一主轴平面内时,梁的轴线弯曲后将弯曲成平面曲线,这一曲线位于外力作用平面内,如图 8-21(b)所示,这种弯曲称为**平面弯曲**(plane bending)。

4. 纯弯曲

一般情况的平面弯曲,梁的横截面上将有两个内力分量,即剪力和弯矩。如果梁的横截面上只有弯矩一个内力分量,这种平面弯曲称为**纯弯曲**(pure bending)。图 8-22 中的几种梁上的 AB 段都属于纯弯曲,由于梁的横截面上只有弯矩,因而只有可以组成弯矩的垂直于横截面的正应力。

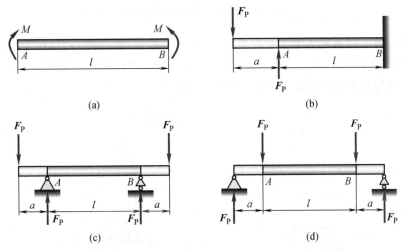

图 8-22 纯弯曲实例

5. 横向弯曲

梁在垂直梁轴线的横向力作用下,其横截面上将同时产生剪力和弯矩。这时,梁的横截面上不仅有正应力,还有剪应力,这种弯曲称为**横向弯曲**,简称**横弯曲**(transverse bending)。

8.3.2 纯弯曲时梁横截面上的正应力分析

分析梁横截面上的正应力,就是要确定梁横截面上各点的正应力与弯矩、横截面的形状和尺寸之间的关系。由于横截面上的应力是不可见的,而梁的变形是可见的,应力又与变形有关,因此,可以根据梁的变形推知梁横截面上的正应力分布。这一过程与分析圆轴扭转时横截面上剪应力的过程是相同的。

1. 平面假定与应变分布

如果用容易变形的材料,如橡胶、海绵,制成梁的模型,然后让梁的模型产生纯弯曲,如

图 8-23(a)所示。可以看到梁弯曲后,一些层的纵向发生伸长变形,另一些层则会发生缩短变形,在伸长层与缩短层的交界处那一层,既不伸长,也不缩短,称为梁的**中性层**或**中性面**(neutral surface)(图 8-23(b))。中性层与梁的横截面的交线,称为截面的**中性轴**(neutral axis)。中性轴垂直于加载方向,对于具有对称轴的横截面梁,中性轴垂直于横截面的对称轴。

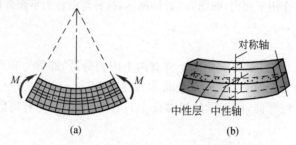

图 8-23 梁横截面上的正应力分析

用相邻的两个横截面从梁上截取长度为 dx 的一微段(图 8-24(a)),假定梁发生弯曲变形后,微段的两个横截面仍然保持平面,但是绕各自的中性轴转过一角度 $d\theta$,如图 8-24(b)所示。这一假定称为**平面假定**(plane assumption)。

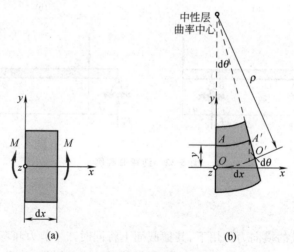

图 8-24 弯曲时微段梁的变形协调

在横截面上建立 Oyz 坐标系,如图 8-24 所示,其中 z 轴与中性轴重合(中性轴的位置尚未确定),y 轴沿横截面高度方向并与加载方向重合。

在图示的坐标系中,微段上到中性面的距离为 y 处长度的改变量为:

$$\Delta dx = -yd\theta \tag{8-21}$$

式中的负号表示 y 坐标为正的线段产生压缩变形;y 坐标为负的线段产生伸长变形。

将线段的长度改变量除以原长 dx,即为线段的正应变。于是,由式(8-21)得到

$$\varepsilon = \frac{\Delta dx}{dx} = -y\frac{d\theta}{dx} = -\frac{y}{\rho} \tag{8-22}$$

这就是正应变沿横截面高度方向分布的数学表达式。其中

$$\frac{1}{\rho} = \frac{\mathrm{d}\theta}{\mathrm{d}x} \tag{8-23}$$

从图 8-24(b)中可以看出，ρ 就是中性面弯曲后的曲率半径，也就是梁的轴线弯曲后的曲率半径。因为 ρ 与 y 坐标无关，所以在式(8-22)和 (8-23)中，ρ 为常数。

2. 胡克定律与应力分布

应用弹性范围内的应力-应变关系，即胡克定律：

$$\sigma = E\varepsilon \tag{8-24}$$

将上面所得到的正应变分布的数学表达式(8-22)代入后，便得到正应力沿横截面高度分布的数学表达式

$$\sigma = -\frac{E}{\rho}y \tag{8-25}$$

式中 E 为材料弹性模量；ρ 为中性层的曲率半径；对于横截面上各点而言，二者都是常量。这表明，横截面上的弯曲正应力沿横截面的高度方向从中性轴为零开始呈线性分布。

上述表达式虽然给出了横截面上的应力分布，但仍然不能用于计算横截面上各点的正应力。这是因为尚有两个问题没有解决：一是 y 坐标是从中性轴开始计算的，中性轴的位置还没有确定；二是中性面的曲率半径 ρ 也没有确定。

3. 应用静力方程确定待定常数

确定中性轴的位置以及中性面的曲率半径，需要应用静力方程。为此，以横截面的形心为坐标原点，建立 $Cxyz$ 坐标系，其中 x 轴沿着梁的轴线方向，z 轴与中性轴重合。

正应力在横截面上可以组成一个轴力和一个弯矩。但是，根据截面法和平衡条件，纯弯曲时，横截面上只能有弯矩一个内力分量，轴力必须等于零。于是，应用积分的方法，由图 8-25，有

$$\int_A \sigma \mathrm{d}A = F_N = 0 \tag{8-26}$$

$$\int_A (\sigma \mathrm{d}A) y = -M_z \tag{8-27}$$

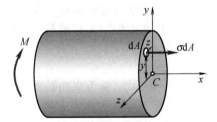

图 8-25 横截面上的正应力组成的内力分量

式 (8-27)中的负号表示坐标 y 为正值的微面积 $\mathrm{d}A$ 上的力对 z 轴之矩为负值；M_z 为作用在加载平面内的弯矩，可由截面法求得。

将式(8-25)代入式(8-27)，得到

$$\int_A \left(-\frac{E}{\rho} y \mathrm{d}A\right) y = -\frac{E}{\rho} \int_A y^2 \mathrm{d}A = -M_z$$

根据截面惯性矩的定义，式中的积分就是梁的横截面对于 z 轴的惯性矩，即

$$\int_A y^2 \mathrm{d}A = I_z$$

代入上式后，得到

$$\frac{1}{\rho} = \frac{M_z}{EI_z} \tag{8-28}$$

其中，EI_z 称为**弯曲刚度**(bending rigidity)。因为 ρ 为中性层的曲率半径，所以上式就是中

性层的曲率与横截面上的弯矩以及弯曲刚度的关系式。

再将式(8-28)代入式(8-25),最后得到弯曲时梁横截面上的正应力的计算公式

$$\sigma = -\frac{M_z y}{I_z} \tag{8-29}$$

式中,弯矩 M_z 由截面法平衡求得;截面对于中性轴的惯性矩 I_z 既与截面的形状有关,又与截面的尺寸有关。

4. 中性轴的位置

为了利用公式(8-29)计算梁弯曲时横截面上的正应力,还需要确定中性轴的位置。

将式(8-25)代入静力方程(8-26),有

$$\int_A -\frac{E}{\rho} y \mathrm{d}A = -\frac{E}{\rho}\int_A y \mathrm{d}A = 0$$

根据截面的静矩定义,式中的积分即为横截面面积对于 z 轴的静矩 S_z。又因为 $\frac{E}{\rho} \neq 0$,静矩必须等于零,即

$$S_z = \int_A y \mathrm{d}A = 0$$

在前面讨论静矩与截面形心之间的关系时已经知道截面对于某一轴的静矩如果等于零,这一轴一定通过截面的形心。在设置坐标系时,已经指定 z 轴与中性轴重合,因此,这一结果表明,在平面弯曲的情形下,中性轴 z 通过截面形心,从而确定了中性轴的位置。

5. 最大正应力公式与弯曲截面模量

工程上最感兴趣的是横截面上的最大正应力,也就是横截面上到中性轴最远处点上的正应力。这些点的 y 坐标值最大,即 $y = y_{\max}$。将 $y = y_{\max}$ 代入正应力公式(8-29)得到

$$\sigma_{\max} = \frac{M_z y_{\max}}{I_z} = \frac{M_z}{W_z} \tag{8-30}$$

其中 $W_z = I_z / y_{\max}$,称为弯曲截面模量,单位是 mm^3 或 m^3。

对于宽度为 b、高度为 h 的矩形截面:

$$W_z = \frac{bh^2}{6} \tag{8-31}$$

对于直径为 d 的圆截面:

$$W_z = W_y = W = \frac{\pi d^3}{32} \tag{8-32}$$

对于外径为 D、内径为 d 的圆环截面:

$$W_z = W_y = W = \frac{\pi D^3}{32}(1 - \alpha^4), \quad \alpha = \frac{d}{D} \tag{8-33}$$

对于轧制型钢(工字型钢等),弯曲截面模量 W 可直接从型钢表中查得。

8.3.3 梁的弯曲正应力公式的应用与推广

1. 计算梁的弯曲正应力需要注意的几个问题

计算梁弯曲时横截面上的最大正应力,应注意以下几点:

首先，关于正应力正负号，即确定正应力是拉应力还是压应力。确定正应力正负号比较简单的方法是首先确定横截面上弯矩的实际方向，确定中性轴的位置；然后根据所要求应力的那一点的位置，以及"弯矩是由分布正应力组成的合力偶矩"这一关系，就可以确定这一点的正应力是拉应力还是压应力(图 8-26)。

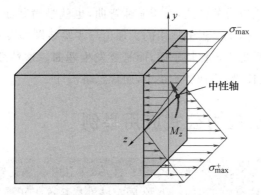

图 8-26 根据弯矩的实际方向确定正应力的正负号

其次是，关于最大正应力计算。如果梁的横截面具有一对相互垂直的对称轴，并且加载方向与其中一根对称轴一致时，则中性轴与另一对称轴一致。此时最大拉应力与最大压应力绝对值相等，由公式(8-30)计算。

如果梁的横截面只有一根对称轴，而且加载方向与对称轴一致，则中性轴过截面形心并垂直对称轴。这时，横截面上最大拉应力与最大压应力绝对值不相等，可由下列式(8-34)分别计算：

$$\left.\begin{array}{l}\sigma_{\max}^{+} = \dfrac{M_z y_{\max}^{+}}{I_z} \quad (拉) \\ \sigma_{\max}^{-} = \dfrac{M_z y_{\max}^{-}}{I_z} \quad (压) \end{array}\right\} \tag{8-34}$$

其中，$y_{\max}^{+}$ 为截面受拉一侧离中性轴最远各点到中性轴的距离；$y_{\max}^{-}$ 为截面受压一侧离中性轴最远各点到中性轴的距离(图 8-27)。实际计算中，可以不注明应力的正负号，只要在计算结果的后面用括号注明"拉"或"压"。

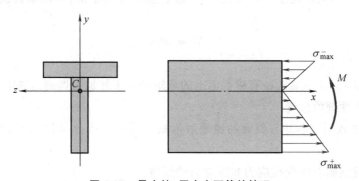

图 8-27 最大拉、压应力不等的情况

此外，还要注意的是，某一个横截面上的最大正应力不一定就是梁内的最大正应力，应该首先判断可能产生最大正应力的那些截面，这些截面称为危险截面；然后比较所有危险截

面上的最大正应力,其中最大者才是梁内横截面上的最大正应力。保证梁安全工作而不发生破坏,最重要的就是保证这种最大正应力不得超过允许的数值。

2. 纯弯曲正应力可以推广到横向弯曲

以上有关纯弯曲的正应力的公式,对于非纯弯曲,也就是横截面上除了弯矩之外,还有剪力的情形,如果是细长杆,也是近似适用的。理论与实验结果都表明,由于剪应力的存在,梁的横截面在梁变形之后将不再保持平面,而是要发生翘曲。这种翘曲对正应力的分布将产生影响。但是,对于细长梁,这种影响很小,通常忽略不计。

8.4 平面弯曲正应力公式应用举例

【例题 8-3】 图 8-28(a)中的矩形截面悬臂梁,梁在自由端承受外力偶作用,力偶矩为 M_e,力偶作用在铅垂对称面内。试画出梁在固定端处横截面上正应力分布图。

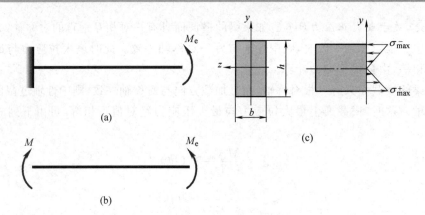

图 8-28 例题 8-3 图

解:(1)确定固定端处横截面上的弯矩

根据梁的受力,从固定端处将梁截开,考虑右边部分的平衡,可以求得固定端处梁截面上的弯矩:

$$M = M_e$$

方向如图 8-28(b)所示。

读者不难证明,这一梁的所有横截面上的弯矩都等于外加力偶的力偶矩 M_e。

(2)确定中性轴的位置

中性轴通过截面形心并与截面的铅垂对称轴 y 垂直。因此,图 8-28(c)中的 z 轴就是中性轴。

(3)判断横截面上承受拉应力和压应力的区域

根据弯矩的方向可判断横截面中性轴以上各点均受压应力,横截面中性轴以下各点均受拉应力。

(4) 画梁在固定端截面上正应力分布图

根据正应力公式,横截面上正应力沿截面高度 y 按直线分布。在上、下边缘正应力值最大。本例题中,上边缘承受最大压应力;下边缘承受最大拉应力。于是可以画出固定端截面上的正应力分布图,如图 8-28(c)所示。

【例题 8-4】 承受均布载荷的简支梁如图 8-29 所示。已知:梁的截面为矩形,矩形的宽度 $b=20$ mm,高度 $h=30$ mm;均布载荷集度 $q=10$ kN/m;梁的长度 $l=450$ mm。试求:梁最大弯矩截面上 1、2 两点处的正应力。

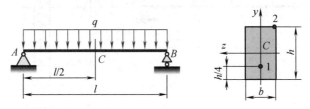

图 8-29 例题 8-4 图

解:(1) 确定弯矩最大截面以及最大弯矩数值

根据静力学平衡方程 $\sum M_A = 0$ 和 $\sum M_B = 0$,可以求得支座 A 和 B 处约束力分别为

$$F_{RA} = F_{RB} = \frac{ql}{2} = \frac{10 \times 10^3 \text{ N/m} \times 450 \times 10^{-3} \text{ m}}{2} = 2.25 \times 10^3 \text{ N}$$

根据第 5 章中类似的例题分析,已经知道梁的中点处横截面上弯矩最大,数值为

$$M_{max} = \frac{ql^2}{8} = \frac{10 \times 10^3 \text{ N/m} \times (450 \times 10^{-3} \text{ m})^2}{8} = 0.253 \times 10^3 \text{ N·m}$$

(2) 计算横截面对中性轴惯性矩

根据矩形截面惯性矩的公式(8-16)的第 2 式,本例题中,梁横截面对 z 轴的惯性矩

$$I_z = \frac{bh^3}{12} = \frac{20 \times 10^{-3} \text{ m} \times (30 \times 10^{-3} \text{ m})^3}{12} = 4.5 \times 10^{-8} \text{ m}^4$$

(3) 求弯矩最大截面上 1、2 两点的正应力

均布载荷作用在纵向对称面内,因此横截面的水平对称轴 z 就是中性轴。根据弯矩最大截面上弯矩的方向,可以判断出:1 点受拉应力,2 点受压应力。

1、2 两点到中性轴的距离分别为

$$y_1 = \frac{h}{2} - \frac{h}{4} = \frac{h}{4} = \frac{30 \times 10^{-3} \text{ m}}{4} = 7.5 \times 10^{-3} \text{ m}$$

$$y_2 = \frac{h}{2} = \frac{30 \times 10^{-3} \text{ m}}{2} = 15 \times 10^{-3} \text{ m}$$

于是弯矩最大截面上,1、2 两点的正应力分别为

$$\sigma(1) = \frac{M_{max} y_1}{I_z} = \frac{0.253 \times 10^3 \text{ N·m} \times 7.5 \times 10^{-3} \text{ m}}{4.5 \times 10^{-8} \text{ m}^4} = 0.422 \times 10^8 \text{ Pa}$$
$$= 42.2 \text{ MPa} \quad (拉)$$

$$\sigma(2) = \frac{M_{max} y_2}{I_z} = \frac{0.253 \times 10^3 \text{ N·m} \times 15 \times 10^{-3} \text{ m}}{4.5 \times 10^{-8} \text{ m}^4} = 0.843 \times 10^8 \text{ Pa}$$
$$= 84.3 \text{ MPa} \quad (压)$$

【例题 8-5】 图 8-30(a)中所示 T 形截面简支梁在中点作用有集中力 $F_P = 32$ kN,梁的长度 $l = 2$ m。T 形截面的形心坐标 $y_C = 96.4$ mm,横截面对于 z 轴的惯性矩 $I_z = 1.02 \times 10^8$ mm^4。试求:弯矩最大截面上的最大拉应力和最大压应力。

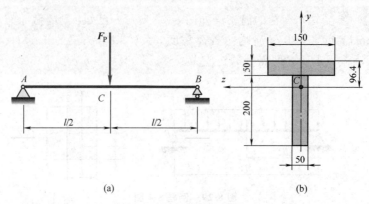

图 8-30 例题 8-5 图

解:(1) 确定弯矩最大截面以及最大弯矩数值

根据静力学平衡方程 $\sum M_A = 0$ 和 $\sum M_B = 0$,可以求得支座 A 和 B 处的约束力分别为

$$F_{RA} = F_{RB} = 16 \text{ kN}$$

根据内力分析,梁中点的截面上弯矩最大,数值为

$$M_{max} = \frac{F_P l}{4} = \frac{32 \text{ kN} \times 2 \text{ m}}{4} = 16 \text{ kN} \cdot \text{m}$$

(2) 确定中性轴的位置

T 形截面只有一根对称轴,而且载荷方向沿着对称轴方向,因此,中性轴通过截面形心并且垂直于对称轴,图 8-30(b)中的 z 轴就是中性轴。

(3) 确定最大拉应力和最大压应力作用点到中性轴的距离

根据中性轴的位置和中间截面上最大弯矩的实际方向,可以确定中性轴以上部分承受压应力;中性轴以下部分承受拉应力。最大拉应力作用点和最大压应力作用点分别为到中性轴最远的下边缘和上边缘上的各点。由图 8-30(b)所示截面尺寸,可以确定最大拉应力作用点和最大压应力作用点到中性轴的距离分别为

$$y_{max}^+ = 200 + 50 - 96.4 = 153.6 \text{ mm}, \quad y_{max}^- = 96.4 \text{ mm}$$

(4) 计算弯矩最大截面上的最大拉应力和最大压应力

应用公式(8-34),得到

$$\sigma_{max}^+ = \frac{M y_{max}^+}{I_z} = \frac{16 \times 10^3 \text{ N} \cdot \text{m} \times 153.6 \times 10^{-3} \text{ m}}{1.02 \times 10^8 \times (10^{-3})^4 \text{ m}^4} = 24.09 \times 10^6 \text{ Pa}$$

$$= 24.09 \text{ MPa} \quad (拉)$$

$$\sigma_{max}^- = \frac{M y_{max}^-}{I_z} = \frac{16 \times 10^3 \text{ N} \cdot \text{m} \times 96.4 \times 10^{-3} \text{ m}}{1.02 \times 10^8 \times (10^{-3})^4 \text{ m}^4} = 15.12 \times 10^6 \text{ Pa}$$

$$= 15.12 \text{ MPa} \quad (压)$$

8.5 梁的强度计算

8.5.1 基于最大正应力点的强度条件

与拉伸或压缩杆件失效类似,对于韧性材料制成的梁,当梁的危险截面上的最大正应力达到材料的屈服应力 σ_s 时,便认为梁发生失效;对于脆性材料制成的梁,当梁的危险截面上的最大正应力达到材料的强度极限 σ_b 时,便认为梁发生失效。即

$$\sigma_{\max} = \sigma_s \quad \text{(韧性材料)} \tag{8-35}$$

$$\sigma_{\max} = \sigma_b \quad \text{(脆性材料)} \tag{8-36}$$

这就是判断梁是否失效的准则。其中 σ_s 和 σ_b 都由拉伸实验确定。

与拉、压杆的强度设计相类似,工程设计中,为了保证梁具有足够的安全裕度,梁的危险截面上的最大正应力,必须小于许用应力,许用应力等于 σ_s 或 σ_b 除以一个大于1的安全因数。于是有

$$\sigma_{\max} \leqslant \frac{\sigma_s}{n_s} = [\sigma] \tag{8-37}$$

$$\sigma_{\max} \leqslant \frac{\sigma_b}{n_b} = [\sigma] \tag{8-38}$$

上述二式就是基于最大正应力的梁弯曲强度计算准则,又称为弯曲强度条件,式中,$[\sigma]$ 为弯曲许用应力;n_s 和 n_b 分别为对应于屈服强度和强度极限的安全因数。

根据上述强度条件,同样可以解决三类强度问题:强度校核、截面尺寸设计、确定许用载荷。

8.5.2 梁的弯曲强度计算步骤

根据梁的弯曲强度设计准则,进行弯曲强度计算的一般步骤为:

(1) 根据梁的约束性质,分析梁的受力,确定约束力。

(2) 画出梁的弯矩图;根据弯矩图,确定可能的危险截面。

(3) 根据应力分布和材料的拉伸与压缩强度性能是否相等,确定可能的危险点。对于拉、压强度相同的材料(如低碳钢等),最大拉应力作用点与最大压应力作用点具有相同的危险性,通常不加以区分;对于拉、压强度性能不同的材料(如铸铁等脆性材料),最大拉应力作用点和最大压应力作用点都有可能是危险点。

(4) 应用强度条件进行强度计算。对于拉伸和压缩强度相等的材料,应用强度条件(8-37)和(8-38);对于拉伸和压缩强度不相等的材料,强度条件(8-37)和(8-38)可以改写为

$$\sigma_{\max}^+ \leqslant [\sigma]^+ \tag{8-39}$$

$$\sigma_{\max}^- \leqslant [\sigma]^- \tag{8-40}$$

其中 $[\sigma]^+$ 和 $[\sigma]^-$ 分别称为拉伸许用应力和压缩许用应力

$$[\sigma]^+ = \frac{\sigma_b^+}{n_b} \tag{8-41}$$

$$[\sigma]^- = \frac{\sigma_b^-}{n_b} \tag{8-42}$$

式中，σ_b^+ 和 σ_b^- 分别为材料的拉伸强度极限和压缩强度极限。

【例题 8-6】 图 8-31(a)中的圆轴在 A、B 两处的滚珠轴承可以简化为铰链支座，轴的外伸部分 BD 是空心的。轴的直径和其余尺寸以及轴所承受的载荷都标在图中。这样的圆轴主要承受弯曲变形，因此，可以简化为外伸梁。已知拉伸和压缩的许用应力相等，即 $[\sigma]^+=[\sigma]^-=[\sigma]=120\text{ MPa}$，试分析圆轴的强度是否安全。

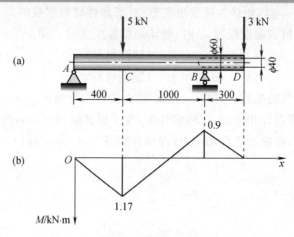

图 8-31 例题 8-6 图

解：(1) 确定约束力

A、B 两处都只有垂直方向的约束力 F_{RA}、F_{RB}，假设方向都向上。于是，由平衡方程 $\sum M_A=0$ 和 $\sum M_B=0$，求得

$$F_{RA}=2.93\text{ kN}, \quad F_{RB}=5.07\text{ kN}$$

(2) 画弯矩图，判断可能的危险截面

根据圆轴所承受的载荷和约束力，可以画出圆轴的弯矩图，如图 8-31(b)所示。根据弯矩图和圆轴的截面尺寸，在实心部分 C 截面处弯矩最大，为危险截面；在空心部分，轴承 B 右侧截面处弯矩最大，亦为危险截面。

$$M_C=1.17\text{ kN}\cdot\text{m}, \quad M_B=0.9\text{ kN}\cdot\text{m}$$

(3) 计算危险截面上的最大正应力

应用最大正应力公式(8-30)和圆截面以及圆环截面的弯曲截面模量公式(8-32)和(8-33)，可以计算危险截面上的应力。

C 截面上：

$$\sigma_{\max}=\frac{M}{W}=\frac{32M}{\pi D^3}=\frac{32\times1.17\times10^3\text{ N}\cdot\text{m}}{\pi\times(60\times10^{-3}\text{ m})^3}=55.2\times10^6\text{ Pa}=55.2\text{ MPa}$$

B 右侧截面上：

$$\sigma_{\max}=\frac{M}{W}=\frac{32M}{\pi D^3(1-\alpha^4)}=\frac{32\times0.9\times10^3\text{ N}\cdot\text{m}}{\pi\times(60\times10^{-3}\text{ m})^3\left[1-\left(\dfrac{40\text{ mm}}{60\text{ mm}}\right)^4\right]}$$

$$=52.9\times10^6\text{ Pa}=52.9\text{ MPa}$$

(4) 分析梁的强度是否安全

上述计算结果表明，两个危险截面上的最大正应力都小于许用应力$[\sigma]=120\text{ MPa}$。于是，满足强度条件，即

$$\sigma_{\max} < [\sigma]$$

因此，圆轴的强度是安全的。

【**例题 8-7**】 由铸铁制造的外伸梁，受力及横截面尺寸如图 8-32 所示，其中，z 轴为中性轴。已知铸铁的拉伸许用应力$[\sigma]^+=39.3\text{ MPa}$，压缩许用应力为$[\sigma]^-=58.8\text{ MPa}$，$I_z=7.65\times10^6\text{ mm}^4$。试校核该梁的正应力强度。

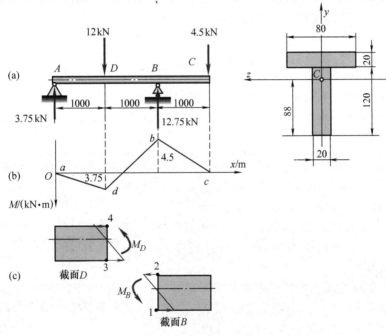

图 8-32 例题 8-7 图

解：因为梁的截面没有水平对称轴，所以其横截面上的最大拉应力与最大压应力不相等。同时，梁的材料为铸铁，其拉伸与压缩许用应力不等。因此，判断危险面位置时，除弯矩图外，还应考虑上述因素。

梁的弯矩图如图 8-32(b)所示。可以看出，截面 B 上弯矩绝对值最大，为可能的危险面之一。在截面 D 上，弯矩虽然比截面 B 上的小，但根据该截面上弯矩的实际方向，如图 8-32(c)所示，其上边缘各点受压应力，下边缘各点受拉应力，并且由于受拉边到中性轴的距离较大，拉应力也比较大，而材料的拉伸许用应力低于压缩许用应力，所以截面 D 也可能为危险面。现分别校核这两个截面的强度。

对于截面 B，弯矩为负值，其绝对值为

$$|M|=(4.5\times10^3\times1)\text{N}\cdot\text{m}=4.5\times10^3\text{ N}\cdot\text{m}=4.5\text{ kN}\cdot\text{m}$$

其方向如图 8-32(c)所示。由弯矩实际方向可以确定该截面上点 1 受压、点 2 受拉，应力值分别为

点 1：

$$\sigma^- = \frac{My_{\max}^-}{I_z} = \frac{4.5 \times 10^3 \times 88 \times 10^{-3}}{7.65 \times 10^{-6}} \text{Pa} = 51.8 \times 10^6 \text{ Pa} = 51.8 \text{ MPa} < [\sigma]^-$$

点 2：

$$\sigma^+ = \frac{My_{\max}^+}{I_z} = \frac{4.5 \times 10^3 \times 52 \times 10^{-3}}{7.65 \times 10^{-6}} \text{Pa} = 30.6 \times 10^6 \text{ Pa} = 30.6 \text{ MPa} < [\sigma]^+$$

因此，截面 B 的强度是安全的。

对于截面 D，其上的弯矩为正值，其值为

$$|M| = (3.75 \times 10^3 \times 1) \text{N} \cdot \text{m} = 3.75 \times 10^3 \text{ N} \cdot \text{m} = 3.75 \text{ kN} \cdot \text{m}$$

方向如图 8-32(c)所示。已经指出，点 3 受拉，点 4 受压，但点 4 的压应力要比截面 B 上点 1 的压应力小，所以只需校核点 3 的拉应力。

点 3：

$$\sigma^+ = \frac{My_{\max}^+}{I_z} = \frac{3.75 \times 10^3 \times 88 \times 10^{-3}}{7.65 \times 10^{-6}} \text{Pa} = 43.1 \times 10^6 \text{ Pa} = 43.1 \text{ MPa} > [\sigma]^+$$

因此，截面 D 的强度是不安全的，亦即该梁的强度不安全。

请读者思考：在不改变载荷大小及截面尺寸的前提下，可以采用什么办法，使该梁满足强度安全的要求？

【例题 8-8】 为了起吊重量为 $F_P = 300 \text{ kN}$ 的大型设备，采用一台最大起吊重量为 150 kN 和一台最大起吊重量为 200 kN 的吊车，以及一根工字形轧制型钢作为辅助梁，共同组成临时的附加悬挂系统，如图 8-33 所示。如果已知辅助梁的长度 $l = 4$ m，型钢材料的许用应力 $[\sigma] = 160$ MPa，试计算：

(1) F_P 加在辅助梁的什么位置，才能保证两台吊车都不超载？

(2) 辅助梁应该选择何种型号的工字钢？

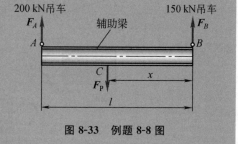

图 8-33 例题 8-8 图

解：(1) 确定 F_P 加在辅助梁的位置

F_P 加在辅助梁的不同位置上，两台吊车所承受的力是不相同的。假设 F_P 加在辅助梁的 C 点，这一点到 150 kN 吊车的距离为 x。将 F_P 看作主动力，两台吊车所受的力为约束力，分别用 F_A 和 F_B 表示。由平衡方程

$$\sum M_A = 0: \quad F_B l - F_P(l - x) = 0$$

$$\sum M_B = 0: \quad F_P x - F_A l = 0$$

解出

$$F_A = \frac{F_P x}{l}, \quad F_B = \frac{F_P(l - x)}{l}$$

因为 A 处和 B 处的约束力分别不能超过 200 kN 和 150 kN，故有

$$F_A = \frac{F_P x}{l} \leqslant 200 \text{ kN}, \quad F_B = \frac{F_P(l - x)}{l} \leqslant 150 \text{ kN}$$

由此解出

$$x \leqslant \frac{200 \text{ kN} \times 4 \text{ m}}{300 \text{ kN}} = 2.667 \text{ m} \quad \text{和} \quad x \geqslant 4 \text{ m} - \frac{150 \text{ kN} \times 4 \text{ m}}{300 \text{ kN}} = 2 \text{ m}$$

于是，得到 F_P 加在辅助梁上作用点的范围为

$$2 \text{ m} \leqslant x \leqslant 2.667 \text{ m}$$

（2）确定辅助梁所需要的工字钢型号

根据上述计算得到的 F_P 加在辅助梁上作用点的范围，当 $x = 2$ m 时，辅助梁在 B 点受力为 150 kN；当 $x = 2.667$ m 时，辅助梁在 A 点受力为 200 kN。

这两种情形下，辅助梁都在 F_P 作用点处弯矩最大，最大弯矩数值分别为

$$M_{\max}(A) = 200 \text{ kN} \times (l - 2.667) \text{m} = 200 \text{ kN} \times (4 - 2.667) \text{m} = 266.6 \text{ kN} \cdot \text{m}$$

$$M_{\max}(B) = 150 \text{ kN} \times 2 \text{ m} = 300 \text{ kN} \cdot \text{m}$$

$$M_{\max}(B) > M_{\max}(A)$$

因此，应该以 $M_{\max}(B)$ 作为强度计算的依据。于是，由强度条件

$$\sigma_{\max} = \frac{M_{\max}}{W_z} \leqslant [\sigma]$$

可以写出

$$\sigma_{\max} = \frac{M_{\max}(B)}{W_z} \leqslant 160 \text{ MPa}$$

由此，可以算出辅助梁所需要的弯曲截面模量：

$$W_z \geqslant \frac{M_{\max}(B)}{[\sigma]} = \frac{300 \times 10^3 \text{ N} \cdot \text{m}}{160 \times 10^6 \text{ Pa}} = 1.875 \times 10^{-3} \text{ m}^3 = 1.875 \times 10^3 \text{ cm}^3$$

由热轧普通工字钢型钢表中查得 50 a 和 50 b 工字钢的 W_z 分别为 1.860×10^3 cm^3 和 1.940×10^3 cm^3。如果选择 50 a 工字钢，它的弯曲截面模量 1.860×10^3 cm^3 比所需要的 1.875×10^3 cm^3 大约小

$$\frac{1.875 \times 10^3 \text{ cm}^3 - 1.860 \times 10^3 \text{ cm}^3}{1.875 \times 10^3 \text{ cm}^3} \times 100\% = 0.8\%$$

在一般的工程设计中最大正应力可以允许超过许用应力 5%，所以选择 50a 工字钢是可以的。但是，对于安全性要求很高的构件，最大正应力不允许超过许用应力，这时就需要选择 50b 工字钢。

8.6 斜弯曲

当外力施加在梁的对称面（或主轴平面）内时，梁将产生平面弯曲。若所有外力都作用在同一平面内，但是这一平面不是对称面（或主轴平面），如图 8-34(a)所示的情形，梁也将会产生弯曲，但不是平面弯曲，这种弯曲称为**斜弯曲**（skew bending）。还有一种情形也会产生斜弯曲，这就是所有外力都作用对称面（或主轴平面）内，但不是同一对称面（梁的截面具有两个或两个以上对称轴）或主轴平面内。图 8-34(b)所示之情形即为一例。

为了确定斜弯曲时梁横截面上的应力，在小变形的条件下，可以将斜弯曲分解成两个纵向对称面内（或主轴平面）的平面弯曲，然后将两个平面弯曲引起的同一点应力的代数值相加，便得到斜弯曲在该点的应力值。

以矩形截面为例，如图 8-35(a)所示，当梁的横截面上同时作用两个弯矩 M_y 和 M_z（二

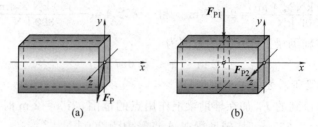

图 8-34 产生斜弯曲的受力方式

者分别作用在梁的两个不同对称面内)时,两个弯矩在同一点引起的正应力叠加后,得到如图 8-35(b)所示的应力分布图。由于两个弯矩引起的最大拉应力发生在同一点;最大压应力也发生在同一点,因此,叠加后,横截面上的最大拉应力和最大压应力必然发生在矩形截面的角点处。最大拉应力和最大压应力的值由下式确定:

$$\sigma_{\max}^{+} = \frac{M_y}{W_y} + \frac{M_z}{W_z} \tag{8-43a}$$

$$\sigma_{\max}^{-} = -\left(\frac{M_y}{W_y} + \frac{M_z}{W_z}\right) \tag{8-43b}$$

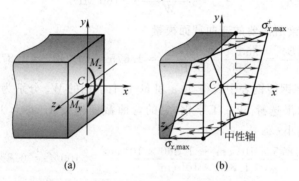

图 8-35 斜弯曲时梁横截面上的应力分布

上两式不仅对于矩形截面,对于槽形截面、工字形截面也是适用的。因为这些截面上由两个主轴平面内的弯矩引起的最大拉应力和最大压应力都发生在同一点。

对于圆截面,上述计算公式是不适用的。这是因为,两个对称面内的弯矩所引起的最大拉应力不发生在同一点,最大压应力也不发生在同一点。

对于圆截面,因为过形心的任意轴均为截面的对称轴,所以当横截面上同时作用有两个弯矩时,可以将弯矩用矢量表示,然后求二者的矢量和,这一合矢量仍然沿着横截面的对称轴分布,合弯矩的作用面仍然与对称面一致,所以平面弯曲的公式依然适用。于是,圆截面上的最大拉应力和最大压应力计算公式为

$$\sigma_{\max}^{+} = \frac{M}{W} = \frac{\sqrt{M_y^2 + M_z^2}}{W} \tag{8-44a}$$

$$\sigma_{\max}^{-} = -\frac{M}{W} = -\frac{\sqrt{M_y^2 + M_z^2}}{W} \tag{8-44b}$$

此外,还可以证明,斜弯曲情形下,横截面依然存在中性轴,而且中性轴一定通过横截面

的形心,但不垂直于加载方向,这是斜弯曲与平面弯曲的重要区别。

由于最大应力作用点,只有正应力作用,因此,斜弯曲时的强度条件与平面弯曲时完全相同,即式(8-37)或(8-38)依然适用,即

$$\sigma_{\max} \leqslant [\sigma]$$

【例题 8-9】 一般生产车间所用的吊车大梁,两端由钢轨支撑,可以简化为简支梁,如图 8-36 所示。图中 $l=4$ m。大梁由 32a 热轧普通工字钢制成,许用应力 $[\sigma]=160$ MPa。起吊的重物重量 $F_P=80$ kN,并且作用在梁的中点,作用线与 y 轴之间的夹角 $\alpha=5°$,试校核吊车大梁的强度。

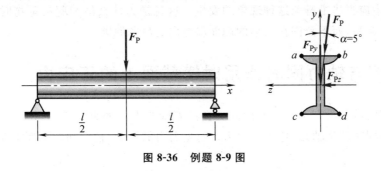

图 8-36 例题 8-9 图

解:(1) 将斜弯曲分解为两个平面弯曲的叠加

将 F_P 分解为 y 和 z 方向的两个分力 F_{Py} 和 F_{Pz},将斜弯曲分解为两个平面弯曲,分别如图 8-36 中所示。图中

$$F_{Py} = F_P \cos\alpha, \quad F_{Pz} = F_P \sin\alpha$$

(2) 求两个平面弯曲情形下的最大弯矩

根据前几节的例题所得到的结果,简支梁在中点受力的情形下,最大弯矩 $M_{\max}=F_P l/4$。将其中的 F_P 分别替换为 F_{Pz} 和 F_{Py},便得到两个平面弯曲情形下的最大弯矩:

$$M_{\max}(F_{Py}) = \frac{F_{Py}l}{4} = \frac{F_P l \cos\alpha}{4}$$

$$M_{\max}(F_{Pz}) = \frac{F_{Pz}l}{4} = \frac{F_P l \sin\alpha}{4}$$

(3) 计算两个平面弯曲情形下的最大正应力并校核其强度

在 $M_{\max}(F_{Py})$ 作用的截面上,边缘的角点 a、b 承受最大压应力;下边缘的角点 c、d 承受最大拉应力。

在 $M_{\max}(F_{Pz})$ 作用的截面上,角点 b、d 承受最大压应力;角点 a、c 承受最大拉应力。

两个平面弯曲叠加结果,角点 c 承受最大拉应力;角点 b 承受最大压应力。因此 b、c 两点都是危险点。这两点的最大正应力数值相等

$$|\sigma_{\max}(b,c)| = \frac{M_{\max}(F_{Pz})}{W_y} + \frac{M_{\max}(F_{Py})}{W_z} = \frac{F_P \sin\alpha \cdot l}{4W_y} + \frac{F_P \cos\alpha \cdot l}{4W_z}$$

其中,$l=4$ m,$F_P=80$ kN,$\alpha=5°$。另外从型钢表中可查到 32a 热轧普通工字钢的 $W_z=70.758$ cm³,$W_y=692.2$ cm³。将这些数据代入上式,得到

$$|\sigma_{\max}(b,c)| = \frac{80\times10^3 \text{ N} \times \sin5° \times 4 \text{ m}}{4\times70.758\times(10^{-2} \text{ m})^3} + \frac{80\times10^3 \text{ N} \times \cos5° \times 4 \text{ m}}{4\times692.2\times(10^{-2} \text{ m})^3}$$

$$= 98.5 \times 10^6 \text{ Pa} + 115.1 \times 10^6 \text{ Pa} = 213.6 \times 10^6 \text{ Pa}$$
$$= 213.6 \text{ MPa} > [\sigma]$$

因此,梁在斜弯曲情形下的强度是不安全的。

如果令上述计算中的 $\alpha=0$,也就是载荷 F_P 沿着 y 轴方向,这时产生平面弯曲,上述结果中的第一项变为 0。于是梁内的最大正应力数值为

$$\sigma_{\max} = \frac{80 \times 10^3 \text{ N} \times 4 \text{ m}}{4 \times 692.2 \times (10^{-2} \text{ m})^3} = 115.6 \times 10^6 \text{ Pa} = 115.6 \text{ MPa}$$

这一数值远远小于斜弯曲时的最大正应力。可见,载荷偏离对称轴 y 一个很小的角度,最大正应力就会有很大的增加(本例题中增加了 77.8%),这对于梁的强度是一种很大的威胁,实际工程中应当尽量避免这种现象的发生。这就是为什么吊车起吊重物时只能在吊车大梁垂直下方起吊,而不允许在大梁的侧面斜方向起吊的原因。

8.7 弯矩与轴力同时作用时横截面上的正应力

当杆件同时承受垂直于轴线的横向力和沿着轴线方向的纵向力时(图 8-37(a)),杆件的横截面上将同时产生轴力、弯矩和剪力。忽略剪力的影响,轴力和弯矩都将在横截面上产生正应力。

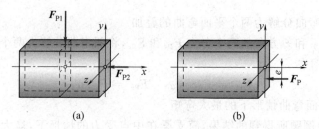

图 8-37 杆件横截面上同时产生轴力和弯矩的受力形式

此外,如果作用在杆件上的纵向力与杆件的轴线不一致,这种情形称为偏心加载。图 8-37(b)所示即为偏心加载的一种情形。这时,如果将纵向力向横截面的形心简化,同样,将在杆件的横截面上产生轴力和弯矩。

在梁的横截面上同时产生轴力和弯矩的情形下,根据轴力图和弯矩图,可以确定杆件的危险截面以及危险截面上的轴力 F_N 和弯矩 $M_{\max}$。

轴力 F_N 引起的正应力沿整个横截面均匀分布,轴力为正时,产生拉应力;轴力为负时,产生压应力,即

$$\sigma = \pm \frac{F_N}{A}$$

弯矩 $M_{\max}$ 引起的正应力沿横截面高度方向线性分布,即

$$\sigma = \frac{M_z y}{I_z} \quad \text{或} \quad \sigma = \frac{M_y z}{I_y}$$

应用叠加法,将二者分别引起的同一点的正应力求代数和,所得到的应力就是二者在同一点引起的总应力。

由于轴力 F_N 和弯矩 $M_{\max}$ 的方向有不同形式的组合,因此,横截面上的最大拉伸和压缩

正应力的计算式也不完全相同。例如，对于图 8-37(b)中的情形，有

$$\sigma_{\max}^+ = \frac{M}{W} - \frac{F_N}{A} \tag{8-45a}$$

$$\sigma_{\max}^- = -\left(\frac{F_N}{A} + \frac{M}{W}\right) \tag{8-45b}$$

式中，$M = F_P e$，e 为偏心距；A 为横截面面积。

最大正应力点的强度条件与弯曲时相同，即

$$\sigma_{\max} \leqslant [\sigma]$$

【例题 8-10】 图 8-38(a)中所示为钻床结构及其受力简图。钻床立柱为空心铸铁管，管的外径 $D = 140$ mm，内、外径之比 $d/D = 0.75$。铸铁的拉伸许用应力 $[\sigma]^+ = 35$ MPa，压缩许用应力 $[\sigma]^- = 90$ MPa。钻孔时钻头和工作台面的受力如图所示，其中 $F_P = 15$ kN，力 F_P 作用线与立柱轴线之间的距离（偏心距）$e = 400$ mm。试校核立柱的强度是否安全。

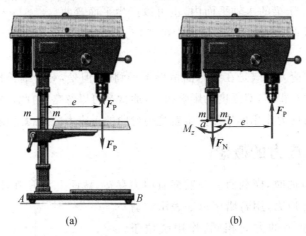

图 8-38 例题 8-10 图

解：(1) 确定立柱横截面上的内力分量

用假想截面 m—m 将立柱截开，以截开的上半部分为研究对象，如图 8-38(b)所示。由平衡条件得截面上的轴力和弯矩分别为

$$F_N = F_P = 15 \text{ kN}$$

$$M_z = F_P \times e = 15 \text{ kN} \times 400 \times 10^{-3} \text{ m} = 6 \text{ kN} \cdot \text{m}$$

(2) 确定危险截面并计算最大正应力

立柱在偏心力 F_P 作用下产生拉伸与弯曲组合变形。根据图 8-38(b)所示横截面上轴力 F_N 和弯矩 M_z 的实际方向可知，横截面上左、右两侧上的 b 点和 a 点分别承受最大拉应力和最大压应力，其值分别为

$$\sigma_{\max}^+ = \frac{M_z}{W} + \frac{F_N}{A} = \frac{F_P e}{\dfrac{\pi D^3(1-\alpha^4)}{32}} + \frac{F_P}{\dfrac{\pi(D^2-d^2)}{4}}$$

$$= \frac{32 \times 6 \times 10^3 \text{ N} \cdot \text{m}}{\pi(140 \times 10^{-3} \text{ m})^3(1-0.75^4)} + \frac{4 \times 15 \times 10^3 \text{ N}}{\pi[(140 \times 10^{-3} \text{ m})^2 - (0.75 \times 140 \times 10^{-3} \text{ m})^2]}$$

$$= 34.81 \times 10^6 \text{ Pa} = 34.81 \text{ MPa}$$

$$\sigma_{\max}^- = -\frac{M_z}{W} + \frac{F_N}{A}$$

$$= -\frac{32 \times 6 \times 10^3 \text{ N} \cdot \text{m}}{\pi(140 \times 10^{-3} \text{ m})^3(1-0.75^4)} + \frac{4 \times 15 \times 10^3 \text{ N}}{\pi[(140 \times 10^{-3} \text{ m})^2 - (0.75 \times 140 \times 10^{-3} \text{ m})^2]}$$

$$= -30.35 \times 10^6 \text{ Pa} = -30.35 \text{ MPa}$$

二者的数值都小于各自的许用应力值。这表明立柱的拉伸和压缩的强度都是安全的。

8.8 结论与讨论

8.8.1 关于弯曲正应力公式的应用条件

(1) 平面弯曲正应力公式只能应用于平面弯曲情形。对于截面有对称轴的梁，外加载荷的作用线必须位于梁的对称平面内，才能产生平面弯曲。对于没有对称轴截面的梁，外加载荷的作用线如果位于梁的主轴平面内，也可以产生平面弯曲。

(2) 只有在弹性范围内加载，横截面上的正应力才会线性分布，才能得到平面弯曲正应力公式。

(3) 平面弯曲正应力公式是在纯弯曲情形下得到的，但是，对于细长杆，由于剪力引起的剪应力比弯曲正应力小得多，对强度的影响很小，通常都可以忽略，由此，平面弯曲正应力公式也适用于横截面上有剪力作用的情形。也就是纯弯曲的正应力公式也适用于细长梁横弯曲。

8.8.2 弯曲剪应力的概念

当梁发生横向弯曲时，横截面上一般都有剪力存在，截面上与剪力对应的分布内力在各点的强弱程度称为剪应力，用希腊字母 τ 表示。剪应力的方向一般与剪力的方向相同，作用线位于横截面内，如图 8-39 所示。

弯曲剪应力在截面上的分布是不均匀的，分布状况与截面的形状有关，一般情形下，最大剪应力发生在横截面中性轴上的各点。

对于宽度为 b、高度为 h 的矩形截面，最大剪应力

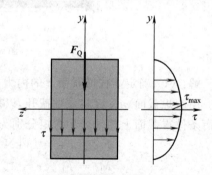

图 8-39 横弯曲时横截面上的剪应力

$$\tau_{\max} = \frac{3}{2}\frac{F_Q}{bh} \tag{8-46}$$

对于直径为 d 的圆截面，最大剪应力

$$\tau_{\max} = \frac{4}{3}\frac{F_Q}{A}, \quad A = \frac{\pi d^2}{4} \tag{8-47}$$

对于内径为 d、外径为 D 的空心圆截面，最大剪应力

$$\tau_{\max} = 2.0\frac{F_Q}{A}, \quad A = \frac{\pi(D^2 - d^2)}{4} \tag{8-48}$$

对于工字形截面,腹板上最大剪应力近似为

$$\tau_{\max} = \frac{F_Q}{A}$$

式中 A 为腹板面积,若为工字钢型钢,A 可从型钢表中查得。

8.8.3 关于截面的惯性矩

横截面对于某一轴的惯性矩,不仅与横截面的面积大小有关,而且还与这些面积到这一轴的距离的远近有关。同样的面积,到轴的距离远者,惯性矩大;到轴的距离近者,惯性矩小。为了使梁能够承受更大的力,我们当然希望截面的惯性矩越大越好。

对于图 8-40(a)中承受均布载荷的矩形截面简支梁,最大弯矩发生在梁的中点。如果需要在梁的中点开一个小孔,请读者分析:图 8-40(b)和(c)中的开孔方式,哪一种最合理?

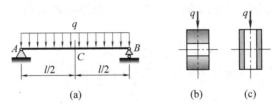

图 8-40 惯性矩与截面形状有关

8.8.4 关于中性轴的讨论

横截面上正应力为零的点组成的直线,称为**中性轴**。

平面弯曲中,根据横截面上轴力等于零的条件,由静力学方程

$$\int_A \sigma \mathrm{d}A = F_N = 0 \Rightarrow \int_A y \mathrm{d}A = S_z = 0$$

得到"中性轴通过截面形心"的结论。

【例题 8-11】承受相同弯矩 M_z 的三根直梁,其截面组成方式如图 8-41(a)、(b)、(c)所示。图 8-41(a)中的截面为一整体;图 8-41(b)中的截面由两矩形截面并列而成(未粘接);图 8-41(c)中的截面由两矩形截面上下叠合而成(未粘接)。三根梁中的最大正应力分别为 $\sigma_{\max}(a)$、$\sigma_{\max}(b)$、$\sigma_{\max}(c)$。关于三者之间的关系有四种答案,试判断哪一种是正确的。

(A) $\sigma_{\max}(a) < \sigma_{\max}(b) < \sigma_{\max}(c)$;　　(B) $\sigma_{\max}(a) = \sigma_{\max}(b) < \sigma_{\max}(c)$;
(C) $\sigma_{\max}(a) < \sigma_{\max}(b) = \sigma_{\max}(c)$;　　(D) $\sigma_{\max}(a) = \sigma_{\max}(b) = \sigma_{\max}(c)$。

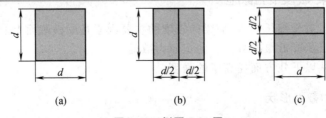

图 8-41 例题 8-11 图

解：对于图 8-41(a)的情形，中性轴通过横截面形心，如图 8-42(a)所示。应用平面弯曲公式，得到横截面上的最大正应力：

$$\sigma_{\max}(a) = \frac{M_z}{\dfrac{d^3}{6}} = \frac{6M_z}{d^3} \tag{a}$$

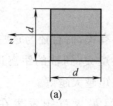
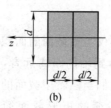
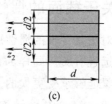

图 8-42　例题 8-11 解答图

对于图 8-41(b)的情形，这时两根梁相互独立地发生弯曲，每根梁承受的弯矩为 $M_z/2$，而且有各自的中性轴，如图 8-42(b)所示。于是，应用平面弯曲公式，得到这时横截面上的最大正应力为

$$\sigma_{\max}(b) = \frac{\dfrac{M_z}{2}}{\dfrac{d}{2} \cdot \dfrac{d^3}{12}} \cdot \frac{d}{2} = \frac{6M_z}{d^3} \tag{b}$$

对于图 8-41(c)的情形，这时两根梁也是相互独立地发生弯曲，每根梁承受的弯矩为 $M_z/2$，而且也有各自的中性轴，但与图 8-41(b)的情形不同，如图 8-42(c)所示。于是，应用平面弯曲公式，得到这时横截面上的最大正应力为

$$\sigma_{\max}(c) = \frac{\dfrac{M_z}{2}}{\dfrac{d\left(\dfrac{d}{2}\right)^3}{12}} \cdot \frac{d}{4} = \frac{12M_z}{d^3} \tag{c}$$

比较(a)、(b)、(c)三式，可以看出答案(B)是正确的。

对于斜弯曲，读者也可以证明，其中性轴通过也必然通过截面形心。

对于既有轴力，又有弯矩作用的情形，有没有中性轴以及中性轴的位置在哪里？关于这一问题，现在有以下几种答案，请判断哪一种是正确的。

(A) 中性轴不一定在截面内，而且也不一定通过截面形心；
(B) 中性轴只能在截面内，并且必须通过截面形心；
(C) 中性轴只能在截面内，但不一定通过截面形心；
(D) 中性轴不一定在截面内，而且一定不通过截面形心。

8.8.5　提高梁强度的措施

前面已经讲到，对于细长梁，影响梁的强度的主要因素是梁横截面上的正应力，因此，提高梁的强度，就是设法降低梁横截面上的正应力数值。

工程上，主要从以下几方面提高梁的强度。

1. 选择合理的截面形状

平面弯曲时，梁横截面上的正应力沿着高度方向线性分布，离中性轴越远的点，正应力越大,中性轴附近的各点正应力很小。当离中性轴最远点上的正应力达到许用应力值时,中性轴附近的各点的正应力还远小于许用应力值。因此,可以认为,横截面上中性轴附近的材料没有被充分利用。为了使这部分材料得到充分利用,在不破坏截面整体性的前提下,可以将横截面上中性轴附近的材料移到距离中性轴较远处,从而形成"合理截面"。如工程结构中常用的空心截面和各种各样的薄壁截面(工字形、槽形、箱形截面等)。

根据最大弯曲正应力公式 $\sigma_{\max}=\dfrac{M_{\max}}{W}$,为了使 $\sigma_{\max}$ 尽可能地小,必须使 W 尽可能地大。但是,梁的横截面面积有可能随着 W 的增加而增加,这意味着要增加材料的消耗。能不能使 W 增加,而横截面积不增加或少增加? 当然是可能的。这就是采用合理截面,使横截面的 W/A 数值尽可能大。W/A 数值与截面的形状有关。表 8-1 中列出了常见截面的 W/A 数值。

表 8-1 常见截面的 W/A 数值

截面形状	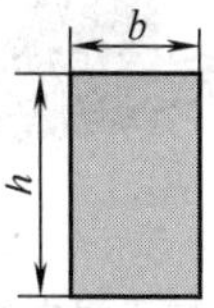	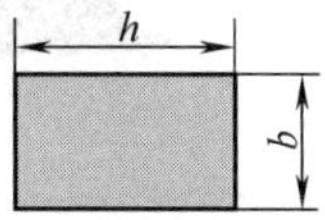	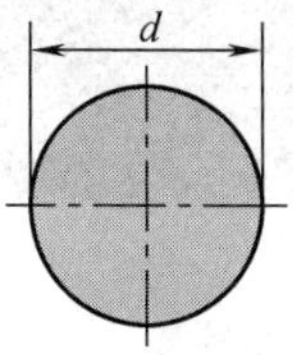	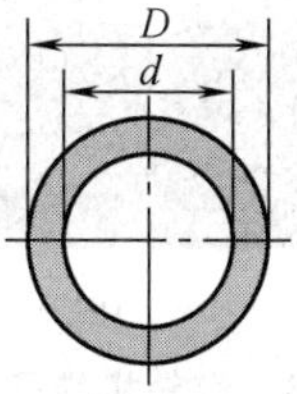	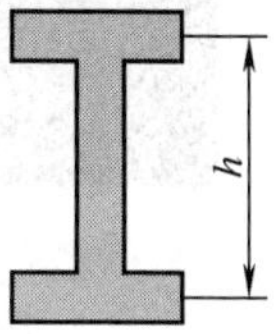
W/A	$0.167h$	$0.167b$	$0.125d$	$0.205D$	$(0.29\sim0.31)h$

以宽度为 b、高度为 h 的矩形截面为例,当横截面竖直放置,而且载荷作用在竖直对称面内时,$W/A=0.167h$;当横截面横向放置,而且载荷作用在短轴对称面内时,$W/A=0.167b$。如果 $h/b=2$,则截面竖直放置时的 W/A 值是截面横向放置时的 2 倍。显然,矩形截面梁竖直放置比较合理。

2. 采用变截面梁或等截面梁

弯曲强度计算是保证梁的危险截面上的最大正应力必须满足强度条件

$$\sigma_{\max}=\dfrac{M_{\max}}{W}\leqslant [\sigma]$$

大多数情形下,梁上只有一个或者少数几个截面上的弯矩得到最大值,也就是说只有极少数截面是危险截面。当危险截面上的最大正应力达到许用应力值时,其他大多数截面上的最大正应力还没有达到许用应力值,有的甚至远没有达到许用应力值。这些截面处的材料同样没有被充分利用。

为了合理地利用材料,减轻结构重量,很多工程构件都设计成变截面的,弯矩大的地方截面大一些,弯矩小的地方截面也小一些。例如火力发电系统中的汽轮机转子(图 8-43(a)),即采用阶梯轴(图 8-43(b))。

在机械工程与土木工程中所采用的变截面梁,与阶梯轴也有类似之处,即达到减轻结构重量、节省材料、降低成本的目的。图 8-44 中为大型悬臂钻床的变截面悬臂。

图 8-45(a)所示为旋转楼梯中的变截面梁;图 8-45(b)中为高架桥中的变截面梁。

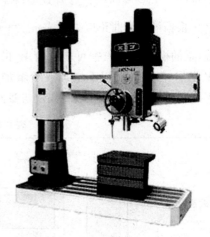

图 8-43　汽轮机转子及其阶梯轴　　　　　图 8-44　机械工程中的变截面梁

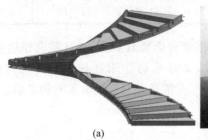

图 8-45　土木工程中的变截面梁

如果使每一个截面上的最大正应力都正好等于材料的许用应力，这样设计出的梁就是"等强度梁"。图 8-46 中所示为高速公路高架段所采用的空心鱼腹梁，就是一种等强度梁。这种结构使材料得到充分利用。

图 8-46　高速公路高架段的空心鱼腹梁

3. 改善受力状况

改善梁的受力状况,一是改变加载方式;二是调整梁的约束。这些都可以减小梁上的最大弯矩数值。

改变加载方式,主要是将作用在梁上的一个集中力用分布力或者几个比较小的集中力代替。例如图 8-47(a)中在梁的中点承受集中力的简支梁,最大弯矩 $M_{\max}=F_{\mathrm{P}}l/4$。如果将集中力变为梁的全长上均匀分布的载荷,载荷集度 $q=F_{\mathrm{P}}/l$,如图 8-47(b)所示,这时,梁上的最大弯矩变为

$$M_{\max} = \frac{ql^2}{8} = \frac{\frac{F_{\mathrm{P}}}{l}l^2}{8} = \frac{F_{\mathrm{P}}l}{8}$$

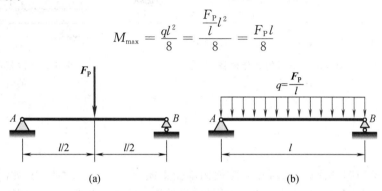

图 8-47 改善受力状况提高梁的强度

在主梁上增加辅助梁(图 8-48),改变受力方式,也可以达到减小最大弯矩、提高梁的强度的目的。

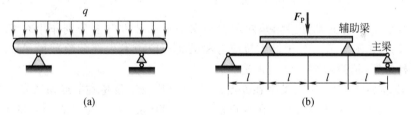

图 8-48 增加辅助梁提高主梁的强度

此外,在某些允许的情形下,改变加力点的位置,使其靠近支座,也可以使梁内的最大弯矩有明显的降低。如图 8-49 中的齿轮轴,齿轮靠近支座时的最大弯矩要比齿轮放在中间时小得多。

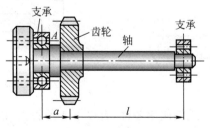

图 8-49 改变加力点位置减小最大弯矩

调整梁的约束,主要是改变支座的位置,降低梁上的最大弯矩数值。如图 8-50(a)中承

受均布载荷的简支梁,最大弯矩 $M_{max}=ql^2/8$。如果将支座向中间移动 $0.2l$,如图 8-50(b) 所示,这时,梁内的最大弯矩变为 $M_{max}=ql^2/40$。但是,随着支座向梁的中点移动,梁中间截面上的弯矩逐渐减小,而支座处截面上的弯矩却逐渐增大。支座最合理的位置是使梁的中间截面上的弯矩正好等于支座处截面上的弯矩。

图 8-51 中所示之静置压力容器的支承就是出于这种考虑。

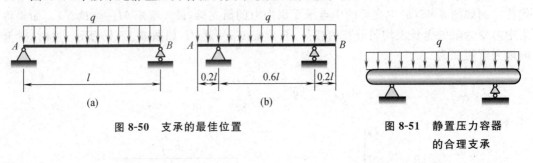

图 8-50 支承的最佳位置　　　　　　　图 8-51 静置压力容器的合理支承

习题

8-1 直径为 d 的圆截面梁,两端在对称面内承受力偶矩为 M 的力偶作用,如图所示。若已知变形后中性层的曲率半径为 ρ;材料的弹性模量为 E。根据 d、ρ、E 可以求得梁所承受的力偶矩 M。现在有 4 种答案,请判断哪一种是正确的。

正确答案是＿＿＿＿。

(A) $M=\dfrac{E\pi d^4}{64\rho}$;　　(B) $M=\dfrac{64\rho}{E\pi d^4}$;　　(C) $M=\dfrac{E\pi d^3}{32\rho}$;　　(D) $M=\dfrac{32\rho}{E\pi d^3}$。

8-2 矩形截面梁在截面 B 处沿铅垂对称轴和水平对称轴方向上分别作用有 F_{P1} 和 F_{P2},且 $F_{P1}=F_{P2}$,如图所示。关于最大拉应力和最大压应力发生在危险截面 A 的哪些点上,有 4 种答案,请判断哪一种是正确的。

(A) σ_{max}^{+} 发生在 a 点,σ_{max}^{-} 发生在 b 点;　　(B) σ_{max}^{+} 发生在 c 点,σ_{max}^{-} 发生在 d 点;
(C) σ_{max}^{+} 发生在 b 点,σ_{max}^{-} 发生在 a 点;　　(D) σ_{max}^{+} 发生在 d 点,σ_{max}^{-} 发生在 b 点

正确答案是＿＿＿＿。

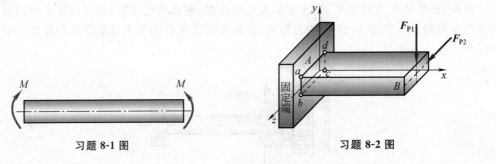

习题 8-1 图　　　　　　　习题 8-2 图

8-3 关于平面弯曲正应力公式的应用条件,有以下 4 种答案,请判断哪一种是正确的。
(A) 细长梁、弹性范围内加载;
(B) 弹性范围内加载、载荷加在对称面或主轴平面内;
(C) 细长梁、弹性范围内加载、载荷加在对称面或主轴平面内;

(D) 细长梁、载荷加在对称面或主轴平面内。

正确答案是_____。

8-4 长度相同、承受同样的均布载荷 q 作用的梁,有图中所示的 4 种支承方式,如果从梁的强度考虑,请判断哪一种支承方式最合理。

正确答案是_____。

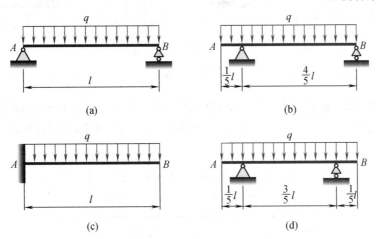

习题 8-4 图

8-5 悬臂梁受力及截面尺寸如图所示。图中的尺寸单位为 mm。试求:梁的 1—1 截面上 A、B 两点的正应力。

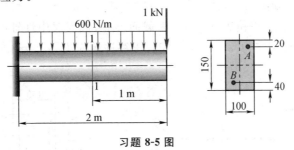

习题 8-5 图

8-6 加热炉炉前机械操作装置如图所示,图中的尺寸单位为 mm。其操作臂由两根无缝钢管所组成。外伸端装有夹具,夹具与所夹持钢料的总重 $F_P = 2200$ N,平均分配到两根钢管上。试求:梁内最大正应力(不考虑钢管自重)。

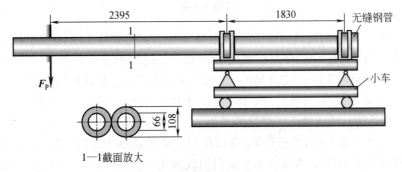

习题 8-6 图

8-7 图示矩形截面简支梁,承受均布载荷 q 的作用。若已知 $q=2$ kN/m,$l=3$ m,$h=2b=240$ mm。试求:截面竖放(图(b))和横放(图(c))时梁内的最大正应力,并加以比较。

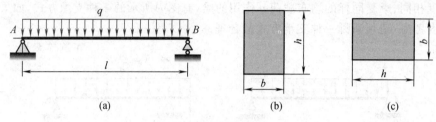

习题 8-7 图

8-8 圆截面外伸梁,其外伸部分是空心的,梁的受力与尺寸如图所示。图中尺寸单位为 mm。已知 $F_P=10$ kN,$q=5$ kN/m,许用应力 $[\sigma]=140$ MPa,试校核梁的弯曲强度。

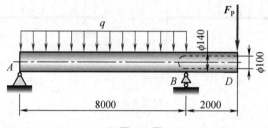

习题 8-8 图

8-9 悬臂梁 AB 受力如图所示,其中 $F_P=10$ kN,$M=70$ kN·m,$a=3$ m。梁横截面的形状及尺寸均示于图中(单位为 mm),C 为截面形心,截面对中性轴的惯性矩 $I_z=1.02\times 10^8$ mm^4,拉伸许用应力 $[\sigma]^+=40$ MPa,压缩许用应力 $[\sigma]^-=120$ MPa。试校核梁的弯曲强度是否安全。

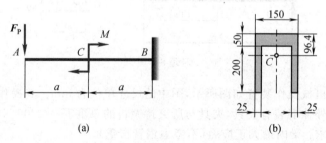

习题 8-9 图

8-10 由 No.10 号工字钢制成的 ABD 梁,左端 A 处为固定铰链支座,B 点处用铰链与钢制圆截面杆 BC 连接,BC 杆在 C 处用铰链悬挂。已知圆截面杆直径 $d=20$ mm,梁和杆的许用应力均为 $[\sigma]=160$ MPa,试求结构的许用均布载荷集度 $[q]$。

8-11 图示外伸梁承受集中载荷 F_P 作用,尺寸如图所示。已知 $F_P=20$ kN,许用应力 $[\sigma]=160$ MPa,试选择工字型钢的号码。

8-12 图示之 AB 为简支梁,当载荷 F_P 直接作用在梁的跨度中点时,梁内最大弯曲正应力超过许用应力 30%。为减小 AB 梁内的最大正应力,在 AB 梁上配置一辅助梁 CD,CD 也可以看作是简支梁。试求辅助梁的长度 a。

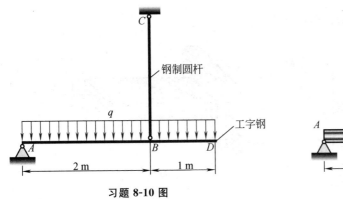

习题 8-10 图

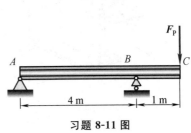

习题 8-11 图

*8-13 从圆木中锯成的矩形截面梁，受力及尺寸如图所示。试求下列两种情形下 h 与 b 的比值：（1）横截面上的最大正应力尽可能小；（2）曲率半径尽可能大。

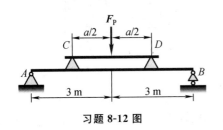

习题 8-12 图

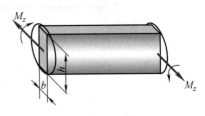

习题 8-13 图

*8-14 工字形截面钢梁，已知梁横截面上只承受弯矩一个内力分量，$M_z = 20$ kN·m，$I_z = 11.3 \times 10^6$ mm^4，其他尺寸示于图中（单位为 mm）。试求横截面中性轴以上部分分布力系沿 x 方向的合力。

8-15 根据杆件横截面正应力分析过程，中性轴在什么情形下才会通过截面形心？关于这一问题有以下 4 种答案，请分析哪一种是正确的。

(A) $M_y = 0$ 或 $M_z = 0$，$F_{Nx} \neq 0$；　　(B) $M_y = M_z = 0$，$F_{Nx} \neq 0$；

(C) $M_y = 0, M_z \neq 0, F_{Nx} \neq 0$；　　(D) $M_y \neq 0$ 或 $M_z \neq 0, F_{Nx} = 0$。

正确答案是_____。

8-16 关于斜弯曲的主要特征有以下 4 种答案，请判断哪一种是正确的。

(A) $M_y \neq 0, M_z \neq 0, F_{Nx} \neq 0$；中性轴与截面形心主轴不一致，且不通过截面形心；

(B) $M_y \neq 0, M_z \neq 0, F_{Nx} = 0$，中性轴与截面形心主轴不一致，但通过截面形心；

(C) $M_y \neq 0, M_z \neq 0, F_{Nx} = 0$，中性轴与截面形心主轴平行，但不通过截面形心；

(D) $M_y \neq 0, M_z \neq 0, F_{Nx} \neq 0$，中性轴与截面形心主轴平行，但不通过截面形心。

正确答案是_____。

8-17 矩形截面悬臂梁左端为固定端，受力如图所示，图中尺寸单位为 mm。若已知 $F_{P1} = 60$ kN，$F_{P2} = 4$ kN。试求：固定端处横截面上 A、B、C、D 四点的正应力。

8-18 图示悬臂梁中，集中力 F_{P1} 和 F_{P2} 分别作用在铅垂对称面和水平对称面内，并且垂直于梁的轴线，如图所示。已知 $F_{P1} = 1.6$ kN，$F_{P2} = 800$ N，$l = 1$ m，许用应力 $[\sigma] = 160$ MPa。试确定以下两种情形下梁的横截面尺寸：（1）截面为矩形，$h = 2b$；（2）截面为圆形。

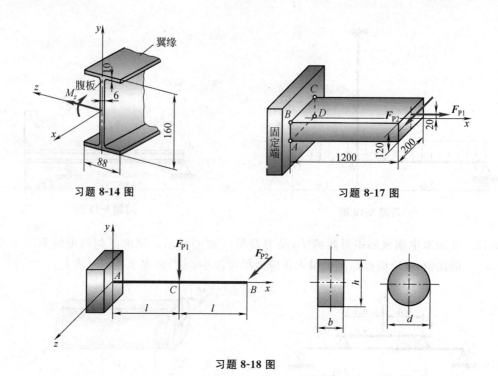

习题 8-14 图

习题 8-17 图

习题 8-18 图

8-19 旋转式起重机由工字梁 AB 及拉杆 BC 组成，A、B、C 三处均可以简化为铰链约束。已知起重荷载 $F_P = 22$ kN，$l = 2$ m。材料的 $[\sigma] = 100$ MPa。试选择梁 AB 的工字钢的号码。

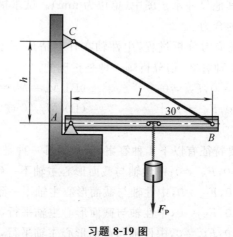

习题 8-19 图

8-20 试求图（a）和（b）中所示之二杆横截面上最大正应力及其比值。

8-21 正方形截面杆一端固定，另一端自由，中间部分开有切槽。杆自由端受有平行于杆轴线的纵向力 F_P。若已知 $F_P = 1$ kN，杆各部分尺寸如图中所示，单位为 mm。试求杆内横截面上的最大正应力，并指出其作用位置。

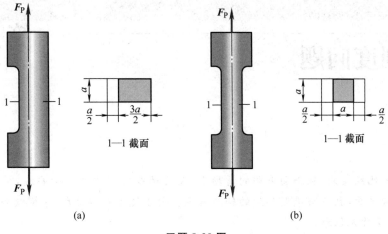

习题 8-20 图

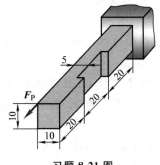

习题 8-21 图

第 9 章 弯曲刚度问题

第 8 章中已经提到,在平面弯曲的情形下,梁的轴线将弯曲成平面曲线,梁的横截面变形后依然保持平面,且仍与梁变形后的轴线垂直。由于发生弯曲变形,梁横截面的位置发生改变,这种改变称为位移。

位移是各部分变形累加的结果。位移与变形有着密切联系,但又有严格区别。有变形不一定处处有位移;有位移也不一定有变形。这是因为,杆件横截面的位移不仅与变形有关,而且还与杆件所受的约束有关。

在数学上,确定杆件横截面位移的过程主要是积分运算,积分常数则与约束条件和连续条件有关。

若材料的应力-应变关系满足胡克定律,且在弹性范围内加载,则位移(线位移或角位移)与力(力或力偶)之间均存在线性关系。因此,不同的力在同一处引起的同一种位移可以相互叠加。

本章将在分析变形与位移关系的基础上,建立确定梁位移的小挠度微分方程及其积分的概念,重点介绍工程上应用的叠加法以及梁的刚度条件。

9.1 基本概念

9.1.1 梁弯曲后的挠度曲线

梁在弯矩(M_y 或 M_z)的作用下发生弯曲变形,为叙述简便起见,以下讨论只有一个方向的弯矩作用的情形,并略去下标,只用 M 表示弯矩,所得到的结果适用于 M_y 或 M_z 单独作用的情形。

图 9-1(a)所示之梁,受力后将发生变形(图 9-1(b))。如果在弹性范围内加载,梁的轴线在梁弯曲后变成一连续光滑曲线,如图 9-1(c)所示。这一连续光滑曲线称为**弹性曲线**(elastic curve),或**挠度曲线**(deflection curve),简称**挠曲线**。

根据第 8 章所得到的结果,弹性范围内的挠度曲线在一点的曲率与这一点处横截面上的弯矩、弯曲刚度之间存在下列关系:

$$\frac{1}{\rho} = \frac{M}{EI} \tag{9-1}$$

其中,ρ、M 都是横截面位置 x 的函数,

$$\rho = \rho(x), \quad M = M(x)$$

式(9-1)中的 EI 为横截面的弯曲刚度,对于等截面梁 EI 为常量。

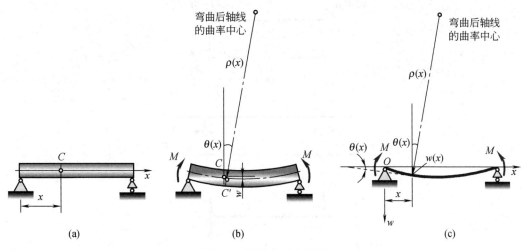

图 9-1 梁的变形和位移

9.1.2 梁的挠度与转角

根据图 9-1(b)所示之梁的变形状况,梁在弯曲变形后,横截面的位置将发生改变,这种位置的改变称为**位移**(displacement)。梁的位移包括三部分:

(1) 横截面形心处的垂直于变形前梁的轴线方向线位移,称为**挠度**(deflection),用 w 表示;

(2) 变形后的横截面相对于变形前位置绕中性轴转过的角度,称为**转角**(slope),用 θ 表示;

(3) 横截面形心沿变形前梁的轴线方向的线位移,称为**轴向位移**或**水平位移**(horizontal displacement),用 u 表示。

在小变形情形下,上述位移中,轴向位移 u 与挠度 w 相比为高阶小量,故通常不予考虑。

在图 9-1(c)所示 Oxw 坐标系中,挠度与转角存在下列关系:

$$\frac{\mathrm{d}w}{\mathrm{d}x} = \tan\theta \tag{9-2}$$

在小变形条件下,挠曲线较为平坦,即 θ 很小,上式中 $\tan\theta \approx \theta$。于是有

$$\frac{\mathrm{d}w}{\mathrm{d}x} = \theta \tag{9-3}$$

上述式(9-2)、式(9-3)中 $w=w(x)$,称为**挠度方程**(deflection equation)。

9.1.3 梁的位移与约束密切相关

图 9-2(a)、(b)、(c)所示三种承受弯曲的梁,在这三种情形下,AB 段各横截面都受有相同的弯矩($M=F_P a$)作用。

根据式(9-1),在上述三种情形下,AB 段梁的曲率($1/\rho$)处处对应相等,因而挠度曲线具有相同的形状。但是,在三种情形下,由于约束的不同,梁的位移则不完全相同。对于图 9-2(a)所示的无约束梁,因为其在空间的位置不确定,故无从确定其位移。

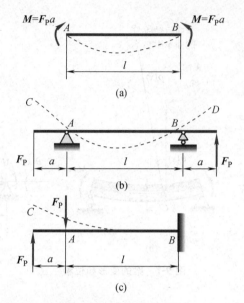

图 9-2 梁的位移与约束的关系

9.1.4 梁的位移分析的工程意义

工程设计中,对于结构或构件的弹性位移都有一定的限制。弹性位移过大,也会使结构或构件丧失正常功能,即发生刚度失效。

例如,图 9-3 中所示之机械传动机构中的齿轮轴,当变形过大时,两齿轮的啮合处将产生较大的挠度和转角,这不仅会影响两个齿轮之间的啮合,以致不能正常工作,而且还会加大齿轮磨损,同时将在转动的过程中产生很大的噪声;此外,当轴的变形很大时,轴在支承处也将产生较大的转角,从而使轴和轴承的磨损大大增加,降低轴和轴承的使用寿命。

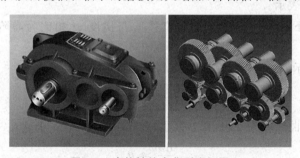

图 9-3 齿轮轴的弯曲刚度问题

风力发电机风轮的关键部件——叶片(图 9-4)在风载的作用下,如果没有足够的弯曲刚度,将会产生很大弯曲挠度,其结果将是很大的力撞在塔杆上,不仅叶片遭到彻底毁坏,而且会导致塔杆倒塌。

工程设计中还有另外一类问题,所考虑的不是限制构件的弹性位移,而是希望在构件不发生强度失效的前提下,尽量产生较大的弹性位移。例如,各种车辆中用于减振的板簧(图 9-5),都是采用厚度不大的板条叠合而成,采用这种结构,板簧既可以承受很大的力而不发生破坏,同时又能承受较大的弹性变形,吸收车辆受到振动和冲击时产生的动能,起到抗振和抗冲击的作用。

图 9-4 风力发电机叶片需要足够的弯曲刚度

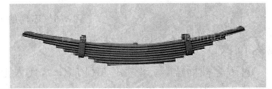
图 9-5 车辆中用于减振的板簧

此外，位移分析也是解决静不定问题与振动问题的基础。

9.2 小挠度微分方程及其积分

9.2.1 小挠度曲线微分方程

应用挠度曲线的曲率与弯矩和弯曲刚度之间的关系式(9-1)，以及数学中关于曲线的曲率公式：

$$\frac{1}{\rho} = \frac{\left|\dfrac{\mathrm{d}^2 w}{\mathrm{d}x^2}\right|}{\left[1+\left(\dfrac{\mathrm{d}w}{\mathrm{d}x}\right)^2\right]^{3/2}} \tag{9-4}$$

得到

$$\frac{\dfrac{\mathrm{d}^2 w}{\mathrm{d}x^2}}{\left[1+\left(\dfrac{\mathrm{d}w}{\mathrm{d}x}\right)^2\right]^{3/2}} = \pm \frac{M}{EI} \tag{9-5}$$

在小变形情形下，$\dfrac{\mathrm{d}w}{\mathrm{d}x} = \theta \ll 1$，上式将变为

$$\frac{\mathrm{d}^2 w}{\mathrm{d}x^2} = \pm \frac{M}{EI} \tag{9-6}$$

此式即为确定梁的挠度和转角的微分方程，称为**小挠度微分方程**(differential equation for small deflection)。式中的正、负号与坐标取向有关。

对于图 9-6(a)中所示之坐标系，弯矩与挠度的二阶导数同号，所以式(9-6)中取正号；对于图 9-6(b)中所示之坐标系，弯矩与挠度的二阶导数异号，所以式(9-6)中取负号。

本书采用 w 向下、x 向右的坐标系(图 9-6(b))，故有

$$\frac{\mathrm{d}^2 w}{\mathrm{d}x^2} = -\frac{M}{EI} \tag{9-7}$$

需要指出的是，剪力对梁的位移是有影响的。但是，对于细长梁，这种影响很小，因而常

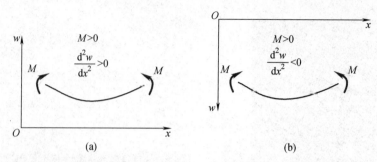

图 9-6 不同的 w 坐标取向

忽略不计。

对于等截面梁,写出弯矩方程 $M(x)$,代入上式后,分别对 x 作不定积分,得到包含积分常数的挠度方程与转角方程,即

$$\frac{dw}{dx} = -\int_l \frac{M(x)}{EI} dx + C \tag{9-8}$$

$$w = \int_l \left(-\int_l \frac{M(x)}{EI} dx \right) dx + Cx + D \tag{9-9}$$

其中 C、D 为积分常数。

9.2.2 积分常数的确定 约束条件与连续条件

积分法中出现的常数由梁的约束条件与连续条件确定。约束条件是指约束对于挠度和转角的限制:

(1) 在固定铰链支座和辊轴支座处,约束条件为挠度等于零,即 $w=0$;

(2) 在固定端处,约束条件为挠度和转角都等于零,即 $w=0$,$\theta=0$。

连续条件是指梁在弹性范围内加载,其轴线将弯曲成一条连续光滑曲线,因此,在集中力、集中力偶以及分布载荷间断处,两侧的挠度、转角对应相等,即 $w_1=w_2$,$\theta_1=\theta_2$。

上述方法称为**积分法**(integration method)。下面举例说明积分法的应用。

【例题 9-1】 承受集中载荷的简支梁,如图 9-7 所示。梁的弯曲刚度 EI、长度 l、载荷 F_P 等均为已知。试用积分法,求梁的挠度方程和转角方程,并计算加力点 B 处的挠度和支承 A 和 C 处截面的转角。

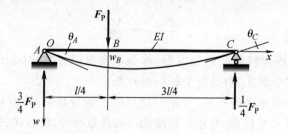

图 9-7 例题 9-1 图

解:(1) 确定梁约束力

首先,应用静力学平衡方法求得梁在支承 A、C 二处的约束力分别如图 9-7 所示。

(2) 分段建立梁的弯矩方程

因为 B 处作用有集中力 $\mathbf{F}_\mathrm{P}$,所以需要分成 AB 和 BC 两段建立弯矩方程。利用 5.3.3 节中介绍的方法得到 AB 和 BC 两段的弯矩方程分别为

AB 段
$$M_1(x) = \frac{3}{4}F_\mathrm{P} x \quad \left(0 \leqslant x \leqslant \frac{l}{4}\right) \tag{a}$$

BC 段
$$M_2(x) = \frac{3}{4}F_\mathrm{P} x - F_\mathrm{P}\left(x - \frac{l}{4}\right) \quad \left(\frac{l}{4} \leqslant x \leqslant l\right) \tag{b}$$

(3) 将弯矩方程表达式代入小挠度微分方程并分别积分

$$EI\frac{\mathrm{d}^2 w_1}{\mathrm{d}x^2} = -M_1(x) = -\frac{3}{4}F_\mathrm{P} x \quad \left(0 \leqslant x \leqslant \frac{l}{4}\right) \tag{c}$$

$$EI\frac{\mathrm{d}^2 w_2}{\mathrm{d}x^2} = -M_2(x) = -\frac{3}{4}F_\mathrm{P} x + F_\mathrm{P}\left(x - \frac{l}{4}\right) \quad \left(\frac{l}{4} \leqslant x \leqslant l\right) \tag{d}$$

将式(c)积分后,得

$$EI\theta_1 = -\frac{3}{8}F_\mathrm{P} x^2 + C_1 \tag{e}$$

$$EI w_1 = -\frac{1}{8}F_\mathrm{P} x^3 + C_1 x + D_1 \tag{f}$$

将式(d)积分后,得

$$EI\theta_2 = -\frac{3}{8}F_\mathrm{P} x^2 + \frac{1}{2}F_\mathrm{P}\left(x - \frac{l}{4}\right)^2 + C_2 \tag{g}$$

$$EI w_2 = -\frac{1}{8}F_\mathrm{P} x^3 + \frac{1}{6}F_\mathrm{P}\left(x - \frac{l}{4}\right)^3 + C_2 x + D_2 \tag{h}$$

其中,C_1、D_1、C_2、D_2 为积分常数,由支承处的约束条件和 AB 段与 BC 段梁交界处的连续条件确定。

(4) 利用约束条件和连续条件确定积分常数

在支座 A、C 两处挠度应为零,即

$$x = 0, \quad w_1 = 0 \tag{i}$$

$$x = l, \quad w_2 = 0 \tag{j}$$

因为梁弯曲后的轴线应为连续光滑曲线,所以 AB 段与 BC 段梁交界处的挠度和转角必须分别相等,即

$$x = l/4, \quad w_1 = w_2 \tag{k}$$

$$x = l/4, \quad \theta_1 = \theta_2 \tag{l}$$

将式(i)代入式(f),得

$$D_1 = 0$$

将式(l)代入式(e)、式(g),得到

$$C_1 = C_2$$

将式(k)代入式(f)、式(h),得到

$$D_1 = D_2$$

将式(j)代入式(h),有

$$0 = -\frac{1}{8}F_\mathrm{P} l^3 + \frac{1}{6}F_\mathrm{P}\left(l - \frac{l}{4}\right)^3 + C_2 l$$

从中解出

$$C_1 = C_2 = \frac{7}{128} F_P l^2$$

(5) 确定转角方程和挠度方程以及指定横截面的挠度与转角

将所得的积分常数代入式(e)~(h),得到梁的转角和挠度方程为

$$0 \leqslant x < \frac{l}{4} \quad \theta(x) = \frac{F_P}{EI}\left(-\frac{3}{8}x^2 + \frac{7}{128}l^2\right)$$

$$w(x) = \frac{F_P}{EI}\left(-\frac{1}{8}x^3 + \frac{7}{128}l^2 x\right)$$

$$\frac{l}{4} \leqslant x \leqslant l \quad \theta(x) = \frac{F_P}{EI}\left[-\frac{3}{8}x^2 + \frac{1}{2}\left(x - \frac{l}{4}\right)^2 + \frac{7}{128}l^2\right]$$

$$w(x) = \frac{F_P}{EI}\left[-\frac{1}{8}x^3 + \frac{1}{6}\left(x - \frac{l}{4}\right)^3 + \frac{7}{128}l^2 x\right]$$

据此,可以求得加力点 B 处的挠度和支承 A 和 C 处的转角分别为

$$w_B = \frac{3}{256}\frac{F_P l^3}{EI}, \quad \theta_A = \frac{7}{128}\frac{F_P l^2}{EI}, \quad \theta_C = -\frac{5}{128}\frac{F_P l^2}{EI}$$

9.3 工程中的叠加法

在很多的工程计算手册中,已将各种支承条件下的静定梁,在各种典型载荷作用下的挠度和转角表达式一一列出,简称为挠度表(参见表 9-1)。

基于杆件变形后其轴线为一光滑连续曲线和位移是杆件变形累加的结果这两个重要概念,以及在小变形条件下的力的独立作用原理,采用**叠加法**(superposition method),由现有的挠度表可以得到在很多复杂情形下梁的位移。

9.3.1 叠加法应用于多个载荷作用的情形

当梁上受有几种不同的载荷作用时,都可以将其分解为各种载荷单独作用的情形,由挠度表查得这些情形下的挠度和转角,再将所得结果叠加后,便得到几种载荷同时作用的结果。

【例题 9-2】 简支梁同时承受均布载荷 q、集中力 ql 和集中力偶 ql^2 作用,如图 9-8(a) 所示。梁的弯曲刚度为 EI。试用叠加法求梁中点的挠度和右端支座处横截面的转角。

解:(1) 将梁上的载荷分解为三种简单载荷单独作用的情形

画出三种简单载荷单独作用时的挠度曲线大致形状,分别如图 9-8(b)、(c)、(d)所示。

(2) 应用挠度表确定三种情形下,梁中点的挠度与支承处 B 横截面的转角

应用表 9-1 中所列结果,求得上述三种情形下梁中点的挠度 $w_{Ci}(i=1,2,3)$ 分别为

$$\left. \begin{array}{l} w_{C1} = \dfrac{5}{384}\dfrac{ql^4}{EI} \\[4pt] w_{C2} = \dfrac{1}{48}\dfrac{ql^4}{EI} \\[4pt] w_{C3} = -\dfrac{1}{16}\dfrac{ql^4}{EI} \end{array} \right\} \quad (a)$$

表 9-1 梁的挠度和转角公式

荷载类型	转角	最大挠度	挠度方程
1. 悬臂梁　集中荷载作用在自由端	$\theta_B = \dfrac{F_P l^2}{2EI}$	$w_{max} = \dfrac{F_P l^3}{3EI}$	$w(x) = \dfrac{F_P x^2}{6EI}(3l - x)$
2. 悬臂梁　弯曲力偶作用在自由端	$\theta_B = \dfrac{Ml}{EI}$	$w_{max} = \dfrac{Ml^2}{2EI}$	$w(x) = \dfrac{Mx^2}{2EI}$
3. 悬臂梁　均匀分布荷载作用在梁上	$\theta_B = \dfrac{ql^3}{6EI}$	$w_{max} = \dfrac{ql^4}{8EI}$	$w(x) = \dfrac{qx^2}{24EI}(x^2 + 6l^2 - 4lx)$

续表

荷载类型	转角	最大挠度	挠度方程
4. 简支梁 集中荷载作用任意位置上	$\theta_A = -\dfrac{F_P b(l^2-b^2)}{6lEI}$ $\theta_B = -\dfrac{F_P ab(2l-b)}{6lEI}$	$w_{\max} = \dfrac{F_P b(l^2-b^2)^{3/2}}{9\sqrt{3}lEI}$ $\left(\text{在 } x = \sqrt{\dfrac{l^2-b^2}{3}} \text{ 处}\right)$	$w_1(x) = \dfrac{F_P bx}{6lEI}(l^2-x^2-b^2) \ (0\leqslant x\leqslant a)$ $w_2(x) = \dfrac{F_P b}{6lEI}\left[\dfrac{l}{b}(x-a)^3 + (l^2-b^2)x - x^3\right] \ (a\leqslant x\leqslant l)$
5. 简支梁 均匀分布荷载作用在梁上	$\theta_A = -\theta_B = \dfrac{ql^3}{24EI}$	$w_{\max} = \dfrac{5ql^4}{384EI}$	$w(x) = \dfrac{qx}{24EI}(l^3 - 2lx^2 + x^3)$
6. 简支梁 弯曲力偶作用在梁的一端	$\theta_A = \dfrac{Ml}{6EI}$ $\theta_B = -\dfrac{Ml}{3EI}$	$w_{\max} = \dfrac{Ml^2}{9\sqrt{3}EI}$ $\left(\text{在 } x = \dfrac{l}{\sqrt{3}} \text{ 处}\right)$	$w(x) = \dfrac{Mlx}{6EI}\left(1 - \dfrac{x^2}{l^2}\right)$

续表

荷载类型	转角	最大挠度	挠度方程
7. 简支梁 弯曲力偶作用在两支承间任意点	$\theta_A = -\dfrac{M}{6EIl}(l^2 - 3b^2)$ $\theta_B = \dfrac{M}{6EIl}(l^2 - 3a^2)$ $\theta_C = \dfrac{M}{6EIl}(3a^2 + 3b^2 - l^2)$	$w_{\max 1} = -\dfrac{M(l^2 - 3b^2)^{3/2}}{9\sqrt{3}EIl}$ (在 $x = \dfrac{1}{\sqrt{3}}\sqrt{l^2 - 3b^2}$ 处) $w_{\max 2} = \dfrac{M(l^2 - 3a^2)^{3/2}}{9\sqrt{3}EIl}$ (在 $x = \dfrac{1}{\sqrt{3}}\sqrt{l^2 - 3a^2}$ 处)	$w_1(x) = -\dfrac{Mx}{6EIl}(l^2 - 3b^2 - x^2)$ $(0 \leqslant x \leqslant a)$ $w_2(x) = \dfrac{M(l-x)}{6EIl}[l^2 - 3a^2 - (l-x)^2]$ $(a \leqslant x \leqslant l)$
8. 外伸梁 集中荷载作用在外伸臂端点	$\theta_A = -\dfrac{F_P al}{6EI}$ $\theta_B = \dfrac{F_P al}{3EI}$ $\theta_C = \dfrac{F_P a(2l + 3a)}{6EI}$	$w_{\max 1} = -\dfrac{F_P al^2}{9\sqrt{3}EI}$ (在 $x = l/\sqrt{3}$ 处) $w_{\max 2} = \dfrac{F_P a^2}{3EI}(a+l)$ (在自由端)	$w_1(x) = -\dfrac{F_P ax}{6EIl}(l^2 - x^2) \ (0 \leqslant x \leqslant l)$ $w_2(x) = \dfrac{F_P(l-x)}{6EI}[(x-l)^2 + a(l-3x)]$ $(l \leqslant x \leqslant l+a)$
9. 外伸梁 均布荷载作用在外伸臂上	$\theta_A = -\dfrac{qla^2}{12EI}$ $\theta_B = \dfrac{qla^2}{6EI}$	$w_{\max 1} = -\dfrac{ql^2 a^2}{18\sqrt{3}EI}$ (在 $x = l/\sqrt{3}$ 处) $w_{\max 2} = \dfrac{qa^3}{24EI}(3a + 4l)$ (在自由端)	$w_1(x) = \dfrac{qa^2 x}{12EIl}(l^2 - x^2)$ $(0 \leqslant x \leqslant l)$ $w_2(x) = \dfrac{q(x-l)}{24EI}[2a^2(3x-l) + (x-l)^2 \cdot (x-l-4a)]$ $(l \leqslant x \leqslant l+a)$

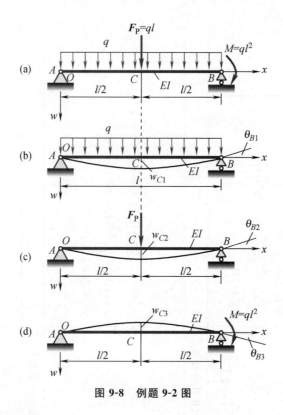

图 9-8 例题 9-2 图

和右端支座 B 处横截面的转角 θ_{Bi} 为

$$\left.\begin{array}{l}\theta_{B1}=-\dfrac{1}{24}\dfrac{ql^3}{EI}\\[2mm]\theta_{B2}=-\dfrac{1}{16}\dfrac{ql^3}{EI}\\[2mm]\theta_{B3}=\dfrac{1}{3}\dfrac{ql^3}{EI}\end{array}\right\} \quad (b)$$

(3) 应用叠加法,将简单载荷作用时的挠度和转角分别叠加

将上述结果按代数值相加,分别得到梁中点的挠度和支座 B 处横截面的转角

$$w_C=\sum_{i=1}^{3}w_{Ci}=-\frac{11}{384}\frac{ql^4}{EI},\quad \theta_B=\sum_{i=1}^{3}\theta_{Bi}=\frac{11}{48}\frac{ql^3}{EI}$$

对于挠度表中未列入的简单载荷作用下梁的位移,可以作适当处理,使之成为有表可查的情形,然后再应用叠加法。

9.3.2 叠加法应用于间断性分布载荷作用的情形

对于间断性分布载荷作用的情形,根据受力与约束等效的要求,可以将间断性分布载荷,变为梁全长上连续分布载荷,然后在原来没有分布载荷的梁段上,加上集度相同但方向相反的分布载荷,最后应用叠加法。

【例题 9-3】 图 9-9(a)所示之悬臂梁,弯曲刚度为 EI。梁承受间断性分布载荷,如图所示。试利用叠加法确定自由端的挠度和转角。

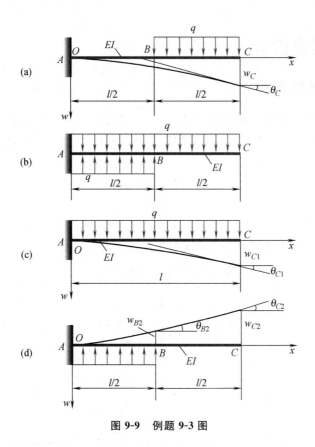

图 9-9 例题 9-3 图

解:(1) 将梁上的载荷变成有表可查的情形

为利用挠度表中关于梁全长承受均布载荷的计算结果,计算自由端 C 处的挠度和转角,先将均布载荷延长至梁的全长,为了不改变原来载荷作用的效果,在 AB 段还需再加上集度相同、方向相反的均布载荷,如图 9-9(b)所示。

(2) 将处理后的梁分解为简单载荷作用的情形,计算各个简单载荷引起的挠度和转角

图 9-9(c)和(d)所示是两种不同的均布载荷作用情形,分别画出这两种情形下的挠度曲线大致形状。于是,由挠度表中关于承受均布载荷悬臂梁的计算结果,上述两种情形下自由端的挠度和转角分别为

$$w_{C1} = \frac{1}{8}\frac{ql^4}{EI}, \quad w_{C2} = w_{B2} + \theta_{B2} \times \frac{l}{2} = -\frac{1}{128}\frac{ql^4}{EI} - \frac{1}{48}\frac{ql^3}{EI} \times \frac{l}{2},$$

$$\theta_{C1} = \frac{1}{6}\frac{ql^3}{EI}, \quad \theta_{C2} = -\frac{1}{48}\frac{ql^3}{EI}$$

(3) 将简单载荷作用的结果叠加

上述结果叠加后,得到

$$w_C = \sum_{i=1}^{2} w_{Ci} = \frac{41}{384}\frac{ql^4}{EI}, \quad \theta_C = \sum_{i=1}^{2} \theta_{Ci} = \frac{7}{48}\frac{ql^3}{EI}$$

9.4 梁的刚度设计

9.4.1 梁的刚度条件

对于主要承受弯曲的零件和构件，刚度设计就是根据对零件和构件的不同工艺要求，将最大挠度和转角（或者指定截面处的挠度和转角）限制在一定范围内，即满足弯曲**刚度条件**（criterion for stiffness design）：

$$w_{\max} \leqslant [w] \tag{9-10}$$

$$\theta_{\max} \leqslant [\theta] \tag{9-11}$$

上述二式中$[w]$和$[\theta]$分别称为许用挠度和许用转角，均根据对于不同零件或构件的工艺要求而确定。常见轴的许用挠度和许用转角数值列于表 9-2 中。

表 9-2　常见轴的弯曲许用挠度与许用转角值

对挠度的限制		对转角的限制	
轴 的 类 型	许用挠度$[w]$	轴 的 类 型	许用转角$[\theta]$/rad
一般传动轴	$(0.0003\sim0.0005)l$	滑动轴承	0.001
刚度要求较高的轴	$0.0002l$	向心球轴承	0.005
齿轮轴	$(0.01\sim0.03)m$①	向心球面轴承	0.005
涡轮轴	$(0.02\sim0.05)m$	圆柱滚子轴承	0.0025
		圆锥滚子轴承	0.0016
		安装齿轮的轴	0.001

① m 为齿轮模数。

9.4.2 刚度设计举例

【例题 9-4】 图 9-10 所示之钢制圆轴，左端受力为 F_P，尺寸如图所示。已知 $F_P = 20\,\text{kN}, a = 1\,\text{m}, l = 2\,\text{m}, E = 206\,\text{GPa}$，轴承 B 处的许用转角 $[\theta] = 0.5°$。试根据刚度要求确定该轴的直径 d。

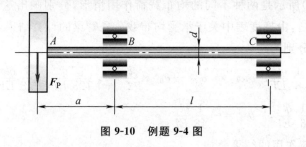

图 9-10　例题 9-4 图

解：根据要求，所设计的轴直径必须使轴具有足够的刚度，以保证轴承 B 处的转角不超过许用数值。为此，需按下列步骤计算。

（1）查表确定 B 处的转角

由表 9-1 中承受集中载荷的外伸梁的结果，得

$$\theta_B = -\frac{F_P la}{3EI}$$

(2) 根据刚度条件确定轴的直径

根据设计要求，

$$|\theta| \leqslant [\theta]$$

其中，θ 的单位为 rad（弧度），而 $[\theta]$ 的单位为度（°），应考虑到单位的一致性，将有关数据代入后，得到

$$d \geqslant \sqrt[4]{\frac{64 \times 20 \times 1 \times 2 \times 180 \times 10^3}{3 \times \pi \times 206 \times 0.5 \times 10^9}} \text{ m} = 111 \times 10^{-3} \text{ m} = 111 \text{ mm}$$

【例题 9-5】 矩形截面悬臂梁承受均布载荷如图 9-11 所示。已知 $q=10 \text{ kN/m}$，$l=3 \text{ m}$，$E=196 \text{ GPa}$，$[\sigma]=118 \text{ MPa}$，许用最大挠度与梁跨度比值 $[w_{\max}/l]=1/250$，且已知梁横截面的高度与宽度之比 $h/b=2$。试求梁横截面尺寸 b 和 h。

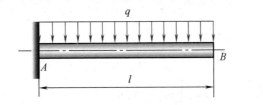

图 9-11　例题 9-5 图

解：本例所涉及的问题，既要满足强度要求，又要满足刚度要求。

解决这类问题的办法是，可以先按强度条件设计截面尺寸，然后校核刚度条件是否满足；也可以先按刚度条件设计截面尺寸，然后校核强度设计是否满足；或者，同时按强度和刚度条件设计截面尺寸，最后选两种情形下所得尺寸中之较大者。现按最后一种方法计算如下。

(1) 强度设计

根据强度条件

$$\sigma_{\max} = \frac{|M|_{\max}}{W} \leqslant [\sigma] \tag{a}$$

于是，有

$$|M|_{\max} = \frac{1}{2}ql^2 = \left(\frac{1}{2} \times 10 \times 10^3 \times 3^2\right) \text{ N} \cdot \text{m} = 45 \times 10^3 \text{ N} \cdot \text{m} = 45 \text{ kN} \cdot \text{m}$$

$$W = \frac{bh^2}{6} = \frac{b(2b)^2}{6} = \frac{2b^3}{3}$$

将其代入式(a)后，得

$$b \geqslant \left(\sqrt[3]{\frac{3 \times 45 \times 10^3}{2 \times 118 \times 10^6}}\right) \text{ m} = 83.0 \times 10^{-3} \text{ m} = 83.0 \text{ mm}$$

$$h = 2b \geqslant 166 \text{ mm}$$

(2) 刚度设计

根据刚度条件

有

$$w_{\max} \leqslant [w]$$

$$\frac{w_{\max}}{l} \leqslant \left[\frac{w}{l}\right] \quad (b)$$

由表 9-1 中承受均布载荷作用的悬臂梁的计算结果,得

$$w_{\max} = \frac{1}{8}\frac{ql^4}{EI}$$

于是,有

$$\frac{w_{\max}}{l} = \frac{1}{8}\frac{ql^3}{EI} \quad (c)$$

其中,

$$I = \frac{bh^3}{12} \quad (d)$$

将式(c)、式(d)代入式(b),得

$$\frac{3ql^3}{16Eb^4} \leqslant \left[\frac{w_{\max}}{l}\right]$$

由此解得

$$b \geqslant \left(\sqrt[4]{\frac{3 \times 10 \times 10^3 \times 3^3 \times 250}{16 \times 196 \times 10^9}}\right) \text{m} = 89.6 \times 10^{-3} \text{ m} = 89.6 \text{ mm}$$

$$h = 2b \geqslant 179.2 \text{ mm}$$

(3) 根据强度和刚度设计结果,确定梁的最终尺寸

综合上述设计结果,取刚度设计所得到的尺寸,作为梁的最终尺寸,即 $b \geqslant 89.6$ mm,$h \geqslant 179.2$ mm。

9.5 结论与讨论

9.5.1 关于变形和位移的相依关系

1. 位移是杆件各部分变形累加的结果

位移不仅与变形有关,而且与杆件所受的约束有关(在铰支座处,约束条件为 $w=0$;在固定端处约束条件为 $w=0, \theta=0$)。

请读者比较图 9-12 中两种梁所受的外力、梁内弯矩以及梁的变形和位移有何相同之处和不同之处。

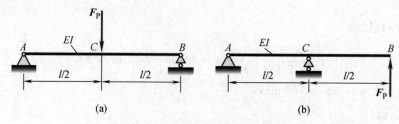

图 9-12 位移与变形的相依关系(1)

2. 是不是有变形一定有位移,或者有位移一定有变形

这一问题请读者结合考查图 9-13 中所示的梁与杆的变形和位移,加以分析,得出自己的结论。

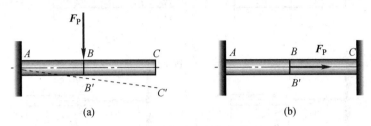

图 9-13 位移与变形的相依关系(2)

9.5.2 关于梁的连续光滑曲线

在平面弯曲情形下,若在弹性范围内加载,梁的轴线弯曲后必然成为一条连续光滑的曲线,并在支承处满足约束条件。根据弯矩的实际方向可以确定挠度曲线的大致形状(凹凸性);进而根据约束性质以及连续光滑要求,即可确定挠度曲线的大致位置,并大致画出梁的挠度曲线。

读者如能从图 9-14 中所示之挠度曲线,加以分析判断,分清哪些是正确的,哪些是错误的,对正确绘制梁在各种载荷作用的挠度曲线是有益的。

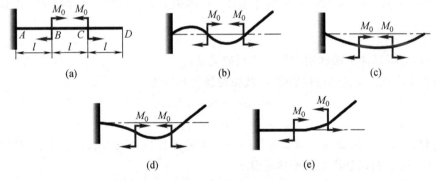

图 9-14 梁的光滑连续曲线

9.5.3 基于逐段刚化的叠加法

所谓逐段刚化是在小变形情形下,将梁分成若干段,根据梁上载荷的作用状况,按顺序逐步将各段梁假设为刚体,应用挠度表,先确定未刚化部分的挠度与转角,再根据未刚化部分的弹性位移与刚化部分的刚体位移之间的关系,最终确定所要求点的挠度与转角。

下面以例题 9-6 的梁为例,说明如何逐段刚化,以及弹性位移与刚体位移如何正确叠加。

【例题 9-6】 图 9-15(a)所示悬臂梁,弯曲刚度为 EI,梁承受间断性分布载荷。试用逐段刚化叠加法确定自由端的挠度和转角。

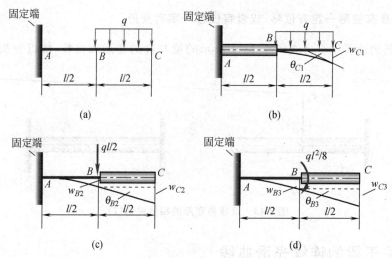

图 9-15 例题 9-6 图

解：采用逐段刚化法。第一步，将 AB 段刚化，这时在均布载荷作用下，AB 段梁不发生变形，BC 段梁可以看作在 B 端固定、承受均布载荷的悬臂梁，如图 9-15(b)所示。显然，C 端的挠度和转角均可由挠度表查得。

第二步，将 BC 段梁刚化，这时 BC 段梁不发生变形，但是由于 AB 段梁的变形，基于变形连续光滑要求，BC 段梁上各截面都会产生位移，这种位移称为刚体位移。为求 AB 端梁的变形和 BC 端梁的刚体位移，需要将作用在 BC 端梁上的载荷向 B 截面简化，得到一个力 $\dfrac{ql}{2}$ 和一个力偶 $\dfrac{ql^2}{8}$。

第三步，分析弹性位移和刚体位移之间的关系。

从图 9-15(b)、(c)、(d)可以看出 C 截面的挠度和转角：

$$\left. \begin{array}{l} w_C = w_{C1} + w_{C2} + w_{C3} \\ \theta_C = \theta_{C1} + \theta_{C2} + \theta_{C3} \end{array} \right\} \tag{a}$$

其中，w_{C1} 和 θ_{C1} 是 BC 端梁在均布载荷作用下产生的弹性位移；w_{C2}、w_{C3}、θ_{C2}、θ_{C3} 是 AB 段梁的弹性变形，在 C 截面处产生的刚体位移。

第四步，查表 9-1 确定各部分的弹性位移以及在 C 处引起的刚体位移。

对于图 9-15(b)，由挠度表 9-1 中承受均布载荷的悬臂梁查得弹性位移

$$w_{C1} = \frac{1}{8} \frac{q\left(\dfrac{l}{2}\right)^4}{EI} = \frac{1}{128} \frac{ql^4}{EI}, \quad \theta_{C1} = \frac{1}{6} \frac{q\left(\dfrac{l}{2}\right)^3}{EI} = \frac{1}{48} \frac{ql^3}{EI} \tag{b}$$

对于图 9-15(c)，由挠度表 9-1 中在自由端承受集中力的悬臂梁查得弹性位移

$$w_{B2} = \frac{1}{3} \frac{\dfrac{ql}{2}\left(\dfrac{l}{2}\right)^3}{EI} = \frac{1}{48} \frac{ql^4}{EI}, \quad \theta_{B2} = \frac{1}{2} \frac{\dfrac{q}{2}\left(\dfrac{l}{2}\right)^2}{EI} = \frac{1}{16} \frac{ql^3}{EI} \tag{c}$$

对于图 9-15(d)，由挠度表 9-1 中在自由端承受集中力偶的悬臂梁查得弹性位移

$$w_{B3} = \frac{1}{2} \frac{\dfrac{ql^2}{8}\left(\dfrac{l}{2}\right)^2}{EI} = \frac{1}{64} \frac{ql^4}{EI}, \quad \theta_{B3} = \frac{\dfrac{ql^2}{8}\left(\dfrac{l}{2}\right)}{EI} = \frac{1}{16} \frac{ql^3}{EI} \tag{d}$$

从图 9-15(b)、(c)、(d) 中的弹性曲线连续光滑性，可以确定上述弹性位移在 C 处引起弹性位移分别为

$$\left. \begin{array}{l} w_{C2} = w_{B2} + \theta_{B2} \times \dfrac{l}{2} = \dfrac{1}{48}\dfrac{ql^4}{EI} + \dfrac{1}{16}\dfrac{ql^3}{EI} \times \dfrac{l}{2} = \dfrac{5}{96}\dfrac{ql^4}{EI} \\ \theta_{C2} = \theta_{B2} = \dfrac{1}{16}\dfrac{ql^3}{EI} \end{array} \right\} \quad (e)$$

$$\left. \begin{array}{l} w_{C3} = w_{B3} + \theta_{B3} \times \dfrac{l}{2} = \dfrac{1}{64}\dfrac{ql^4}{EI} + \dfrac{1}{16}\dfrac{ql^3}{EI} \times \dfrac{l}{2} = \dfrac{3}{64}\dfrac{ql^4}{EI} \\ \theta_{C3} = \theta_{B3} = \dfrac{1}{16}\dfrac{ql^3}{EI} \end{array} \right\} \quad (f)$$

最后，将式(b)、式(e)、式(f)代入式(a)便得到 C 截面处的挠度和转角：

$$w_C = w_{C1} + w_{C2} + w_{C3} = \dfrac{1}{128}\dfrac{ql^4}{EI} + \dfrac{5}{96}\dfrac{ql^4}{EI} + \dfrac{3}{64}\dfrac{ql^4}{EI} = \dfrac{41}{328}\dfrac{ql^4}{EI}$$

$$\theta_C = \theta_{C1} + \theta_{C2} + \theta_{C3} = \dfrac{1}{48}\dfrac{ql^3}{EI} + \dfrac{1}{16}\dfrac{ql^3}{EI} + \dfrac{1}{16}\dfrac{ql^3}{EI} = \dfrac{7}{48}\dfrac{ql^3}{EI}$$

需要指出的是，应用逐段刚化法，一是分清弹性位移与刚体位移；二是根据弹性曲线连续光滑的要求和弹性位移正确确定刚体位移；三是正确应用小变形的概念。

还要指出的是，逐段刚化法对于确定由几根杆件组成的简单结构的位移，也是有效的。例如，对于图 9-16 中的梁和刚架组成的系统，应用逐段刚化法和小变形的概念，不仅可以确定加力点 B 的铅垂位移，而且可以确定 D 点的水平位移。有兴趣的读者不妨一试。

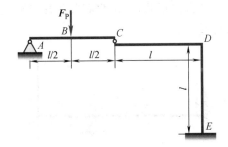

图 9-16 梁和刚架组成的简单系统

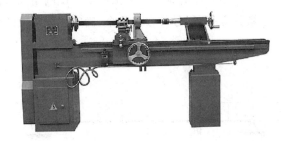

图 9-17 增加中间支架以提高机床加工工件的刚度

9.5.4 提高弯曲刚度的途径

提高梁的刚度主要是指减小梁的弹性位移。而弹性位移不仅与载荷有关，而且与杆长和梁的弯曲刚度(EI)有关。对于梁，其长度对弹性位移影响较大，例如对于集中力作用的情形，挠度与梁长的三次方量级成比例；转角则与梁长的二次方量级成比例。因此减小弹性位移除了采用合理的截面形状以增加惯性矩 I 外，主要是减小梁的长度 l，当梁的长度无法减小时，则可增加中间支座。例如在车床上加工较长的工件时，为了减小切削力引起的挠度，以提高加工精度，可在卡盘与尾架之间再增加一个中间支架，如图 9-17 所示。

此外，选用弹性模量 E 较高的材料也能提高梁的刚度。但是，对于各种钢材，弹性模量的数值相差甚微，因而与一般钢材相比，选用高强度钢材并不能提高梁的刚度。

类似地，受扭圆轴的刚度，也可以通过减小轴的长度、增加轴的扭转刚度(GI_p)来实现。同样，对于各种钢材，切变模量 G 的数值相差甚微，所以通过采用高强度钢材以提高轴的扭转刚度，效果是不明显的。

习题

9-1 与小挠度微分方程

$$\frac{d^2 w}{dx^2} = -\frac{M}{EI}$$

对应的坐标系有图(a)、(b)、(c)、(d)所示的四种形式。试判断哪几种是正确的。
(A) 图(b)和(c);　　(B) 图(b)和(a);　　(C) 图(b)和(d);　　(D) 图(c)和(d)。
正确答案是_____。

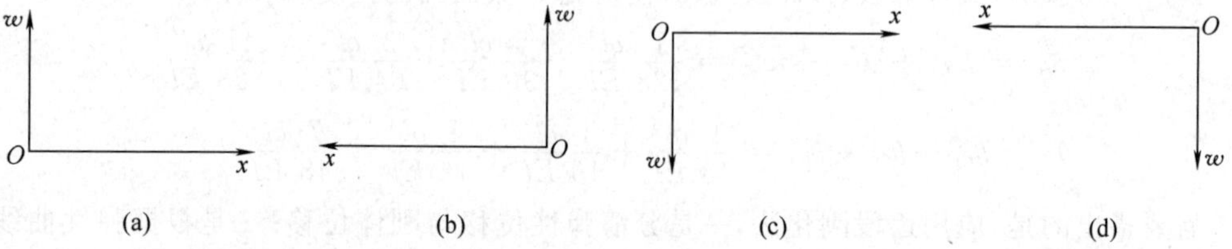

习题 9-1 图

9-2 简支梁承受间断性分布荷载,如图所示。试说明需要分几段建立微分方程,积分常数有几个,确定积分常数的条件是什么?

9-3 具有中间铰的梁受力如图所示。试画出挠度曲线的大致形状,并说明需要分几段建立微分方程,积分常数有几个,确定积分常数的条件是什么。

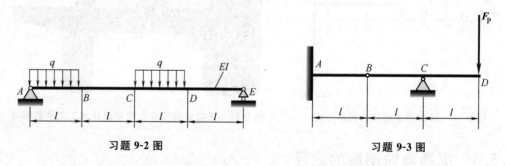

习题 9-2 图　　　　　　　　习题 9-3 图

9-4 试用叠加法求下列各梁中截面 A 的挠度和截面 B 的转角。图中 q、l、EI 等为已知。

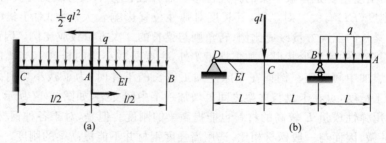

习题 9-4 图

9-5 已知刚度为 EI 的简支梁的挠度方程为

$$w(x) = \frac{q_0 x}{24EI}(l^3 - 2lx^2 + x^3)$$

据此推知的弯矩图有四种答案，试分析哪一种是正确的。

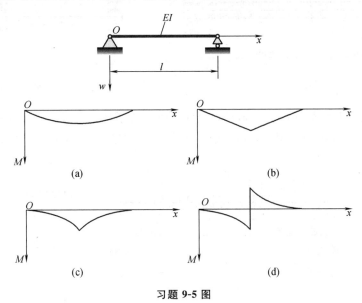

习题 9-5 图

9-6 图示承受集中力的细长简支梁，在弯矩最大截面上沿加载方向开一小孔，若不考虑应力集中影响时，关于小孔对梁强度和刚度的影响，有如下论述，试判断哪一种是正确的：

(A) 大大降低梁的强度和刚度；
(B) 对强度有较大影响，对刚度的影响很小可以忽略不计；
(C) 对刚度有较大影响，对强度的影响很小可以忽略不计；
(D) 对强度和刚度的影响都很小，都可以忽略不计。

正确答案是_____。

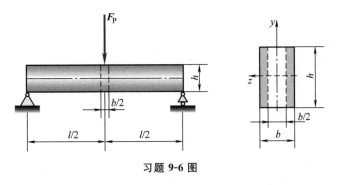

习题 9-6 图

9-7 轴受力如图所示，已知 $F_P = 1.6 \text{ kN}, d = 32 \text{ mm}, E = 200 \text{ GPa}$。若要求加力点的挠度不大于许用挠度 $[w] = 0.05 \text{ mm}$，试校核该轴是否满足刚度要求。

9-8 图示一端外伸的轴在飞轮重量作用下发生变形，已知飞轮重 $W = 20 \text{ kN}$，轴材料的

$E=200\,\text{GPa}$,轴承 B 处的许用转角 $[\theta]=0.5°$。试设计轴的直径。

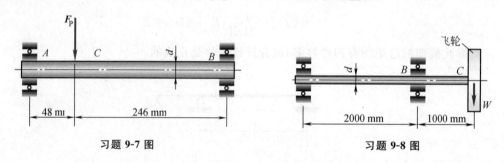

习题 9-7 图 习题 9-8 图

9-9 图示承受均布载荷的简支梁由两根竖向放置的普通槽钢组成。已知 $q=10\,\text{kN/m}$,$l=4\,\text{m}$,材料的 $[\sigma]=100\,\text{MPa}$,许用挠度 $[w]=l/1000$,$E=200\,\text{GPa}$。试确定槽钢型号。

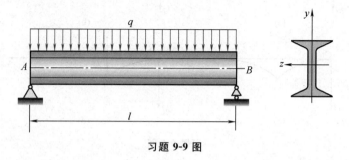

习题 9-9 图

第10章 应力状态与强度理论及其工程应用

前面几章中,分别讨论了拉伸、压缩、弯曲与扭转时杆件的强度问题,这些强度问题的共同特点,一是危险截面上的危险点只承受正应力或剪应力;二是都是通过实验直接确定失效时的极限应力,并以此为依据建立强度设计准则。

工程上还有一些构件或结构,其危险截面上危险点同时承受正应力和剪应力,或者危险点的其他面上同时承受正应力或剪应力,这种受力称为复杂受力。复杂受力情形下,由于复杂受力形式繁多,不可能一一通过实验确定失效时的极限应力。因而,必须研究在各种不同的复杂受力形式下,强度失效的共同规律,假定失效的共同原因,从而有可能利用单向拉伸的实验结果,建立复杂受力时的失效判据与设计准则。

为了分析失效的原因,需要研究通过一点不同方向面上应力相互之间的关系。这是建立复杂受力时设计准则的基础。

本章首先介绍应力状态的基本概念,以此为基础建立复杂受力时的失效判据与设计准则,然后将这些准则应用于解决同时承受弯曲与扭转作用的圆轴,以及承受内压的薄壁容器的强度问题。

10.1 应力状态与强度理论的基本概念与分析方法

10.1.1 应力状态的基本概念

前几章中,讨论了杆件在拉伸(压缩)、弯曲和扭转等几种基本受力与变形形式下,横截面上的应力;并且根据横截面上的应力以及相应的实验结果,建立了只有正应力和只有剪应力作用时的强度条件。但这些对于分析进一步的强度问题是远远不够的。

例如,仅仅根据横截面上的应力,不能分析为什么低碳钢试样拉伸至屈服时,表面会出现与轴线成 45°夹角的滑移线;也不能分析铸铁圆截面试样扭转时,为什么沿 45°螺旋面断开;以及铸铁压缩试样的破坏面为什么不像铸铁扭转试样破坏面那样呈颗粒状,而是呈错动光滑状。

又例如,根据横截面上的应力分析和相应的实验结果,不能直接建立既有正应力又有剪应力存在时的失效判据与设计准则。

事实上,杆件受力变形后,不仅在横截面上会产生应力,而且在斜截面上也会产生应力。例如图 10-1(a)所示之拉杆,受力之前在其表面画一斜置的正方形,受拉后,正方形变成了菱形（图中虚线所示）。这表明在拉杆的斜截面上有剪应力存在。又如在图 10-1(b)所示之圆轴,受扭之前在其表面画一圆,受扭后,此圆变为一斜置椭圆,长轴方向表示承受拉应力而伸长,短轴方向表示承受压应力而缩短。这表明,扭转时,杆的斜截面上存在着正应力。

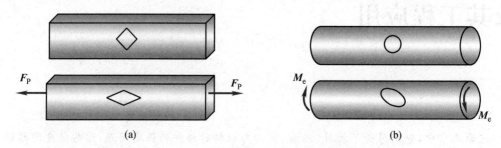

图 10-1　杆件斜截面上存在应力的例证

本章后面的分析还将进一步证明：围绕一点作一微小单元体,即微元,一般情形下,微元的不同方位面上的应力,是不相同的。过一点的所有方位面上的应力集合,称为该点的**应力状态**(stress state at a point)。

分析一点的应力状态,不仅可以解释上面所提到的那些实验中的破坏现象,而且可以预测各种复杂受力情形下,构件何时发生失效,以及怎样保证构件不发生失效,并且具有足够的安全裕度。因此,应力状态分析是建立构件在复杂受力(既有正应力,又有剪应力)时失效判据与设计准则的重要基础。

10.1.2　应力状态分析的基本方法

为了描述一点的应力状态,在一般情形下,总是围绕所考查的点作一个三对面互相垂直的六面体,当各边边长充分小时,六面体便趋于宏观上的"点"。这种六面体就是前面所提到的微元。

当受力物体处于平衡状态时,表示一点的微元也是平衡的,因此,微元的任意一局部也必然是平衡的。基于平衡的概念,当微元三对面上的应力已知时,就可以应用假想截面将微元从任意方向面处截开,考查截开后的任意一部分的平衡,由平衡条件就可以求得任意方位面上的应力。

这表明,通过微元及其三对互相垂直的面上的应力,可以描述一点的应力状态。

为了确定一点的应力状态,需要确定代表这一点的微元的三对互相垂直的面上的应力。为此,围绕一点截取微元时,应尽量使其三对面上的应力容易确定。例如,矩形截面杆与圆截面杆中微元的取法便有所区别。对于矩形截面杆,三对面中的一对面为杆的横截面,另外两对面为平行于杆表面的纵截面。对于圆截面杆,除一对面为横截面外,另外两对面中有一对为同轴圆柱面,另一对则为通过杆轴线的纵截面。截取微元时,还应注意相对面之间的距离应为无限小。

由于构件受力的不同,应力状态多种多样。只受一个方向正应力作用的应力状态,称为**单向应力状态**(one dimensional state of stress)。只受剪应力作用的应力状态,称为**纯剪应**

力状态(shearing state of stress)。所有应力作用线都处于同一平面内的应力状态，称为**平面应力状态**(plane state of stresses)。单向应力状态与纯剪应力状态都是平面应力状态的特例。本书主要介绍平面应力状态分析。

10.1.3 建立复杂受力时失效判据的思路与方法

严格地讲，在拉伸和弯曲强度问题中所建立的失效判据实际上是材料在单向应力状态下的失效判据；而关于扭转强度的失效判据则是材料在纯剪应力状态下的失效判据。所谓复杂受力时的失效判据，实际上就是材料在各种复杂应力状态下的失效判据。

大家知道，单向应力状态和纯剪应力状态下的失效判据，都是通过实验确定极限应力值建立起来的。但是，复杂应力状态下则不能。这是因为：一方面复杂应力状态各式各样，可以说有无穷多种，不可能一一通过实验确定极限应力；另一方面，有些复杂应力状态的实验，技术上难以实现。

大量的关于材料失效的实验结果以及工程构件失效的实例表明，复杂应力状态虽然各式各样，但是材料在各种复杂应力状态下的强度失效的形式却有可能是共同的而且是有限的。

大量的实验结果以及工程构件发生失效的现象表明，无论应力状态多么复杂，材料的强度失效，大致有两种形式：一种是产生裂缝并导致断裂，例如铸铁拉伸和扭转时的破坏；另一种是屈服，即出现一定量的塑性变形，例如低碳钢拉伸时的屈服。

简而言之，屈服与脆性断裂是强度失效的两种基本形式。

对于同一种失效形式，有可能在引起失效的原因中包含着共同的因素。建立复杂应力状态下的强度失效判据，就是提出关于材料在不同应力状态下失效共同原因的各种假说。根据这些假说，就有可能利用单向拉伸的实验结果，建立材料在复杂应力状态下的失效判据；就可以预测材料在复杂应力状态下，何时发生失效，以及怎样保证不发生失效，进而建立复杂应力状态下强度设计准则或强度条件。

10.2 平面应力状态分析——任意方向面上应力的确定

当微元三对面上的应力已经确定时，为求某个斜面(即方向面)上的应力，可用一假想截面将微元从所考查的斜面处截为两部分，考查其中任意一部分的平衡，即可由平衡条件求得该斜截面上的正应力和剪应力。这是分析微元斜截面上的应力的基本方法。下面以一般平面应力状态为例，说明这一方法的具体应用。

10.2.1 方向角与应力分量的正负号约定

对于平面应力状态，由于微元有一对面上没有应力作用，所以三维微元可以用一平面微元表示。图 10-2(a)中所示即平面应力状态的一般情形，其两对互相垂直的面上都有正应力和剪应力作用。

在平面应力状态下，任意方向面(法线为 n)是由它的法线 n 与水平坐标轴 x 正向的夹角 θ 所定义的。图 10-2(b)中所示是用法线为 n 的方向面从微元中截出微元局部。

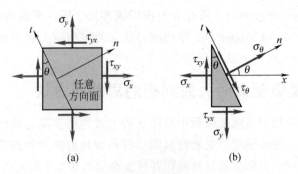

图 10-2 正负号规则

为了确定任意方向面(任意 θ 角)上的正应力与剪应力,需要首先对 θ 角以及各应力分量正负号,作如下约定:

(1) θ 角——从 x 正方向逆时针转至 n 正方向者为正;反之为负。

(2) 正应力——拉为正;压为负。

(3) 剪应力——使微元或其局部产生顺时针方向转动趋势者为正;反之为负。

图 10-2 中所示的 θ 角及正应力和剪应力 τ_{xy} 均为正;τ_{yx} 为负。

10.2.2 微元的局部平衡方程

为确定平面应力状态中任意方向面(法线为 n,方向角为 θ)上的应力,将微元从任意方向面处截为两部分。考查其中任意部分,其受力如图 10-2(b)所示,假定任意方向面上的正应力 σ_θ 和剪应力 τ_θ 均为正方向。

需要特别注意的是,应力是分布内力在一点的集度,因此,作用在微元和微元局部各个面上的应力,必须乘以其所作用的面积才能形成力,进而参与平衡。

将作用在微元局部的应力乘以各自的作用面积形成的力,分别向所要求的方向面的法线 n 和切线 t 方向投影,并令投影之和等于零,据此得到微元局部平衡方程:

$$\sum F_n = 0: \quad \sigma_\theta dA - (\sigma_x dA\cos\theta)\cos\theta + (\tau_{xy} dA\cos\theta)\sin\theta - (\sigma_y dA\sin\theta)\sin\theta$$
$$+ (\tau_{yx} dA\sin\theta)\cos\theta = 0 \tag{a}$$

$$\sum F_t = 0: \quad -\tau_\theta dA + (\sigma_x dA\cos\theta)\sin\theta + (\tau_{xy} dA\cos\theta)\cos\theta - (\sigma_y dA\sin\theta)\cos\theta$$
$$- (\tau_{yx} dA\sin\theta)\sin\theta = 0 \tag{b}$$

10.2.3 平面应力状态中任意方向面上的正应力与剪应力

利用三角倍角公式,式(a)和式(b)经过整理后,得到计算平面应力状态中任意方向面上正应力与剪应力的表达式:

$$\left.\begin{aligned}\sigma_\theta &= \frac{\sigma_x + \sigma_y}{2} + \frac{\sigma_x - \sigma_y}{2}\cos 2\theta - \tau_{xy}\sin 2\theta \\ \tau_\theta &= \frac{\sigma_x - \sigma_y}{2}\sin 2\theta + \tau_{xy}\cos 2\theta\end{aligned}\right\} \tag{10-1}$$

【例题 10-1】 分析轴向拉伸杆件的最大剪应力的作用面,说明低碳钢拉伸时发生屈服的主要原因。

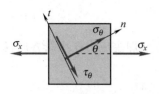

图 10-3　例题 10-1 图

解：杆件承受轴向拉伸时，其上任意一点均为单向应力状态，如图 10-3 所示。

在本例的情形下，$\sigma_y=0$，$\tau_{yx}=0$。于是，根据式（10-1），任意斜截面上的正应力和剪应力分别为

$$\left.\begin{aligned}\sigma_\theta &= \frac{\sigma_x}{2}+\frac{\sigma_x}{2}\cos 2\theta \\ \tau_\theta &= \frac{\sigma_x}{2}\sin 2\theta\end{aligned}\right\} \qquad (10\text{-}2)$$

这一结果表明，当 $\theta=45°$ 时，斜截面上既有正应力又有剪应力，其值分别为

$$\sigma_{45°}=\frac{\sigma_x}{2}$$

$$\tau_{45°}=\frac{\sigma_x}{2}$$

不难看出，在所有的方向面中，45°斜截面上的正应力不是最大值，而剪应力却是最大值。这表明，轴向拉伸时最大剪应力发生在与轴线夹 45°角的斜面上，这正是低碳钢试样拉伸至屈服时表面出现滑移线的方向。因此，可以认为屈服是由最大剪应力引起的。

【例题 10-2】　分析圆轴扭转时最大拉应力的作用面，说明铸铁圆试样扭转破坏的主要原因。

解：圆轴扭转时，其上任意一点的应力状态为纯剪应力状态，如图 10-4 所示。

本例中，$\sigma_x=\sigma_y=0$，代入式（10-1），得到微元任意斜截面上的正应力和剪应力分别为

$$\left.\begin{aligned}\sigma_\theta &= -\tau_{xy}\sin 2\theta \\ \tau_\theta &= \tau_{xy}\cos 2\theta\end{aligned}\right\} \qquad (10\text{-}3)$$

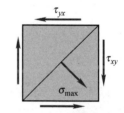

图 10-4　圆轴扭转时斜截面上的应力

可以看出，当 $\theta=\pm 45°$ 时，斜截面上只有正应力没有剪应力。$\theta=45°$时（自 x 轴逆时针方向转过 45°），压应力最大；$\theta=-45°$时（自 x 轴顺时针方向转过 45°），拉应力最大。

$$\sigma_{45°}=\sigma_{\max}^{-}=-\tau_{xy}, \quad \tau_{45°}=0$$

$$\sigma_{-45°}=\sigma_{\max}^{+}=\tau_{xy}, \quad \tau_{-45°}=0$$

铸铁圆试样扭转实验时，正是沿着最大拉应力作用面（即 $-45°$螺旋面）断开的。因此，可以认为这种脆性破坏是由最大拉应力引起的。

10.3　应力状态中的主应力与最大剪应力

10.3.1　主平面、主应力与主方向

根据应力状态任意方向面上的应力表达式（10-1），不同方向面上的正应力与剪应力与方向面的取向（方向角 θ）有关。因而有可能存在某种方向面，其上之剪应力 $\tau_\theta=0$，这种方向面称为**主平面**（principal plane），其方向角用 θ_p 表示。令式（10-1）中的 $\tau_\theta=0$，得到主平面方向角的表达式

$$\tan 2\theta_p = -\frac{2\tau_{xy}}{\sigma_x - \sigma_y} \tag{10-4}$$

主平面上的正应力称为**主应力**(principal stress)。主平面法线方向即主应力作用线方向,称为**主方向**(principal directions),主方向用方向角 θ_p 表示。

若将式(10-1)中 σ_θ 的表达式对 θ 求一次导数,并令其等于零,有

$$\frac{d\sigma_\theta}{d\theta} = -(\sigma_x - \sigma_y)\sin 2\theta - 2\tau_{xy}\cos 2\theta = 0$$

由此解出的角度与式(10-4)具有完全一致的形式。这表明,主应力具有极值的性质。即主应力是所有垂直于 xy 坐标面的方向面上正应力的极大值或极小值。

根据剪应力互等定理,当一对方向面为主平面时,另一对与之垂直的方向面($\theta = \theta_p + \pi/2$),其上之剪应力也等于零,因而也是主平面,其上之正应力也是主应力。

需要指出,对于平面应力状态,平行于 xy 坐标面的平面,其上既没有正应力,也没有剪应力作用,这种平面也是主平面。这一主平面上的主应力等于零。

10.3.2 平面应力状态的三个主应力

将由式(10-4)解得的主应力方向角 θ_p,代入式(10-1),得到平面应力状态的两个不等于零主应力。这两个不等于零的主应力以及上述平面应力状态固有的等于零的主应力,分别用 σ'、σ''、σ''' 表示,即有

$$\sigma' = \frac{\sigma_x + \sigma_y}{2} + \frac{1}{2}\sqrt{(\sigma_x - \sigma_y)^2 + 4\tau_{xy}^2} \tag{10-5a}$$

$$\sigma'' = \frac{\sigma_x + \sigma_y}{2} - \frac{1}{2}\sqrt{(\sigma_x - \sigma_y)^2 + 4\tau_{xy}^2} \tag{10-5b}$$

$$\sigma''' = 0 \tag{10-5c}$$

以后将按三个主应力 σ'、σ''、σ''' 代数值由大到小顺序排列,并分别用 σ_1、σ_2、σ_3 表示,且 $\sigma_1 \geqslant \sigma_2 \geqslant \sigma_3$。

根据主应力的大小与方向可以确定材料何时发生失效或破坏,并确定失效或破坏的形式。因此,可以说主应力是反映应力状态本质内涵的特征量。

10.3.3 面内最大剪应力与一点的最大剪应力

与正应力相类似,不同方向面上的剪应力亦随着坐标的旋转而变化,因而剪应力亦可能存在极值。为求此极值,将式(10-1)的第2式对 θ 求一次导数,并令其等于零,得到

$$\frac{d\tau_\theta}{d\theta} = (\sigma_x - \sigma_y)\cos 2\theta - 2\tau_{xy}\sin 2\theta = 0$$

由此得出另一特征角 θ_s,它满足

$$\tan 2\theta_s = -\frac{\sigma_x - \sigma_y}{2\tau_{xy}} \tag{10-6}$$

从中解出 θ_s,将其代入式(10-1)的第2式,得到 τ_θ 的极值。根据剪应力互等定理以及剪应力的正负号规则,τ_θ 有两个极值,二者大小相等、正负号相反,其中一个为极大值,另一个为极小值,其数值由下式确定:

$$\begin{matrix}\tau'\\\tau''\end{matrix} = \pm \frac{1}{2}\sqrt{(\sigma_x - \sigma_y)^2 + 4\tau_{xy}^2} \tag{10-7}$$

需要特别指出,上述剪应力极值仅对垂直于 xy 坐标面的方向面而言,因而称为**面内最大剪应力**(maximum shearing stresses in plane)与**面内最小剪应力**(minimum shearing stresses in plane)。二者不一定是过一点的所有方向面中剪应力的最大值和最小值。

为确定过一点的所有方向面上的最大剪应力,可以将平面应力状态视为有三个主应力(σ_1、σ_2、σ_3)作用的应力状态的特殊情形,即三个主应力中有一个等于零。

考查微元三对面上分别作用着三个主应力($\sigma_1 > \sigma_2 > \sigma_3 \neq 0$)的应力状态。

在平行于主应力 σ_1 方向的任意方向面 I 上,正应力和剪应力都与 σ_1 无关。因此,当研究平行于 σ_1 的这一组方向面上的应力时,所研究的应力状态可视为图 10-5(a)所示之平面应力状态,其方向面上的正应力和剪应力可由式(10-1)计算。这时,式中的 $\sigma_x = \sigma_3$,$\sigma_y = \sigma_2$,$\tau_{xy} = 0$。

同理,对于在平行于主应力 σ_2 和平行于 σ_3 的任意方向面 II 和 III 上,正应力和剪应力分别与 σ_2 和 σ_3 无关。因此,当研究平行于 σ_2 和 σ_3 的这两组方向面上的应力时,所研究的应力状态可分别视为图 10-5(b)和图 10-5(c)所示之平面应力状态,其方向面上的正应力和剪应力都可以由式(10-1)计算。

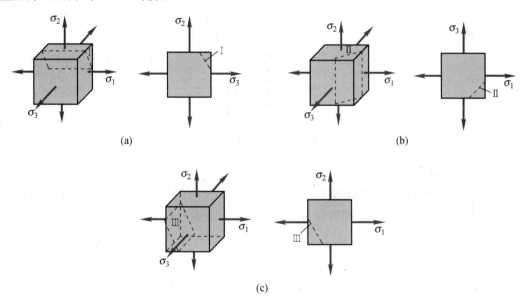

图 10-5 三组平面内的最大剪应力

应用式(10-7),可以得到 I、II 和 III 三组方向面内的最大剪应力分别为

$$\tau' = \frac{\sigma_2 - \sigma_3}{2} \tag{10-8}$$

$$\tau'' = \frac{\sigma_1 - \sigma_3}{2} \tag{10-9}$$

$$\tau''' = \frac{\sigma_1 - \sigma_2}{2} \tag{10-10}$$

一点应力状态中的最大剪应力,必然是上述三者中最大的,即

$$\tau_{\max} = \tau'' = \frac{\sigma_1 - \sigma_3}{2} \tag{10-11}$$

【例题 10-3】 薄壁圆管受扭转和拉伸同时作用,如图 10-6(a)所示。已知圆管的平均直径 $D=50$ mm,壁厚 $\delta=2$ mm。外加力偶的力偶矩 $M_e=600$ N·m,轴向载荷 $F_P=20$ kN。薄壁圆管截面的扭转截面系数可近似取为 $W_P=\dfrac{\pi d^2 \delta}{2}$。试求:

(1) 圆管表面上过点 D 与圆管母线夹角为 $30°$ 的斜截面上的应力;
(2) 点 D 主应力和最大剪应力。

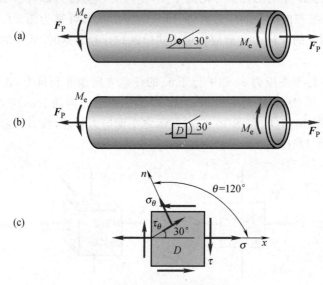

图 10-6 例题 10-3 图

解:(1) 取微元,确定微元各个面上的应力

围绕点 D 用横截面、纵截面和圆柱面截取微元,其受力如图 10-6(b)所示。利用拉伸和圆轴扭转时横截面上的正应力和剪应力公式计算微元各面上的应力:

$$\sigma = \frac{F_P}{A} = \frac{F_P}{\pi D \delta} = \frac{20 \times 10^3 \text{ N}}{\pi \times 50 \times 10^{-3} \text{ m} \times 2 \times 10^{-3} \text{ m}} = 63.7 \times 10^6 \text{ Pa} = 63.7 \text{ MPa}$$

$$\tau = \frac{M_x}{W_P} = \frac{2M_e}{\pi d^2 \delta} = \frac{2 \times 600 \text{ N·m}}{\pi \times (50 \times 10^{-3} \text{ m})^2 \times 2 \times 10^{-3} \text{ m}} = 76.4 \times 10^6 \text{ Pa} = 76.4 \text{ MPa}$$

(2) 求斜截面上的应力

根据图 10-6(c)所示之应力状态以及关于 θ、σ_x、σ_y、τ_{xy} 的正负号规则,本例中有:$\sigma_x=63.7$ MPa,$\sigma_y=0$,$\tau_{xy}=-76.4$ MPa,$\theta=120°$。将这些数据代入式(10-1),求得过点 D 与圆管母线夹角为 $30°$ 的斜截面上的应力:

$$\sigma_{30°} = \frac{\sigma_x + \sigma_y}{2} + \frac{\sigma_x - \sigma_y}{2}\cos 2\theta - \tau_{xy}\sin 2\theta$$

$$= \frac{63.7 \text{ MPa} + 0}{2} + \frac{63.7 \text{ MPa} - 0}{2}\cos(2 \times 120°) - (-76.4 \text{ MPa})\sin(2 \times 120°)$$

$$= -50.2 \text{ MPa}$$

$$\tau_{30°} = \frac{\sigma_x - \sigma_y}{2}\sin 2\theta + \tau_{xy}\cos 2\theta$$

$$= \frac{63.7 \text{ MPa} - 0}{2}\sin(2 \times 120°) + (-76.4 \text{ MPa})\cos(2 \times 120°)$$

$$= 10.6 \text{ MPa}$$

二者的方向均示于图 10-6(c)中。

(3) 确定主应力与最大剪应力

根据式(10-5)，

$$\sigma' = \frac{\sigma_x + \sigma_y}{2} + \frac{1}{2}\sqrt{(\sigma_x - \sigma_y)^2 + 4\tau_{xy}^2}$$

$$= \frac{63.7 \text{ MPa} + 0}{2} + \frac{1}{2}\sqrt{(63.7 \text{ MPa} - 0)^2 + 4 \times (-76.4 \text{ MPa})^2}$$

$$= 114.6 \text{ MPa}$$

$$\sigma'' = \frac{\sigma_x + \sigma_y}{2} - \frac{1}{2}\sqrt{(\sigma_x - \sigma_y)^2 + 4\tau_{xy}^2}$$

$$= \frac{63.7 \text{ MPa} + 0}{2} - \frac{1}{2}\sqrt{(63.7 \text{ MPa} - 0)^2 + 4 \times (-76.4 \text{ MPa})^2}$$

$$= -50.9 \text{ MPa}$$

$$\sigma''' = 0$$

于是，根据主应力代数值大小顺序排列，点 D 的三个主应力为

$$\sigma_1 = 114.6 \text{ MPa}, \quad \sigma_2 = 0, \quad \sigma_3 = -50.9 \text{ MPa}$$

根据式(10-11)，点 D 的最大剪应力为

$$\tau_{\max} = \frac{\sigma_1 - \sigma_3}{2} = \frac{114.6 \text{ MPa} - (-50.9 \text{ MPa})}{2} = 82.75 \text{ MPa}$$

10.4 分析应力状态的应力圆方法

10.4.1 应力圆方程

现将微元任意方向面上的正应力与剪应力表达式(10-1)重写如下：

$$\sigma_\theta = \frac{\sigma_x + \sigma_y}{2} + \frac{\sigma_x - \sigma_y}{2}\cos 2\theta - \tau_{xy}\sin 2\theta$$

$$\tau_\theta = \frac{\sigma_x - \sigma_y}{2}\sin 2\theta + \tau_{xy}\cos 2\theta$$

将第 1 式等号右边的第 1 项移至等号的左边，然后将两式平方后再相加，得到一个新的方程

$$\left(\sigma_\theta - \frac{\sigma_x + \sigma_y}{2}\right)^2 + \tau_\theta^2 = \left(\sqrt{\left(\frac{\sigma_x - \sigma_y}{2}\right)^2 + \tau_{xy}^2}\right)^2 \tag{10-12}$$

在以 σ_θ 为横轴、τ_θ 为纵轴的坐标系中，上述方程为圆方程。这种圆称为**应力圆**(stress circle)。应力圆的圆心坐标为

$$\left(\frac{\sigma_x + \sigma_y}{2}, 0\right)$$

应力圆的半径为

$$\frac{1}{2}\sqrt{(\sigma_x - \sigma_y)^2 + 4\tau_{xy}^2}$$

应力圆最早由德国工程师莫尔（Mohr O.，1835—1918）提出的，故又称为**莫尔应力圆**（Mohr circle for stresses），也可简称为**莫尔圆**。

10.4.2 应力圆的画法

上述分析结果表明，对于平面应力状态，根据其上的应力分量 σ_x、σ_y 和 τ_{xy}，由圆心坐标以及圆的半径，即可画出与给定的平面应力状态相对应的应力圆。但是，这样作并不方便。

为了简化应力圆的绘制方法，需要考查表示平面应力状态微元相互垂直的一对面上的应力与应力圆上点的对应关系。

图 10-7(a)、(b)所示为相互对应的应力状态与应力圆。

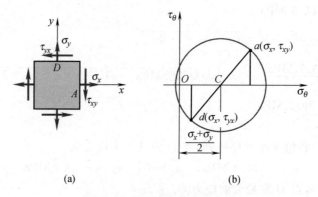

图 10-7　平面应力状态应力圆

假设应力圆上点 a 的坐标对应着微元 A 面上的应力(σ_x,τ_{xy})。将点 a 与圆心 C 相连，并延长 aC 交于应力圆上点 d。根据图中的几何关系，不难证明，应力圆上点 d 坐标对应微元 D 面上的应力(σ_y,τ_{yx})。

根据上述类比，不难得到平面应力状态与其应力圆的 3 种对应关系：

（1）**点面对应**——应力圆上某一点的坐标值对应着微元某一方向面上的正应力和剪应力值。

（2）**转向对应**——应力圆半径旋转时，半径端点的坐标随之改变，对应地，微元上方向面的法线亦沿相同方向旋转，才能保证方向面上的应力与应力圆上半径端点的坐标相对应。

（3）**2 倍角对应**——应力圆上半径转过的角度，等于方向面法线旋转角度的 2 倍。

基于上述对应关系，不仅可以根据微元两相互垂直面上的应力确定应力圆上一直径上的两端点，并由此确定圆心 C，进而画出应力圆，从而使应力图绘制过程大为简化。而且，还可以确定任意方向面上的正应力和剪应力，以及主应力和面内最大剪应力。

以图 10-8(a)中所示的平面应力状态为例。首先，以 σ_θ 为横轴、以 τ_θ 为纵轴，建立 $O\sigma_\theta\tau_\theta$ 坐标系，如图 10-8(b)所示。然后，根据微元 A、D 面上的应力(σ_x,τ_{xy})、(σ_y,$-\tau_{yx}$)，在 $O\sigma_\theta\tau_\theta$ 坐标系中找到与之对应的两点 a、d。进而，连接 ad 交 σ_θ 轴于点 C，以点 C 为圆心，以 Ca 或 Cd 为半径作圆，即为与所给应力状态对应的应力圆。

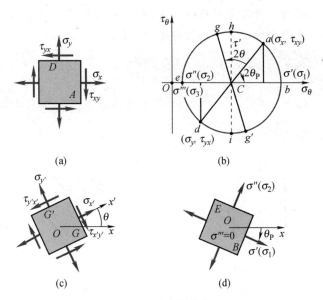

图 10-8 应力圆的应用

10.4.3 应力圆的应用

应用应力圆,不仅可以确定微元任意方向面上的正应力和剪应力,而且可以确定微元的主应力与面内最大剪应力。

以图 10-8(c)所示之应力状态为例。为求微元任意方向面(例如 G)上的应力,首先确定从微元 A 面法线(x)与任意方向面 G 法线(n)之间的夹角 θ,以及从 x 到 n 的转动方向(本例中为逆时针方向)。然后在应力圆上找到与 A 面对应的点 a,并将点 a 与圆心 C 相连。将应力圆上的半径 Ca 按相同方向(本例中为逆时针方向)旋转 2θ 角,得到点 g,则点 g 的坐标值即为 G 面上的应力值(图 10-8(c))。这一结论留给读者自己证明。

应用应力圆上的几何关系,可以得到平面应力状态主应力与面内最大剪应力表达式,结果与前面所得到的完全一致。

从图 10-8(b)中所示应力圆可以看出,应力圆与 σ_θ 轴的交点 b 和 e,对应着平面应力状态的主平面,其横坐标值即为主应力 σ' 和 σ''。此外,对于平面应力状态,微元上与纸平面对应的面(也就是没有应力作用的平面)上,剪应力也等于零,根据主平面的定义,这一对面也是主平面,只不过这一主平面上的主应力 σ''' 为零。

图 10-8(b)中应力圆的最高和最低点(h 和 i),剪应力绝对值最大,均为面内最大剪应力。不难看出,在剪应力最大处,正应力不一定为零。即在最大剪应力作用面上,一般存在正应力。

需要指出的是,在图 10-8(b)中,应力圆在坐标轴 τ_θ 的右侧,因而 σ' 和 σ'' 均为正值。这种情形不具有普遍性。当 $\sigma_x<0$ 或在其他条件下,应力圆也可能在坐标轴 τ_θ 的左侧,或者与坐标轴 τ_θ 相交,因此 σ' 和 σ'' 也有可能为负值,或者一正一负。

还需要指出的是,应力圆的功能主要不是作为图解法的工具用以量测某些量。它一方面通过明晰的几何关系帮助读者导出一些基本公式,而不是死记硬背这些公式;另一方面,也是更重要的方面是作为一种思考问题的工具，用以分析和解决一些难度较大的问题。请读者分析本章中的某些习题时注意充分利用这种工具。

> **【例题 10-4】** 已知应力状态如图 10-9(a)中所示。
> (1) 试写出主应力 σ_1、σ_2、σ_3 的表达式；
> (2) 若已知 $\sigma_x=63.7$ MPa，$\tau_{xy}=76.4$ MPa，当坐标轴 x、y 逆时针方向旋转 $\theta=120°$ 后至 x'、y'，求：σ_θ、$\sigma_{\theta+\pi/2}$、τ_θ。

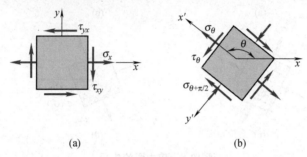

图 10-9 例题 10-4 图

解：(1) 确定主应力

因为 $\sigma_y=0$，所以由式(10-5a)和(10-5b)，求得两个非零主应力分别为

$$\sigma' = \frac{\sigma_x}{2} + \frac{1}{2}\sqrt{\sigma_x^2 + 4\tau_{xy}^2} > 0$$

$$\sigma'' = \frac{\sigma_x}{2} - \frac{1}{2}\sqrt{\sigma_x^2 + 4\tau_{xy}^2} < 0$$

因为是平面应力状态，故有 $\sigma'''=0$。于是，根据 $\sigma_1 > \sigma_2 > \sigma_3$ 的排列顺序，得

$$\left.\begin{array}{l}\sigma_1 = \sigma' = \dfrac{\sigma_x}{2} + \dfrac{1}{2}\sqrt{\sigma_x^2 + 4\tau_{xy}^2} \\ \sigma_2 = \sigma'' = 0 \\ \sigma_3 = \sigma''' = \dfrac{\sigma_x}{2} - \dfrac{1}{2}\sqrt{\sigma_x^2 + 4\tau_{xy}^2}\end{array}\right\}$$

(2) 计算方向面法线旋转后的应力分量

将已知数据 $\sigma_x=63.7$ MPa，$\sigma_y=0$，$\tau_{xy}=-\tau_{yx}=76.4$ MPa，$\theta=120°$ 等代入任意方向面上应力分量的表达式(10-1)，求得

$$\sigma_\theta = [63.7 \times 10^6 \cos^2 120° - 2 \times 76.4 \times 10^6 \sin 120° \cos 120°]\text{ Pa}$$
$$= 82.1 \times 10^6 \text{ Pa} = 82.1 \text{ MPa}$$

$$\sigma_{\theta+\pi/2} = [63.7 \times 10^6 \sin^2 120° + 2 \times 76.4 \times 10^6 \sin 120° \cos 120°]\text{ Pa}$$
$$= -18.4 \times 10^6 \text{ Pa} = -18.4 \text{ MPa}$$

$$\tau_\theta = [63.7 \times 10^6 \sin 120° \cos 120° + 76.4 \times 10^6 \cos^2 120° - 76.4 \times 10^6 \sin^2 120°]\text{ Pa}$$
$$= -65.8 \times 10^6 \text{ Pa} = -65.8 \text{ MPa}$$

$$\tau_{\theta+\pi/2} = -\tau_\theta = 65.8 \text{ MPa}$$

旋转后的应力状态如图 10-9(b)所示。

【例题 10-5】 对于图 10-10(a)中所示之平面应力状态,若要求面内最大剪应力 $\tau' \leqslant 85\text{ MPa}$,试求 τ_{xy} 的取值范围。图中应力的单位为 MPa。

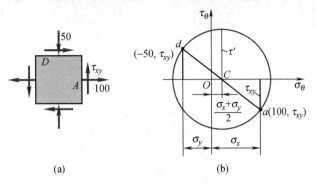

图 10-10 例题 10-5 图

解:首先建立 $O\sigma_\theta\tau_\theta$ 坐标系,根据微元 A、D 两个面上正应力和剪应力的大小和正负,在坐标系 $O\sigma_\theta\tau_\theta$ 中找到对应的点 a 和 d,确定圆心和半径,画出应力圆如图 10-10(b)所示。根据图中的几何关系,不难得到

$$\left(\sigma_x - \frac{\sigma_x + \sigma_y}{2}\right)^2 + \tau_{xy}^2 = \tau'^2$$

根据题意,并将 $\sigma_x = 100\text{ MPa}$,$\sigma_y = -50\text{ MPa}$,$\tau' \leqslant 85\text{ MPa}$,代入上式后,得到

$$\tau_{xy}^2 \leqslant \left[(85 \times 10^6\text{ Pa})^2 - \left(\frac{100 \times 10^6\text{ Pa} + 50 \times 10^6\text{ Pa}}{2}\right)^2\right]$$

由此解得

$$\tau_{xy} \leqslant 40\text{ MPa}$$

*10.5 三向应力状态的特例分析

应用主应力的概念,三个主应力均不为零的应力状态,即为三向应力状态。前面已经提到,平面应力状态也有三个主应力,只是其中有一个或两个主应力等于零。所以,平面应力状态是三向应力状态的特例。除此之外,**所谓三向应力状态的特例是指有一个主平面及其上之主应力为已知的三向应力状态的特殊情形。**

不失一般性,考查三个主平面均为已知及三个主应力($\sigma_1 > \sigma_2 > \sigma_3$)均不为零的情形,如图 10-11(a)所示。与这种应力状态对应的应力圆是怎样的?从应力圆上又可以得到什么结论?这是本节所要回答的问题。

10.5.1 三组特殊的方向面

因为三个主平面和主应力均为已知,故可以先将这种应力状态分解为三种平面应力状态,分析平行于三个主应力方向的三组特殊方向面上的应力。

1. 平行于主应力 σ_1 方向的方向面

若用平行于 σ_1 的任意方向面从微元中截出一局部,不难看出,与 σ_1 相关的力自相平

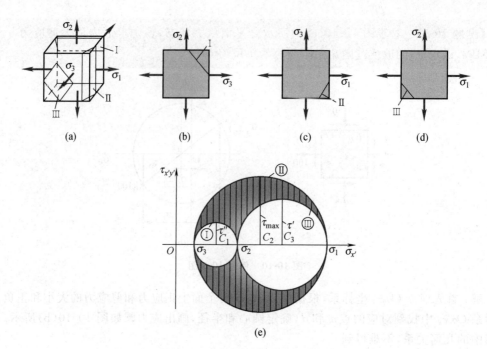

图 10-11 三向应力状态的应力圆

衡,因而 σ_1 对这一组方向面上的应力无影响。这时,可将其视为只有 σ_2 和 σ_3 作用的平面应力状态,如图 10-11(b)所示。

2. 平行于主应力 σ_2 方向的方向面

这一组方向面上的应力与 σ_2 无关,这时,可将其视为只有 σ_1 和 σ_3 作用的平面应力状态,如图 10-11(c)所示。

3. 平行于主应力 σ_3 方向的方向面

研究这一组方向面上的应力,可将其视为只有 σ_1 和 σ_2 作用的平面应力状态,如图 10-11(d)所示。

10.5.2 三向应力状态的应力圆

根据图 10-11(b)、(c)、(d)中所示的平面应力状态,可作出三个与其对应的应力圆Ⅰ、Ⅱ、Ⅲ,如图 10-11(e)所示。三个应力圆上的点分别对应三向应力状态中三组特殊方向面上的应力。这三个圆统称为三向应力状态应力圆(stress circle of three dimensional stress-state)。

从图 10-11(e)可以看出,微元内的最大剪应力表达式与式(10-11)一致。

应用弹性力学的理论,还可以证明,三向应力状态中任意方向面上的应力对应着上述三个应力圆之间所围区域(图 10-11(e)中阴影线部分)内某一点的坐标值。这已超出本课程所涉及范围,故不赘述。

【例题 10-6】 三向应力状态如图 10-12(a)所示,图中应力的单位为 MPa。试求主应力及微元内的最大剪应力。

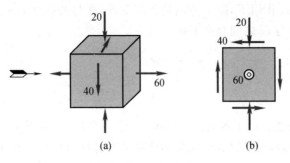

图 10-12　例题 10-6 图

解：所给的应力状态中有一个主应力是已知的，即 $\sigma''' = 60$ MPa，故微元上平行于 σ''' 的方向面上的应力值与 σ''' 无关。因此，当确定这一组方向面上的应力，以及这一组方向面中的主应力 σ' 和 σ'' 时，可以将所给的应力状态视为图 10-12(b) 所示之平面应力状态。这与例题 10-4 中的平面应力状态相类似。于是，例题 10-4 中所得到的主应力 σ' 和 σ'' 公式可直接应用

$$\sigma' = \frac{\sigma_x}{2} + \frac{1}{2}\sqrt{\sigma_x^2 + 4\tau_{xy}^2} > 0$$

$$\sigma'' = \frac{\sigma_x}{2} - \frac{1}{2}\sqrt{\sigma_x^2 + 4\tau_{xy}^2} < 0$$

本例中 $\sigma_x = -20$ MPa，$\tau_{xy} = -40$ MPa，$\sigma_y = 0$，代入，求得

$$\sigma' = \left[\frac{(-20) \times 10^6}{2} + \frac{1}{2}\sqrt{(-20 \times 10^6)^2 + 4(-40 \times 10^6)^2}\right] \text{Pa}$$

$$= 31.23 \times 10^6 \text{ Pa} = 31.23 \text{ MPa}$$

$$\sigma'' = \left[\frac{(-20) \times 10^6}{2} - \frac{1}{2}\sqrt{(-20 \times 10^6)^2 + 4(-40 \times 10^6)^2}\right] \text{Pa}$$

$$= -51.23 \times 10^6 \text{ Pa} = -51.23 \text{ MPa}$$

根据 $\sigma_1 \geqslant \sigma_2 \geqslant \sigma_3$ 的排列顺序，可以写出

$$\sigma_1 = 60 \text{ MPa}$$
$$\sigma_2 = 31.23 \text{ MPa}$$
$$\sigma_3 = -51.23 \text{ MPa}$$

微元内的最大剪应力

$$\tau_{\max} = \frac{\sigma_1 - \sigma_3}{2} = \left(\frac{60 \times 10^6 + 51.23 \times 10^6}{2}\right) \text{Pa} = 55.6 \times 10^6 \text{ Pa} = 55.6 \text{ MPa}$$

10.6　复杂应力状态下的应力-应变关系　应变能密度

10.6.1　广义胡克定律

根据各向同性材料在弹性范围内应力-应变关系的实验结果，可以得到单向应力状态下微元沿正应力方向的正应变

$$\varepsilon_x = \frac{\sigma_x}{E} \tag{10-13a}$$

实验结果还表明,在 σ_x 作用下,除 x 方向的正应变外,在与其垂直的 y、z 方向亦有反号的正应变 ε_y、ε_z 存在,二者与 ε_x 之间存在下列关系:

$$\varepsilon_y = -\nu\varepsilon_x = -\nu\frac{\sigma_x}{E} \tag{10-13b}$$

$$\varepsilon_z = -\nu\varepsilon_x = -\nu\frac{\sigma_x}{E} \tag{10-13c}$$

其中,ν 为材料的泊松比。对于各向同性材料,上述二式中的泊松比是相同的。

对于纯剪应力状态,前已提到剪应力和剪应变在弹性范围也存在比例关系,即

$$\gamma = \frac{\tau}{G} \tag{10-13d}$$

在小变形条件下,考虑到正应力与剪应力所引起的正应变和剪应变,都是相互独立的,因此,应用叠加原理,可以得到图 10-13(a) 所示一般应力(三向应力)状态下的应力-应变关系。

$$\left.\begin{aligned}
\varepsilon_x &= \frac{1}{E}[\sigma_x - \nu(\sigma_y + \sigma_z)] \\
\varepsilon_y &= \frac{1}{E}[\sigma_y - \nu(\sigma_z + \sigma_x)] \\
\varepsilon_z &= \frac{1}{E}[\sigma_z - \nu(\sigma_x + \sigma_y)] \\
\gamma_{xy} &= \frac{\tau_{xy}}{G} \\
\gamma_{xz} &= \frac{\tau_{xz}}{G} \\
\gamma_{yz} &= \frac{\tau_{yz}}{G}
\end{aligned}\right\} \tag{10-14}$$

上式称为一般应力状态下的**广义胡克定律**(generalization Hooke law)。

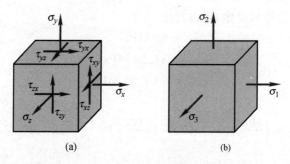

图 10-13 一般应力状态下的应力-应变关系

若微元的三个主应力已知时,其应力状态如图 10-13(b) 所示,这时广义胡克定律变为

$$\left.\begin{aligned}
\varepsilon_1 &= \frac{1}{E}[\sigma_1 - \nu(\sigma_2 + \sigma_3)] \\
\varepsilon_2 &= \frac{1}{E}[\sigma_2 - \nu(\sigma_3 + \sigma_1)] \\
\varepsilon_3 &= \frac{1}{E}[\sigma_3 - \nu(\sigma_1 + \sigma_2)]
\end{aligned}\right\} \tag{10-15}$$

式中，ε_1、ε_2、ε_3 分别为沿主应力 σ_1、σ_2、σ_3 方向的应变，称为**主应变**(principal strain)。

对于**平面应力状态**($\sigma_z = 0$)，广义胡克定律(10-14)简化为

$$\left. \begin{aligned} \varepsilon_x &= \frac{1}{E}(\sigma_x - \nu\sigma_y) \\ \varepsilon_y &= \frac{1}{E}(\sigma_y - \nu\sigma_x) \\ \varepsilon_z &= -\frac{\nu}{E}(\sigma_x + \sigma_y) \\ \gamma_{xy} &= \frac{\tau_{xy}}{G} \end{aligned} \right\} \tag{10-16}$$

10.6.2 各向同性材料各弹性常数之间的关系

对于同一种各向同性材料，广义胡克定律中的三个弹性常数并不完全独立，它们之间存在下列关系：

$$G = \frac{E}{2(1+\nu)} \tag{10-17}$$

需要指出的是，对于绝大多数各向同性材料，泊松比一般在 $0 \sim 0.5$ 之间取值，因此，切变模量 G 的取值范围为：$E/3 < G < E/2$。

【例题 10-7】 图 10-14 所示的钢质立方体块，其各个面上都承受均匀静水压力 p。已知边长 AB 的改变量 $\Delta AB = -24 \times 10^{-3}$ mm，$E = 200$ GPa，$\nu = 0.29$。试：
(1) 求 BC 和 BD 边的长度改变量；
(2) 确定静水压力值 p。

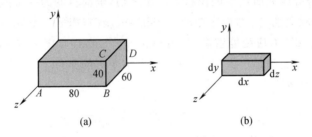

图 10-14 例题 10-7 图

解：(1) 计算 BC 和 BD 边的长度改变量

在静水压力作用下，弹性体各方向发生均匀变形，因而任意一点均处于三向等压应力状态，且

$$\sigma_x = \sigma_y = \sigma_z = -p \tag{a}$$

应用广义胡克定律，得

$$\varepsilon_x = \varepsilon_y = \varepsilon_z = -\frac{p}{E}(1 - 2\nu) \tag{b}$$

由已知条件，有

$$\varepsilon_x = \frac{\Delta AB}{AB} = -0.3 \times 10^{-3} \tag{c}$$

于是,得

$$\Delta BC = \varepsilon_y BC = [(-0.3\times 10^{-3})\times 40\times 10^{-3}]\,\text{m} = -12\times 10^{-3}\,\text{mm}$$

$$\Delta BD = \varepsilon_y BD = [(-0.3\times 10^{-3})\times 60\times 10^{-3}]\,\text{m} = -18\times 10^{-3}\,\text{mm}$$

(2) 确定静水压力值 p

将式(c)中的结果及 E、ν 的数值代入式(b),解得:

$$p = -\frac{E\varepsilon_x}{1-2\nu} = \left[\frac{-200\times 10^9 \times (-0.3\times 10^{-3})}{1-2\times 0.29}\right]\text{Pa}$$

$$= 142.9\times 10^6\,\text{Pa} = 142.9\,\text{MPa}$$

10.6.3 总应变能密度

考查图 10-15(a)中以主应力表示的三向应力状态,其主应力和主应变分别为 σ_1、σ_2、σ_3 和 ε_1、ε_2、ε_3。假设应力和应变都同时自零开始逐渐增加至终值。

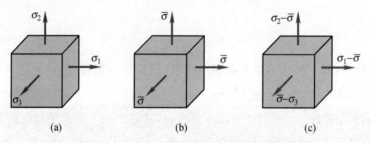

图 10-15 微元的形状改变与体积改变

根据能量守恒原理,材料在弹性范围内工作时,微元三对面上的力(其值为应力与面积之乘积)在由各自对应应变所产生的位移上所做之功,全部转变为一种能量,贮存于微元内。这种能量称为**弹性应变能**,简称为**应变能**(strain energy),用 $\mathrm{d}V_\varepsilon$ 表示。若以 $\mathrm{d}V$ 表示微元的体积,则定义 $\mathrm{d}V_\varepsilon/\mathrm{d}V$ 为**应变能密度**(strain-energy density),用 v_ε 表示。

当材料的应力-应变满足广义胡克定律时,在小变形的条件下,相应的力和位移 Δ 亦存在线性关系。这时力做功为

$$W = \frac{1}{2}F_P\Delta \tag{10-18}$$

对于弹性体,此功将转变为弹性应变能 V_ε。

设微元的三对边长分别为 $\mathrm{d}x$、$\mathrm{d}y$、$\mathrm{d}z$,则作用在微元三对面上的力分别为 $\sigma_1\mathrm{d}y\mathrm{d}z$、$\sigma_2\mathrm{d}x\mathrm{d}z$、$\sigma_3\mathrm{d}x\mathrm{d}y$,与这些力对应的位移分别为 $\varepsilon_1\mathrm{d}x$、$\varepsilon_2\mathrm{d}y$、$\varepsilon_3\mathrm{d}z$。这些力在各自位移上所做之功,都可以用式(10-18)计算。于是,作用在微元上的所有力做功之和为

$$\mathrm{d}W = \frac{1}{2}(\sigma_1\varepsilon_1 + \sigma_2\varepsilon_2 + \sigma_3\varepsilon_3)\mathrm{d}x\mathrm{d}y\mathrm{d}z$$

储存于微元体内的应变能为

$$\mathrm{d}V_\varepsilon = \mathrm{d}W = \frac{1}{2}(\sigma_1\varepsilon_1 + \sigma_2\varepsilon_2 + \sigma_3\varepsilon_3)\mathrm{d}V$$

根据应变能密度的定义,并应用式(10-18),得到三向应力状态下,总应变能密度表达式:

$$v_\varepsilon = \frac{1}{2E}[\sigma_1^2 + \sigma_2^2 + \sigma_3^2 - 2\nu(\sigma_1\sigma_2 + \sigma_2\sigma_3 + \sigma_3\sigma_1)] \tag{10-19}$$

10.6.4 体积改变能密度与畸变能密度

一般情形下,物体变形时,同时包含了体积改变与形状改变。因此,总应变能密度包含相互独立的两种应变能密度,即

$$v_\varepsilon = v_V + v_d \tag{10-20}$$

式中,v_V 和 v_d 分别称为**体积改变能密度**(strain-energy density corresponding to the change of volume)和**畸变能密度**(strain-energy density corresponding to the distortion)。

将用主应力表示的三向应力状态(图 10-15(a))分解为图 10-15(b)、(c)中所示之两种应力状态的叠加。其中,$\bar{\sigma}$ 称为**平均应力**(average stress):

$$\bar{\sigma} = \frac{1}{3}(\sigma_1 + \sigma_2 + \sigma_3) \tag{10-21}$$

图 10-15(b)中所示为三向等拉应力状态,在这种应力状态作用下,微元只产生体积改变,而没有形状改变。图 10-15(c)中所示之应力状态,读者可以证明,它将使微元只产生形状改变,而没有体积改变。

对于图 10-15(b)中的微元,将式(10-21)代入式(10-19),算得其体积改变能密度

$$v_V = \frac{1-2\nu}{6E}(\sigma_1 + \sigma_2 + \sigma_3)^2 \tag{10-22}$$

将式(10-19)和(10-22)代入式(10-20),得到微元的畸变能密度

$$v_d = \frac{1+\nu}{6E}[(\sigma_1 - \sigma_2)^2 + (\sigma_2 - \sigma_3)^2 + (\sigma_3 - \sigma_1)^2] \tag{10-23}$$

10.7 工程设计中常用的强度理论

前面已经提到,大量实验结果表明,材料在常温、静载作用下主要发生两种形式的强度失效:一种是屈服;另一种是**断裂**。

本节将通过对屈服和断裂原因的假说,直接应用单向拉伸的实验结果,建立材料在各种应力状态下的屈服与断裂的失效判据,以及相应的设计准则。我国国内的材料力学教材关于强度设计准则,一直沿用前苏联的名词,叫做强度理论。

关于断裂的准则有最大拉应力准则(第一强度理论)和最大拉应变准则(第二强度理论),由于最大拉应变准则只与少数材料的实验结果相吻合,工程上已经很少应用。关于**屈服的准则**主要有最大剪应力准则(第三强度理论)和畸变能密度准则(第四强度理论)。

10.7.1 第一强度理论

第一强度理论又称为**最大拉应力准则**(maximum tensile stress criterion),最早由英国的兰金(Rankine. W. J. M.)提出,他认为引起材料断裂破坏的原因是由于最大正应力达到某个共同的极限值。对于拉、压强度相同的材料,这一理论现在已被修正为最大拉应力理论。

第一强度理论认为:无论材料处于什么应力状态,只要发生脆性断裂,其共同原因都是由于微元内的最大拉应力 σ_{max} 达到了某个共同的极限值 σ_{max}^0。

根据这一理论,"无论什么应力状态",当然包括单向应力状态。脆性材料单向拉伸实验结果表明,当横截面上的正应力 $\sigma = \sigma_b$ 时发生脆性断裂。对于单向拉伸,横截面上的正应

力,就是微元所有方向面中的最大正应力,即 $\sigma_{\max}=\sigma$,所以 σ_b 就是所有应力状态发生脆性断裂的极限值:

$$\sigma_{\max}^0 = \sigma_b \tag{10-24a}$$

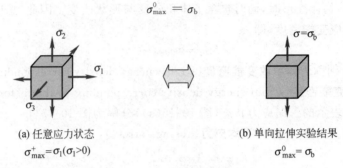

(a) 任意应力状态
$\sigma_{\max}^+ = \sigma_1(\sigma_1 > 0)$

(b) 单向拉伸实验结果
$\sigma_{\max}^0 = \sigma_b$

图 10-16　第一强度理论

同时,无论什么应力状态,只要存在大于零的正应力,σ_1 就是最大拉应力,即

$$\sigma_{\max} = \sigma_1 \tag{10-24b}$$

比较图 10-16(a) 和 (b),由 (10-24a)、(10-24b) 二式,得到所有应力状态发生脆性断裂的失效判据为

$$\sigma_1 = \sigma_b \tag{10-24c}$$

相应的设计准则为

$$\sigma_1 \leqslant [\sigma] = \frac{\sigma_b}{n_b} \tag{10-25}$$

式中,σ_b 为材料的强度极限;n_b 为对应的安全因数。

这一理论与均质的脆性材料(如玻璃、石膏以及某些陶瓷)的实验结果吻合得较好。

*10.7.2　第二强度理论

第二强度理论又称为**最大拉应变准则**(maximum tensile strain criterion),也是关于无裂纹脆性材料构件的断裂失效的理论。

第二强度理论认为:无论材料处于什么应力状态,只要发生脆性断裂,其共同原因都是由于微元的最大拉应变 ε_1 达到了某个共同的极限值 ε_1^0。

根据这一理论以及胡克定律,单向应力状态的最大拉应变 $\varepsilon_{\max} = \dfrac{\sigma_{\max}}{E} = \dfrac{\sigma}{E}$,$\sigma$ 为横截面上的正应力;脆性材料单向拉伸实验结果表明,当 $\sigma = \sigma_b$ 时,发生脆性断裂,这时的最大应变值为 $\varepsilon_{\max}^0 = \dfrac{\sigma_{\max}}{E} = \dfrac{\sigma_b}{E}$;所以 $\dfrac{\sigma_b}{E}$ 就是所有应力状态发生脆性断裂的极限值

$$\varepsilon_{\max}^0 = \frac{\sigma_b}{E} \tag{10-26a}$$

同时,对于主应力为 σ_1、σ_2、σ_3 的任意应力状态,根据广义胡克定律,最大拉应变为

$$\varepsilon_{\max} = \frac{\sigma_1}{E} - \nu\frac{\sigma_2}{E} - \nu\frac{\sigma_3}{E} = \frac{1}{E}(\sigma_1 - \nu\sigma_2 - \nu\sigma_3) \tag{10-26b}$$

比较图 10-17(a) 和 (b),由 (10-26a)、(10-26b) 二式,得到所有应力状态发生脆性断裂的失效判据为

$$\sigma_1 - \nu(\sigma_2 + \sigma_3) = \sigma_b \tag{10-26c}$$

相应的设计准则为

$$\sigma_1 - \nu(\sigma_2 + \sigma_3) \leqslant [\sigma] = \frac{\sigma_b}{n_b} \tag{10-27}$$

式中,σ_b 为材料的强度极限;n_b 为对应的安全因数。

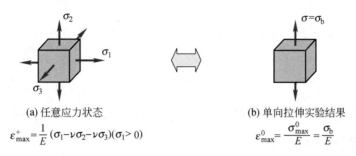

(a) 任意应力状态　　　　　　　(b) 单向拉伸实验结果

$\varepsilon_{\max}^{+} = \dfrac{1}{E}(\sigma_1 - \nu\sigma_2 - \nu\sigma_3)(\sigma_1 > 0)$　　　$\varepsilon_{\max}^{0} = \dfrac{\sigma_{\max}^{0}}{E} = \dfrac{\sigma_b}{E}$

图 10-17　第二强度理论

这一理论只与少数脆性材料的实验结果吻合。

10.7.3　第三强度理论

第三强度理论又称为**最大剪应力准则**(maximum shearing stress criterion)。

第三强度理论认为:无论材料处于什么应力状态,只要发生屈服(或剪断),其共同原因都是由于微元内的最大剪应力 $\tau_{\max}$ 达到了某个共同的极限值 $\tau_{\max}^{0}$。

根据这一理论,由拉伸实验得到的屈服应力 σ_s,即可确定各种应力状态下发生屈服时最大剪应力的极限值 $\tau_{\max}^{0}$。

轴向拉伸实验发生屈服时,横截面上的正应力达到屈服强度,即 $\sigma = \sigma_s$,此时最大剪应力

$$\tau_{\max} = \frac{\sigma_1 - \sigma_3}{2} = \frac{\sigma}{2} = \frac{\sigma_s}{2} \tag{10-28a}$$

因此,根据第三强度理论,$\sigma_s/2$ 即为所有应力状态下发生屈服时最大剪应力的极限值,即

$$\tau_{\max}^{0} = \frac{\sigma_s}{2} \tag{10-28b}$$

同时,对于主应力为 σ_1、σ_2、σ_3 的任意应力状态,其最大剪应力为

$$\tau_{\max} = \frac{\sigma_1 - \sigma_3}{2} \tag{10-28c}$$

比较图 10-18(a)和(b),由(10-28b)、(10-28c)二式,任意应力状态发生屈服时的失效判据可以写成

$$\sigma_1 - \sigma_3 = \sigma_s \tag{10-28d}$$

据此,得到相应的设计准则

$$\sigma_1 - \sigma_3 \leqslant [\sigma] = \frac{\sigma_s}{n_s} \tag{10-29}$$

式中,$[\sigma]$ 为许用应力;n_s 为安全因数。

第三强度理论最早由法国工程师、科学家**库仑**(Coulomb,C.-A. de)于 1773 年提出,是关于剪断的理论,并应用于建立土的破坏条件;1864 年特雷斯卡(Tresca)通过挤压实验研

究屈服现象和屈服准则,将剪断准则发展为屈服准则,因而这一理论又称为特雷斯卡准则。

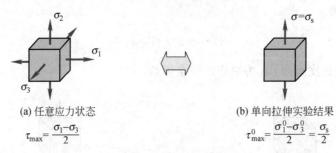

(a) 任意应力状态
$$\tau_{max}^0 = \frac{\sigma_1 - \sigma_3}{2}$$

(b) 单向拉伸实验结果
$$\tau_{max}^0 = \frac{\sigma_1^0 - \sigma_3^0}{2} = \frac{\sigma_s}{2}$$

图 10-18 第三强度理论

试验结果表明,这一准则能够较好地描述低强化韧性材料(例如退火钢)的屈服状态。

10.7.4 第四强度理论

第四强度理论又称为**畸变能密度准则**(criterion of strain energy density corresponding to distortion)。

第四强度理论认为:无论材料处于什么应力状态,只要发生屈服(或剪断),其共同原因都是由于微元内的畸变能密度 v_d 达到了某个共同的极限值 v_d^0。

根据这一理论,由拉伸屈服试验结果 σ_s,即可确定各种应力状态下发生屈服时畸变能密度的极限值 v_d^0。

因为单向拉伸实验至屈服时,$\sigma_1 = \sigma_s$,$\sigma_2 = \sigma_3 = 0$,这时的畸变能密度,就是所有应力状态发生屈服时的极限值,即

$$v_d^0 = \frac{1+\nu}{6E}[(\sigma_1-\sigma_2)^2 + (\sigma_2-\sigma_3)^2 + (\sigma_3-\sigma_1)^2] = \frac{1+\nu}{3E}\sigma_s^2 \tag{10-30a}$$

同时,对于主应力为 σ_1、σ_2、σ_3 的任意应力状态,其畸变能密度为

$$v_d = \frac{1+\nu}{6E}[(\sigma_1-\sigma_2)^2 + (\sigma_2-\sigma_3)^2 + (\sigma_3-\sigma_1)^2] \tag{10-30b}$$

比较图 10-19(a)和(b),由(10-30a)、(10-30b)二式,得到主应力为 σ_1、σ_2、σ_3 的任意应力状态屈服失效判据为

$$\frac{1}{2}[(\sigma_1-\sigma_2)^2 + (\sigma_2-\sigma_3)^2 + (\sigma_3-\sigma_1)^2] = \sigma_s^2 \tag{10-30c}$$

相应的设计准则为

$$\sqrt{\frac{1}{2}[(\sigma_1-\sigma_2)^2 + (\sigma_2-\sigma_3)^2 + (\sigma_3-\sigma_1)^2]} \leqslant [\sigma] = \frac{\sigma_s}{n_s} \tag{10-31}$$

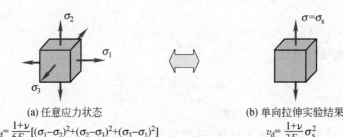

(a) 任意应力状态
$$v_d = \frac{1+\nu}{6E}[(\sigma_1-\sigma_2)^2+(\sigma_2-\sigma_3)^2+(\sigma_3-\sigma_1)^2]$$

(b) 单向拉伸实验结果
$$v_d = \frac{1+\nu}{3E}\sigma_s^2$$

图 10-19 第四强度理论

畸变能密度准则由米泽斯(R. von Mises)于1913年从修正最大剪应力准则出发提出的。1924年德国的亨奇(H. Hencky)从畸变能密度出发对这一准则作了解释,从而形成了畸变能密度准则,因此,这一理论又称为米泽斯准则。

1926年,德国的洛德(Lode W.)通过薄壁圆管同时承受轴向拉伸与内压力时的屈服实验,验证米泽斯准则。他发现,对于碳素钢和合金钢等韧性材料,米泽斯准则与实验结果吻合得相当好。其他大量的试验结果还表明,米泽斯准则能够很好地描述铜、镍、铝等大量工程韧性材料的屈服状态。

【例题 10-8】 已知灰铸铁构件上危险点处的应力状态。如图 10-20 所示。若铸铁拉伸许用应力为 $[\sigma]^+ = 30$ MPa,试校核该点处的强度是否安全。

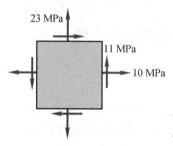

图 10-20 例题 10-8 图

解:根据所给的应力状态,在微元各个面上只有拉应力而无压应力。因此,可以认为灰铸铁在这种应力状态下可能发生脆性断裂,故采用第一强度理论,即

$$\sigma_1 \leqslant [\sigma]^+$$

对于所给的平面应力状态,可算得非零主应力值为

$$\begin{matrix}\sigma' \\ \sigma''\end{matrix} = \frac{\sigma_x + \sigma_y}{2} \pm \frac{1}{2}\sqrt{(\sigma_x - \sigma_y)^2 + 4\tau_{xy}^2}$$

$$= \left\{\left[\frac{10+23}{2} \pm \frac{1}{2}\sqrt{(10-23)^2 + 4\times(-11)^2}\right]\times 10^6\right\} \text{Pa}$$

$$= (16.5 \pm 12.78)\times 10^6 \text{ Pa} = \begin{matrix}29.28 \text{ MPa}\\ 3.72 \text{ MPa}\end{matrix}$$

因为是平面应力状态,有一个主应力为零,故三个主应力分别为

$$\sigma_1 = 29.28 \text{ MPa}, \quad \sigma_2 = 3.72 \text{ MPa}, \quad \sigma_3 = 0$$

显然,

$$\sigma_1 = 29.28 \text{ MPa} < [\sigma] = 30 \text{ MPa}$$

故此危险点强度是安全的。

【例题 10-9】 某结构上危险点处的应力状态如图 10-21 所示,其中 $\sigma=116.7$ MPa,$\tau=46.3$ MPa。材料为钢,许用应力 $[\sigma]=160$ MPa。试校核此结构是否安全。

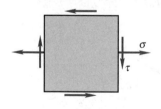

图 10-21 例题 10-9 图

解:对于这种平面应力状态,不难求得非零的主应力为

$$\begin{matrix}\sigma'\\\sigma''\end{matrix} = \frac{\sigma}{2} \pm \frac{1}{2}\sqrt{\sigma^2 + 4\tau^2}$$

因为有一个主应力为零,故有

$$\left.\begin{matrix}\sigma_1 = \dfrac{\sigma}{2} + \dfrac{1}{2}\sqrt{\sigma^2 + 4\tau^2}\\ \sigma_2 = 0\\ \sigma_3 = \dfrac{\sigma}{2} - \dfrac{1}{2}\sqrt{\sigma^2 + 4\tau^2}\end{matrix}\right\} \quad (10\text{-}32)$$

钢材在这种应力状态下可能发生屈服,故可采用第三或第四强度理论进行强度计算。根据第三强度理论和第四强度理论,有

$$\sigma_1 - \sigma_3 = \sqrt{\sigma^2 + 4\tau^2} \leqslant [\sigma] \tag{10-33}$$

$$\sqrt{\frac{1}{2}[(\sigma_1-\sigma_2)^2+(\sigma_2-\sigma_3)^2+(\sigma_3-\sigma_1)^2]} = \sqrt{\sigma^2+3\tau^2} \leqslant [\sigma] \tag{10-34}$$

将已知的 σ 和 τ 数值代入上述二式不等号的左侧,得

$$\sqrt{\sigma^2+4\tau^2} = \sqrt{116.7^2\times10^{12}+4\times46.3^2\times10^{12}}\,\text{Pa}$$
$$= 149.0\times10^6\,\text{Pa} = 149.0\,\text{MPa}$$

$$\sqrt{\sigma^2+3\tau^2} = \sqrt{116.7^2\times10^{12}+3\times46.3^2\times10^{12}}\,\text{Pa}$$
$$= 141.6\times10^6\,\text{Pa} = 141.6\,\text{MPa}$$

二者均小于$[\sigma]=160$ MPa。可见,采用最大剪应力准则或畸变能密度准则进行强度校核,该结构都是安全的。

10.8 圆轴承受弯曲与扭转共同作用时的强度计算

10.8.1 计算简图

借助于带轮或齿轮传递功率的传动轴,如图10-22(a)所示。工作时在齿轮的齿上均有外力作用。将作用在齿轮上的力向轴的截面形心简化便得到与之等效的力和力偶,这表明轴将承受横向载荷和扭转载荷,如图10-22(b)所示。为简单起见,可以用轴线受力图代替图10-22(b)中的受力图,如图10-22(c)所示。这种图称为传动轴的计算简图。

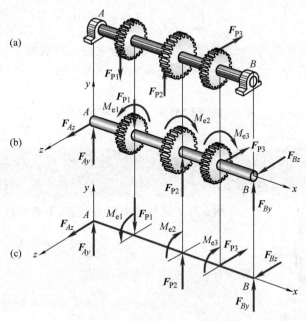

图 10-22 传动轴及其计算简图

为对承受弯曲与扭转共同作用下的圆轴进行强度设计,一般需画出弯矩图和扭矩图(剪力一般忽略不计),并据此确定传动轴上可能的危险面。因为是圆截面,所以当危险面上有两个弯矩 M_y 和 M_z 同时作用时,应按矢量求和的方法,确定危险面上总弯矩 M 的大小与方向(图 10-23(a)、(b))。

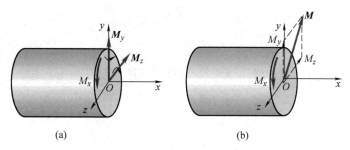

图 10-23 危险截面上的内力分量

10.8.2 危险点及其应力状态

根据截面上的总弯矩 M 和扭矩 M_x 的实际方向,以及它们分别产生的正应力和剪应力分布,即可确定承受弯曲与扭转圆轴的危险点及其应力状态,如图 10-24(a)、(b)所示。微元各面上的正应力和剪应力分别为

$$\sigma = \frac{M}{W}, \quad \tau = \frac{M_x}{W_P}$$

其中,

$$W = \frac{\pi d^3}{32}, \quad W_P = \frac{\pi d^3}{16}$$

式中,d 为圆轴的直径。

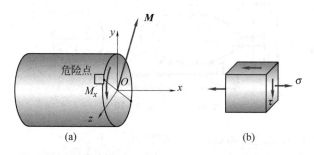

图 10-24 承受弯曲与承受扭转圆轴的危险点及其应力状态

10.8.3 强度设计准则与设计公式

图 10-24 的应力状态与例题 10-9 中的应力状态相同。因为承受弯曲与扭转的圆轴一般由韧性材料制成,故可用最大剪应力准则或畸变能密度准则作为强度设计的依据。于是,得到与式(10-33)、式(10-34)完全相同的设计准则:

$$\sqrt{\sigma^2 + 4\tau^2} \leqslant [\sigma]$$

$$\sqrt{\sigma^2 + 3\tau^2} \leqslant [\sigma]$$

将 σ 和 τ 的表达式代入上式,并考虑到 $W_P = 2W$,便得到

$$\frac{\sqrt{M^2 + M_x^2}}{W} \leqslant [\sigma] \tag{10-35}$$

$$\frac{\sqrt{M^2+0.75M_x^2}}{W} \leqslant [\sigma] \tag{10-36}$$

引入记号

$$M_{r3} = \sqrt{M^2+M_x^2} = \sqrt{M_x^2+M_y^2+M_z^2} \tag{10-37}$$

$$M_{r4} = \sqrt{M^2+0.75M_x^2} = \sqrt{0.75M_x^2+M_y^2+M_z^2} \tag{10-38}$$

式(10-35)、式(10-36)变为

$$\frac{M_{r3}}{W} \leqslant [\sigma] \tag{10-39}$$

$$\frac{M_{r4}}{W} \leqslant [\sigma] \tag{10-40}$$

式中，M_{r3} 和 M_{r4} 分别称为基于最大剪应力准则和基于畸变能密度准则的**计算弯矩**或**相当弯矩**(equivalent bending moment)。

需要指出的是，对于承受纯扭转的圆轴，只要令 M_{r3} 的表达式(10-37)或 M_{r4} 的表达式(10-38)中的弯矩 $M=0$，即可进行同样的设计计算。

【例题 10-10】 图 10-25 中所示之电动机的功率 $P=9$ kW，转速 $n=715$ r/min，带轮的直径 $D=250$ mm，皮带松边拉力为 F_P，紧边拉力为 $2F_P$。电动机轴外伸部分长度 $l=120$ mm，轴的直径 $d=40$ mm。若已知许用应力 $[\sigma]=60$ MPa，试用第三强度理论校核电动机轴的强度。

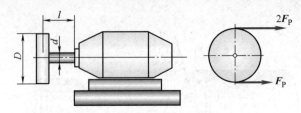

图 10-25 例题 10-10 图

解：(1) 计算外加力偶的力偶矩以及皮带拉力

电动机通过带轮输出功率，因而承受由皮带拉力引起的扭转和弯曲共同作用。根据轴传递的功率、轴的转速与外加力偶矩之间的关系，作用在带轮上的外加力偶矩为

$$M_e = 9549 \times \frac{P}{n} = 9549 \times \frac{9 \text{ kW}}{715 \text{ r/min}} = 120.2 \text{ N} \cdot \text{m}$$

根据作用在皮带上的拉力与外加力偶矩之间的关系，有

$$2F_P \times \frac{D}{2} - F_P \times \frac{D}{2} = M_e$$

于是，作用在皮带上的拉力

$$F_P = \frac{2M_e}{D} = \frac{2 \times 120.2 \text{ N} \cdot \text{m}}{250 \times 10^{-3} \text{ m}} = 961.6 \text{ N}$$

(2) 确定危险面上的弯矩和扭矩

将作用在带轮上的皮带拉力向轴线简化，得到一个力和一个力偶，即

$$F_R = 3F_P = 3 \times 961.6 \text{ N} = 2884.8 \text{ N}, \quad M_e = 120.2 \text{ N} \cdot \text{m}$$

轴的左端可以看作自由端,右端可视为固定端约束。由于问题比较简单,可以不必画出弯矩图和扭矩图,就可以直接判断出固定端处的横截面为危险面,其上之弯矩和扭矩分别为

$$M_{\max} = F_R l = 3F_P l = 3 \times 961.6 \text{ N} \times 120 \times 10^{-3} \text{ m} = 346.2 \text{ N} \cdot \text{m}$$

$$M_x = M_e = 120.2 \text{ N} \cdot \text{m}$$

应用第三强度理论,由式(10-35),有

$$\frac{\sqrt{M^2 + M_x^2}}{W} = \frac{\sqrt{(346.2 \text{ N} \cdot \text{m})^2 + (120.2 \text{ N} \cdot \text{m})^2}}{\dfrac{\pi (40 \times 10^{-3} \text{ m})^3}{32}}$$

$$= 58.32 \times 10^6 \text{ Pa} = 58.32 \text{ MPa} \leqslant [\sigma]$$

所以,电动机轴的强度是安全的。

【例题 10-11】 图 10-26(a)所示之圆杆 BD,左端固定,右端与刚性杆 AB 固结在一起。刚性杆的 A 端作用有平行于 y 坐标轴的力 F_P。若已知 $F_P = 5$ kN,$a = 300$ mm,$l = 500$ mm,材料为 Q235 钢,许用应力$[\sigma] = 140$ MPa。试分别用第三强度理论和第四强度理论设计圆杆 BD 的直径 d。

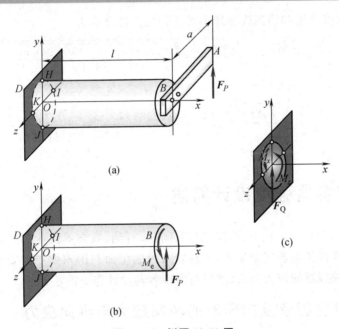

图 10-26 例题 10-11 图

解：(1) 将外力向轴线简化

将外力 F_P 向杆 BD 的 B 端简化,如图 10-26(b)所示,得到一个向上的力和一个绕 x 轴转动的力偶,其值分别为

$$F_P = 5 \text{ kN},$$

$$M_e = F_P \times a = 5 \times 10^3 \text{ N} \times 300 \times 10^{-3} \text{ m} = 1500 \text{ N} \cdot \text{m}$$

(2) 确定危险截面以及其上的内力分量

杆 BD 相当于一端固定的悬臂梁,在自由端承受集中力和扭转力偶的作用,同时发生弯曲和扭转变形。

不难看出，杆 BD 的所有横截面上的扭矩都是相同的，弯矩却不同，在固定端 D 处弯矩取最大值。因此固定端处的横截面为危险面。此外，危险面上还存在剪力，考虑到剪力的影响较小，可以忽略不计。

危险面上的扭矩和弯矩的数值分别为

弯矩 $M_z = F_P l = 5 \times 10^3 \text{ N} \times 500 \times 10^{-3} \text{ m} = 2500 \text{ N} \cdot \text{m}$

扭矩 $M_x = M_e = F_P a = 1500 \text{ N} \cdot \text{m}$

（3）应用设计准则设计 BD 杆的直径

应用第三强度理论和第四强度理论，由式(10-35)和式(10-36)有

$$\frac{\sqrt{M_z^2 + M_x^2}}{W} \leqslant [\sigma]$$

$$\frac{\sqrt{M_z^2 + 0.75 M_x^2}}{W} \leqslant [\sigma]$$

其中

$$W = \frac{\pi d^3}{32}$$

于是，根据第三强度理论和第四强度理论设计轴的直径分别为

$$d \geqslant \sqrt[3]{\frac{32 \times \sqrt{M_z^2 + M_x^2}}{\pi [\sigma]}} = \sqrt[3]{\frac{32 \times \sqrt{(2500 \text{ N} \cdot \text{m})^2 + (1500 \text{ N} \cdot \text{m})^2}}{\pi \times 140 \times 10^6 \text{ Pa}}}$$
$$= 0.0596 \text{ m} = 59.6 \text{ mm}$$

$$d \geqslant \sqrt[3]{\frac{32 \times \sqrt{M_z^2 + 0.75 M_x^2}}{\pi [\sigma]}} = \sqrt[3]{\frac{32 \times \sqrt{(2500 \text{ N} \cdot \text{m})^2 + 0.75 \times (1500 \text{ N} \cdot \text{m})^2}}{\pi \times 140 \times 10^6 \text{ Pa}}}$$
$$= 0.058\,96 \text{ m} = 59.0 \text{ mm}$$

10.9 薄壁容器强度设计简述

承受内压的薄壁容器是化工、热能、空调、制药、石油、航空等工业部门重要的零件或部件。薄壁容器的设计关系着安全生产，关系着人民的生命与国家财产的安全。本节首先介绍承受内压的薄壁容器的应力分析，然后对薄壁容器设计作一简述。

10.9.1 薄壁容器承受内压时的环向应力与纵向应力

考查图 10-27(a)中所示之两端封闭的、承受内压的薄壁容器。容器承受内压作用后，不仅要产生轴向变形，而且在圆周方向也要发生变形，即圆周周长增加。

因此，薄壁容器承受内压后，在横截面和纵截面上都将产生应力。作用在横截面上的正应力沿着容器轴线方向，故称为**轴向应力**或**纵向应力**(longitudinal stress)，用 σ_m 表示；

作用在纵截面上正应力沿着圆周的切线方向，故称为**环向应力**(hoop stress)，用 σ_t 表示。

因为容器壁较薄($D/\delta \gg 1$)，若不考虑端部效应，可认为上述二种应力均沿容器厚度方向均匀分布。因此，可以采用平衡方法和由流体静力学得到的结论，导出纵向和环向应力与平均直径 D、壁厚 δ、内压 p 的关系式。而且，由于壁很薄，可用平均直径近似代替内径。

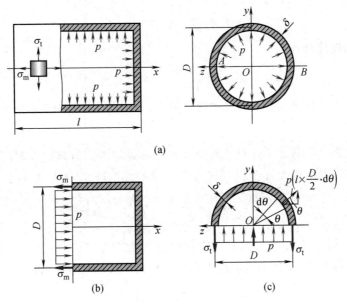

图 10-27 薄壁容器中的应力

用横截面和纵截面分别将容器截开,其受力分别如图 10-27(b)、(c)所示。根据平衡方程得

$$\sum F_x = 0, \quad \sigma_m(\pi D\delta) - p\frac{\pi D^2}{4} = 0$$

$$\sum F_y = 0, \quad \sigma_t(l \times 2\delta) - pDl = 0$$

可以得到纵向应力和环向应力的计算式分别为

$$\left.\begin{array}{l}\sigma_m = \dfrac{pD}{4\delta} \\ \sigma_t = \dfrac{pD}{2\delta}\end{array}\right\} \tag{10-41}$$

上述分析中,只涉及了容器表面的应力状态。在容器内壁,由于内压作用,还存在垂直于内壁的径向应力,$\sigma_r = -p$。但是,对于薄壁容器,由于 $D/\delta \gg 1$,故 $\sigma_r = -p$ 与 σ_m 和 σ_t 相比甚小。而且 σ_r 自内向外沿壁厚方向逐渐减小,至外壁时变为零。因此,忽略 σ_r 是合理的。

10.9.2 承受内压薄壁容器的强度设计简述

承受内压的薄壁容器,在忽略径向应力的情形下,其各点的应力状态均为平面应力状态,如图 10-27(a)中所示。而且 σ_m、σ_t 都是主应力。于是,按照代数值大小顺序,三个主应力分别为

$$\left.\begin{array}{l}\sigma_1 = \sigma_t = \dfrac{pD}{2\delta} \\ \sigma_2 = \sigma_m = \dfrac{pD}{4\delta} \\ \sigma_3 = 0\end{array}\right\} \tag{10-42}$$

以此为基础,考虑到薄壁容器由韧性材料制成,可以采用最大剪应力或畸变能密度准则进行强度设计。例如,应用最大剪应力准则,有

$$\sigma_1 - \sigma_3 = \frac{pD}{2\delta} - 0 \leqslant [\sigma]$$

由此得到壁厚的设计公式

$$\delta \geqslant \frac{pD}{2[\sigma]} + C \tag{10-43}$$

其中,C 为考虑加工、腐蚀等影响的附加壁厚量,有关的设计规范中都有明确的规定,不属于本书讨论的范围。

【例题 10-12】 图 10-27(a) 所示承受内压的薄壁容器。为测量容器所承受的内压力值,在容器表面用电阻应变片测得环向应变 $\varepsilon_t = 350 \times 10^{-6}$。若已知容器平均直径 $D = 500$ mm,壁厚 $\delta = 10$ mm,容器材料的弹性模量 $E = 210$ GPa,$\nu = 0.25$。试确定容器所承受的内压力。

解:容器表面各点均承受二向拉伸应力状态,如图 10-27(a) 中所示。所测得的环向应变不仅与环向应力有关,而且与纵向应力有关。根据广义胡克定律,得

$$\varepsilon_t = \frac{\sigma_t}{E} - \nu \frac{\sigma_m}{E}$$

将式(10-41)和有关数据代入上式,解得

$$p = \frac{2E\delta\varepsilon_t}{D(1-0.5\nu)} = \left[\frac{2 \times 210 \times 10^9 \text{ Pa} \times 10 \times 10^{-3} \text{ m} \times 350 \times 10^{-6}}{500 \times 10^{-3} \text{ m} \times (1-0.5 \times 0.25)}\right]$$
$$= 3.36 \times 10^6 \text{ Pa} = 3.36 \text{ MPa}$$

10.10 结论与讨论

10.10.1 关于应力状态的几点重要结论

关于应力状态,有以下几点重要结论:

(1) 应力的点和面的概念以及应力状态的概念,不仅是工程力学的基础,而且也是其他变形体力学的基础。

(2) 应力状态方向面上的应力与应力圆的类比关系,为分析应力状态提供了一种重要手段。需要注意的是,不应当将应力圆作为图解工具,因而无需用绘图仪器画出精确的应力圆,只要徒手即可画出。根据应力圆中的几何关系,就可以得到所需要的答案。

(3) 要注意区分面内最大剪应力与应力状态中的最大剪应力。为此,对于平面应力状态,要正确确定 σ_1、σ_2、σ_3,然后由式(10-11)计算一点处的最大剪应力。

10.10.2 平衡方法是分析应力状态最重要、最基本的方法

本章应用平衡方法建立了不同方向面上应力的转换关系。但是,平衡方法的应用不仅限于此,在分析和处理某些复杂问题时,也是非常有效的。例如图 10-28(a) 中所示的承受轴向拉伸的锥形杆(矩形截面),应用平衡方法可以证明:横截面 A—A 上各点的应力状态不会完全相同。

需要注意的是,考查微元及其局部平衡时,参加平衡的量只能是力,而不是应力。应力只有乘以其作用面的面积才能参与平衡。

第 10 章 应力状态与强度理论及其工程应用

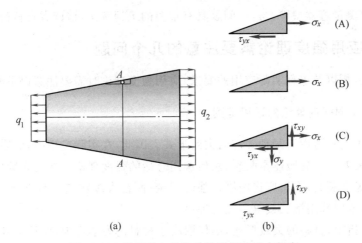

图 10-28 承受轴向拉伸的锥形杆的应力状态

又比如，图 10-28(b)中所示为从点 A 取出的应力状态，请读者应用平衡的方法，分析哪一种是正确的？

*10.10.3 关于应力状态的不同的表示方法

同一点的应力状态可以有不同的表示方法，但以主应力表示的应力状态最为重要。

对于图 10-29 中所示的四种应力状态，请读者分析哪几种是等价的？为了回答这一问题，首先，需要应用本章的分析方法，确定两个应力状态等价不仅要主应力的数值相同，而且主应力的作用线方向也必须相同。据此，才能判断哪些应力状态是等价的。

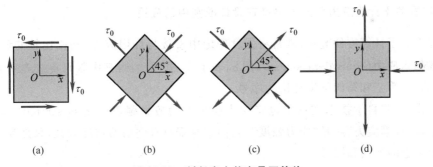

图 10-29 判断应力状态是否等价

10.10.4 正确应用广义胡克定律

对于一般应力状态的微元，其上某一方向的正应变不仅与这一方向上的正应力有关，而且还与单元体的另外两个垂直方向上的正应力有关。在小变形的条件下，剪应力在其作用方向以及与之垂直的方向都不会产生正应变，但在其余方向仍将产生正应变。

对于图 10-30 所示的承受内压的薄壁容器，怎样从表面一点处某一方向上的正应变（例如 $\varepsilon_{45°}$）推知容器所

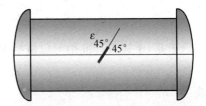

图 10-30 正确应用广义胡克定律

受内压,或间接测量容器壁厚。这一问题具有重要的工程意义,请读者自行研究。

10.10.5 应用强度理论需要注意的几个问题

根据本章分析以及工程实际应用的要求,应用强度理论时需要注意以下几方面问题。

1. 要注意不同强度理论的适用范围

上述强度理论只适用于某种确定的失效形式。因此,在实际应用中,应当先判别将会发生什么形式的失效——屈服还是断裂,然后选用合适的强度理论。在大多数应力状态下,脆性材料将发生脆性断裂,因而应选用第一强度理论;而在大多数应力状态下,韧性材料将发生屈服和剪断,故应选用第三或第四强度理论。

但是,必须指出,材料的失效形式,不仅取决于材料的力学行为,而且与其所处的应力状态、温度和加载速度等都有一定的关系。试验表明,韧性材料在一定的条件下(例如低温或三向拉伸时),会表现为脆性断裂;而脆性材料在一定的应力状态(例如三向压缩)下,会表现出塑性屈服或剪断。

2. 要注意强度设计的全过程

上述设计准则并不包括强度设计的全过程,只是在确定了危险点及其应力状态之后的计算过程。因此,在对构件或零部件进行强度计算时,要根据强度设计步骤进行。特别要注意的是,在复杂受力形式下,要正确确定危险点的应力状态,并根据可能的失效形式选择合适的设计准则。这一问题将在下一章作详尽的讨论。

3. 注意关于计算应力和应力强度在设计准则中的应用

工程上为了计算方便起见,常常将强度理论中直接与许用应力$[\sigma]$相比较的量,称为**计算应力**或**相当应力**(equivalent stress),用σ_{ri}表示,$i=1,2,3,4$,其中数码1、2、3、4分别表示了第一、第二、第三和第四强度理论的序号。

近年来,一些科学技术文献中也将相当应力称为**应力强度**(stress strength),用S_i表示。不论是"计算应力"还是"应力强度",它们本身都没有确切的物理含义,只是为了计算方便起见而引进的名词和记号。

对于不同的强度理论,σ_{ri}和S_i都是主应力σ_1、σ_2、σ_3的不同函数:

$$\left.\begin{aligned}
\sigma_{r1} &= S_1 = \sigma_1 \\
\sigma_{r2} &= S_2 = \sigma_1 - \nu(\sigma_2 + \sigma_3) \\
\sigma_{r3} &= S_3 = \sigma_1 - \sigma_3 \\
\sigma_{r4} &= S_4 = \sqrt{\frac{1}{2}[(\sigma_1-\sigma_2)^2 + (\sigma_2-\sigma_3)^2 + (\sigma_3-\sigma_1)^2]}
\end{aligned}\right\} \quad (10\text{-}44)$$

于是,上述设计准则可以概括为

$$\sigma_{ri} \leqslant [\sigma] \quad (i=1,2,3,4) \quad (10\text{-}45)$$

或

$$S_i \leqslant [\sigma] \quad (i=1,2,3,4) \quad (10\text{-}46)$$

习题

10-1 木制构件中的微元受力如图所示,其中所示的角度为木纹方向与铅垂方向的夹角。试求：
(1) 面内平行于木纹方向的剪应力；
(2) 垂直于木纹方向的正应力。

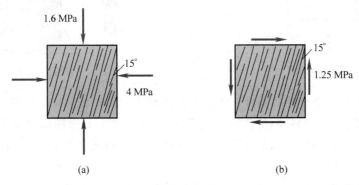

习题 10-1 图

10-2 层合板构件中微元受力如图所示,各层板之间用胶粘接,接缝方向如图中所示。若已知胶层剪应力不得超过 1 MPa。试分析是否满足这一要求。

10-3 从构件中取出的微元受力如图所示,其中 AC 为自由表面（无外力作用）。试求 σ_x 和 τ_{xy}。

10-4 构件微元表面 AC 上作用有数值为 14 MPa 的压应力,其余受力如图所示。试求 σ_x 和 τ_{xy}。

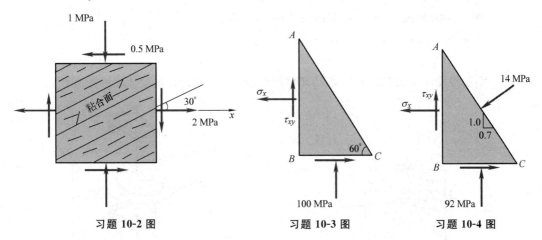

习题 10-2 图　　　习题 10-3 图　　　习题 10-4 图

10-5 对于图示的应力状态,若要求其中的最大剪应力 $\tau_{max} < 160$ MPa,试确定 τ_{xy} 的数值。

10-6 图示外直径为 300 mm 的钢管由厚度为 8 mm 的钢带沿 20°角的螺旋线卷曲、焊接而成。试求下列情形下,焊缝上沿焊缝方向的剪应力和垂直于焊缝方向的正应力。
(1) 只承受轴向载荷 $F_P = 250$ kN；

(2) 只承受内压 $p=5.0$ MPa（两端封闭）；

*(3) 同时承受轴向载荷 $F_P=250$ kN 和内压 $p=5.0$ MPa（两端封闭）。

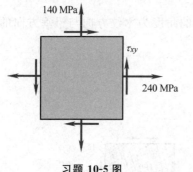

习题 10-5 图

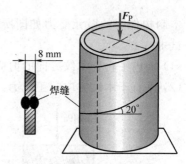

习题 10-6 图

10-7 承受内压的铝合金制的圆筒形薄壁容器平均直径 $D=515.6$ mm、壁厚 $\delta=7.6$ mm。已知内压 $p=3.5$ MPa，材料的 $E=75$ GPa，$\nu=0.33$。试求圆筒的半径改变量。

10-8 构件中危险点的应力状态如图所示。试选择合适的强度理论，对以下两种情形作强度校核：

(1) 构件为钢制 $\sigma_x=45$ MPa，$\sigma_y=135$ MPa，$\sigma_z=0$，$\tau_{xy}=0$，$[\sigma]=160$ MPa。

(2) 构件材料为灰铸铁 $\sigma_x=20$ MPa，$\sigma_y=-25$ MPa，$\sigma_z=30$ MPa，$\tau_{xy}=0$，$[\sigma]=30$ MPa。

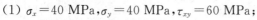

习题 10-8 图

10-9 对于图示平面应力状态，各应力分量的可能组合有以下几种情形，试按第三强度理论和第四强度理论分别计算此几种情形下的计算应力。

(1) $\sigma_x=40$ MPa，$\sigma_y=40$ MPa，$\tau_{xy}=60$ MPa；

(2) $\sigma_x=60$ MPa，$\sigma_y=-80$ MPa，$\tau_{xy}=-40$ MPa；

(3) $\sigma_x=-40$ MPa，$\sigma_y=50$ MPa，$\tau_{xy}=0$；

(4) $\sigma_x=0$，$\sigma_y=0$，$\tau_{xy}=45$ MPa。

10-10 钢制传动轴受力如图示。若已知材料的 $[\sigma]=120$ MPa，试设计该轴的直径。

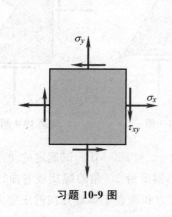

习题 10-9 图

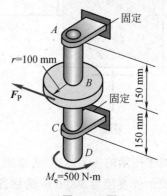

习题 10-10 图

10-11 等截面钢轴如图所示，尺寸单位为 mm。轴材料的许用应力 $[\sigma]=60$ MPa。若轴传递的功率 $P=2.5$ 马力，转速 $n=12$ r/min，试用第三强度理论设计轴的直径（1 马力 $=735.499$ W）。

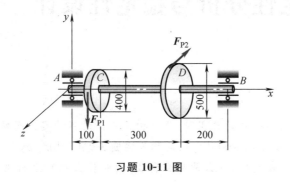

习题 10-11 图

10-12 手摇铰车的车轴 AB 如图所示。轴材料的许用应力 $[\sigma]=80$ MPa。试按第三强度理论校核轴的强度。

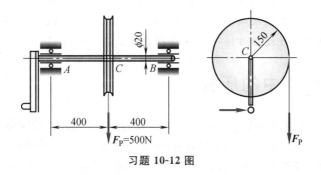

习题 10-12 图

第11章 压杆的稳定性分析与稳定性设计

细长杆件承受轴向压缩载荷作用时,将会由于平衡的不稳定性而发生失效,这种失效称为**稳定性失效**(failure by lost stability),又称为**屈曲失效**(failure by buckling)。

什么是受压杆件的稳定性,什么是屈曲失效,按照什么准则进行设计,才能保证压杆安全可靠地工作,这是工程常规设计的重要任务之一。

本章首先介绍关于弹性压杆平衡稳定性的基本概念,包括平衡构形、平衡构形的分叉、分叉点、屈曲以及有关平衡稳定性的静力学判别准则。然后根据微弯的屈曲平衡构形,由平衡条件和小挠度微分方程以及端部约束条件,确定弹性压杆的临界力。最后,本章还将介绍工程中常用的压杆稳定性设计方法——安全因数法。

11.1 工程结构中的压杆

主要承受轴向压缩载荷的杆件,称为压杆。压杆是桥梁结构、建筑物结构以及各种机械结构中常见的构件、零件或部件。图11-1中所示之汽车吊车中,大臂的举起是靠液压推动液压杆实现的。起吊重物时,液压杆将承受很大的轴向压缩力。当压缩力小于一定数值时,液压杆将会保持直线平衡状态,这时可以保证吊车正常工作;当压缩力大于一定数值时,液压杆将会在外界微小的扰动下,突然从直线平衡状态转变为弯曲的平衡状态,从而导致吊车丧失正常工作能力——失效。自动翻斗汽车中的压杆(图11-2)也有类似的问题。

图 11-1 汽车吊车中的压杆

图 11-2 自动翻斗车中压杆

桥梁的桁架结构中既有拉杆也有压杆,拉杆主要是强度问题,压杆则既有强度问题也有稳定性问题。细长压杆则主要是稳定性问题,如加拿大魁北克大桥,是一座桁架结构、公路与铁路两用桥,设计时由于忽略了桁架中压杆的稳定性问题,1907年当一列火车通过时,虽然桥体的实际承载量远低于设计承载量,还是突然坍塌(图11-3),造成95人死亡。9年后的1916年9月11日又发生第二次坍塌。图11-4所示的是重新建造后、现在依然运行的魁北克桥。为了减轻运行压力,在不远处又修建一座与之平行的悬索公路桥。

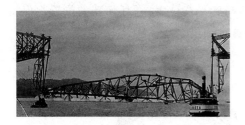
图 11-3　1907 年坍塌的加拿大魁北克桥

图 11-4　现在运行的加拿大魁北克桥

在建筑物中承受轴向压缩载荷的细长柱体(图 11-5(a)、(b)),在设计中也要考虑稳定性问题。此外,高架的高速铁路的桥墩柱同样需要考虑稳定性问题。

(a)　　　　　　　　　　　　　　(b)
图 11-5　建筑物中承受轴向压缩载荷的柱体

图 11-6　承受压缩载荷的高速铁路高架段的桥墩柱

11.2　基本概念

11.2.1　刚体平衡稳定性的概念

所谓稳定性,是指物体平衡的性质。刚体和弹性体的平衡都有稳定和不稳定问题。

图 11-7(a)所示之光滑刚性凸面上的刚性球,在重力与凸面约束力的作用下处于平衡状态。刚性球在微小扰动下偏离初始平衡位置(图 11-7(b)),扰动除去后,刚性球再也不能回到初始平衡位置。因此称这种情形下的初始平衡是不稳定的。对于图 11-7(c)所示之光滑刚性凹面上的刚性球,在重力与凹面约束力的作用下保持平衡。刚性球在微小扰动下偏离初始平衡位置(图 11-7(d)),扰动除去后,刚性球能够回到初始平衡位置。因此称这种情形

下初始平衡是稳定的。对于图 11-7(e)所示之光滑刚性平面上的刚性球,在重力与平面约束力的作用下保持平衡。刚性球在微小扰动下偏离初始平衡位置,在任何新的位置都保持平衡(图 11-7(f))。因此称这种情形下的平衡是随遇的。

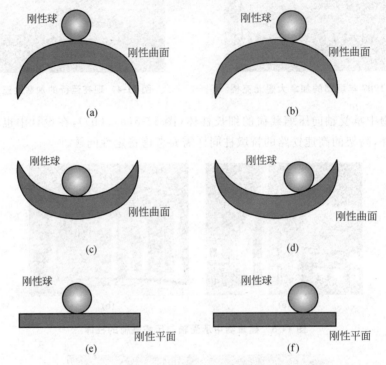

图 11-7　刚体的平衡稳定性

11.2.2　压杆的平衡构形、平衡路径及其分叉

结构构件、机器的零件或部件在压缩载荷或其他特定载荷作用下,在某一位置保持平衡,这一平衡位置称为**平衡构形**(equilibrium configuration)或**平衡状态**。

轴向受压的理想细长直杆(图 11-8(a)),当轴向压力 F_P 小于一定数值时,压杆只有直线一种平衡构形。若以 Δ 表示压杆在弯曲时中间截面的侧向位移,则在 F_P-Δ 坐标中,当压

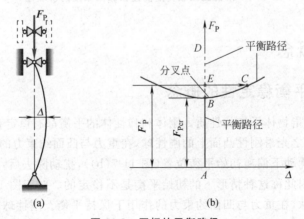

图 11-8　压杆的平衡路径

力 F_P 小于某一数值时,F_P-Δ 关系由竖直线 AB 所描述,如图 11-8(b)所示。

当压力超过一定数值时,压杆仍可能具有直线的平衡构形,但在外界扰动下(例如施加微小的侧向力),使其偏离直线构形,转变为弯曲的平衡构形,扰动除去后,不能再回到原来的直线平衡构形,而在某一弯曲构形下达到新的平衡。这表明,当压力大于一定数值时,压杆存在两种可能的平衡构形——直线的和弯曲的。前者侧向位移 $\Delta=0$,后者 $\Delta\neq0$。精确的非线性理论分析结果表明,在 F_P-Δ 坐标中,上述两种平衡构形分别由竖直线 BD(图 11-8(b)中的虚线)和曲线 BC(图 11-8(b)中实曲线)所表示。不同压缩载荷下的 F_P-Δ 曲线称为压杆的**平衡路径**(equilibrium path)。

可以看出,当压力小于某一数值时,平衡路径 AB 是唯一的,它对应着直线的平衡构形。当压力大于某一数值时,其平衡路径出现分支 BD 和 BC。其中一个分支 BD 对应着直线的平衡构形;另一个分支 BC 对应着弯曲的平衡构形。前者是不稳定的;后者是稳定的。这种出现分支平衡路径的现象称为**平衡构形分叉**(bifurcation of equilibrium configuration)或**平衡路径分叉**(bifurcation of equilibrium path)。

11.2.3　判别弹性平衡稳定性的静力学准则

当压缩载荷小于一定的数值时,微小外界**扰动**(disturbance)使压杆偏离直线平衡构形;外界扰动除去后,压杆仍能回复到直线平衡构形,则称直线平衡构形是**稳定的**(stable);当压缩载荷大于一定的数值时,外界扰动使压杆偏离直线平衡构形,扰动除去后,压杆不能回复到直线平衡构形,则称直线平衡构形是**不稳定的**(unstable)。此即判别**压杆稳定性的静力学准则**(statical criterion for elastic stability)。

当压缩载荷大于一定的数值时,在任意微小的外界扰动下,压杆都要由直线的平衡构形转变为弯曲的平衡构形,这一过程称为**屈曲**(buckling)或**失稳**(lost stability)。对于细长压杆,由于屈曲过程中出现平衡路径的分叉,所以又称为**分叉屈曲**(bifurcation buckling)。

稳定的平衡构形与不稳定的平衡构形之间的分界点称为**临界点**(critical point)。对于细长压杆,因为从临界点开始,平衡路径出现分叉,故又称为分叉点。临界点所对应的载荷称为**临界载荷**(critical load)或**分叉载荷**(bifurcation load),用 F_{Pcr} 表示。

很多情形下,屈曲将导致构件失效,这种失效称为**屈曲失效**(failure by buckling)。由于屈曲失效往往具有突发性,常常会产生灾难性后果,因此工程设计中需要认真加以考虑。

11.2.4　细长压杆临界点平衡的稳定性

线性理论认为,细长压杆在临界点以及临界点以后的平衡路径都是随遇的,即载荷不增加,屈曲位移不断增加。精确的非线性理论分析结果表明,细长压杆在临界点以及临界点以后的平衡路径都是稳定的,如图 11-9(b)所示。著者于 20 世纪 90 年代初所作的细长杆稳定性实验结果证明了非线性分析所得到的结论。图 11-9(a)所示为两端铰支压杆稳定性实验装置;图 11-9(b)所示为实验结果与非线性大挠度理论、初始后屈曲理论、线性理论结果的比较。图 11-9(b)中的 w_{max} 为压杆屈曲后中点的侧向位移。

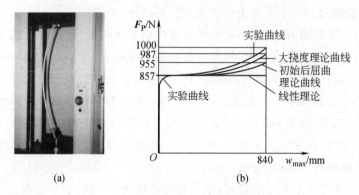

图 11-9 压杆稳定性实验装置与实验结果

11.3　两端铰支压杆的临界载荷　欧拉公式

为简化分析,并且为了得到可应用于工程的、简明的表达式。在确定压杆的临界载荷时作如下简化:

(1) 剪切变形的影响可以忽略不计;

(2) 不考虑杆的轴向变形。

从图 11-8(b)所示的平衡路径可以看出,当 $\Delta \to 0$ 时,$F_P \to F_{Pcr}$。这表明,当 F_P 无限接近临界载荷 F_{Pcr} 时,在直线平衡构形附近无穷小的邻域内,存在微弯的平衡构形。根据这一平衡构形,由平衡条件和小挠度微分方程,以及端部约束条件,即可确定临界载荷。

考查图 11-10(a)所示两端铰支、承受轴向压缩载荷的理想直杆,由图 11-10(b)所示与直线平衡构形无限接近的微弯构形局部(图 11-10(c))的平衡条件,得到任意截面(位置坐标为 x)上的弯矩为

$$M(x) = F_P w(x) \tag{11-1}$$

根据小挠度微分方程

$$M = -EI \frac{d^2 w}{dx^2} \tag{11-2}$$

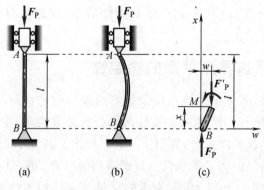

图 11-10　两端铰支的压杆

得到
$$\frac{d^2 w}{dx^2} + k^2 w = 0 \tag{11-3}$$

这是压杆在微弯曲状态下的平衡微分方程,是确定临界载荷的主要依据,其中
$$w = w(x), \quad k^2 = \frac{F_P}{EI} \tag{11-4}$$

微分方程(11-1)的通解是
$$w = A\sin kx + B\cos kx \tag{11-5}$$

对于两端铰支的压杆,利用两端的位移边界条件:
$$w(0) = 0, \quad w(l) = 0$$

由式(11-5)得到:
$$\left. \begin{aligned} 0 \cdot A + B &= 0 \\ \sin kl \cdot A + \cos kl \cdot B &= 0 \end{aligned} \right\} \tag{11-6}$$

方程组(11-6)中,A、B 不全为零的条件是线性方程组系数行列式等于零,即
$$\begin{vmatrix} 0 & 1 \\ \sin kl & \cos kl \end{vmatrix} = 0 \tag{11-7}$$

由此解得
$$\sin kl = 0 \tag{11-8}$$

于是,有
$$kl = n\pi, \quad n = 1, 2, \cdots$$

将 $k = n\pi/l$ 代入式(11-4),即可得到所要求的临界载荷的表达式
$$F_{Pcr} = \frac{n^2 \pi^2 EI}{l^2} \tag{11-9}$$

这一表达式称为**欧拉公式**。

当欧拉公式中 $n=1$ 时,所得到的就是具有实际意义的、最小的临界载荷
$$F_{Pcr} = \frac{\pi^2 EI}{l^2} \tag{11-10}$$

上述二式中,E 为压杆材料的弹性模量;I 为压杆横截面的形心主惯性矩;如果两端在各个方向上的约束都相同,I 则为压杆横截面的最小形心主惯性矩。

从式(11-6)中的第1式解出 $B=0$,连同 $k=n\pi/l$ 一起代入式(11-5),得到与直线平衡构形无限接近的屈曲位移函数,又称为**屈曲模态**(buckling mode):
$$w(x) = A\sin \frac{n\pi x}{l} \tag{11-11}$$

其中,A 为不定常数,称为**屈曲模态幅值**(amplitude of buckling mode);n 为屈曲模态的正弦半波数。图 11-11 中所示分别为两端铰支细长压杆 1~4 阶的屈曲模态。

式(11-11)表明,与直线平衡构形无限接近的微弯屈曲位移是不确定的,这与本小节一开始所假定的任意微弯屈曲构形是一致的。

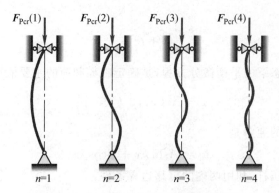

图 11-11　两端铰支压杆的不同屈曲模态

11.4　不同刚性支承对压杆临界载荷的影响

不同刚性支承条件下的压杆,由静力学平衡方法得到的平衡微分方程和边界条件都可能各不相同,临界载荷的表达式亦因此而异,但基本分析方法和分析过程却是相同的。对于细长杆,这些公式可以写成通用形式:

$$F_{Pcr} = \frac{\pi^2 EI}{(\mu l)^2} \tag{11-12}$$

其中,μl 为不同压杆屈曲后挠曲线上正弦半波的长度(图 11-12),称为**有效长度**(effective length);μ 为反映不同支承影响的系数,称为**长度系数**(coefficient of length),可由屈曲后的正弦半波长度与两端铰支压杆初始屈曲时的正弦半波长度的比值确定。

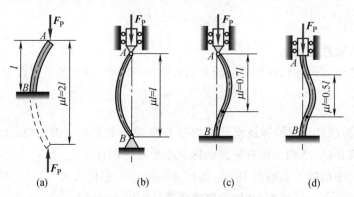

图 11-12　有效长度与长度系数

例如,一端固定,另一端自由的压杆,其微弯屈曲波形如图 11-12(a)所示,屈曲波形的正弦半波长度等于 $2l$。这表明,一端固定,另一端自由,杆长为 l 的压杆,其临界载荷相当于两端铰支、杆长为 $2l$ 压杆的临界载荷。所以长度系数 $\mu = 2$。

又如,图 11-12(c)中所示一端铰支,另一端固定压杆的屈曲波形,其正弦半波长度等于 $0.7l$,因而,临界载荷与两端铰支、长度为 $0.7l$ 的压杆相同。

再如,图 11-12(d)中所示两端固定压杆的屈曲波形,其正弦半波长度等于 $0.5l$,因而,临界载荷与两端铰支、长度为 $0.5l$ 的压杆相同。

需要注意的是，上述临界载荷公式，只有在压杆的微弯屈曲状态下仍然处于弹性状态时才是成立的。

11.5 临界应力与临界应力总图

11.5.1 临界应力与长细比的概念

前面已经提到欧拉公式只有在弹性范围内才是适用的。这就要求在临界载荷作用下，压杆在直线平衡构形时，其横截面上的正应力小于或等于材料的比例极限，即

$$\sigma_{cr} = \frac{F_{Pcr}}{A} \leqslant \sigma_p \tag{11-13}$$

式中，σ_{cr} 称为**临界应力**（critical stress）；σ_p 为材料的比例极限。

对于某一压杆，当临界载荷 F_{Pcr} 尚未确定时，不能判断式(11-13)是否成立；当临界载荷确定后，如果式(11-13)不满足，则还需采用超过比例极限的临界载荷计算公式。这些都会给计算带来不便。

能否在计算临界载荷之前，预先判断哪一类压杆将发生弹性屈曲？哪一类压杆将发生超过比例极限的非弹性屈曲？哪一类压杆不发生屈曲而只有强度问题？回答当然是肯定的。为了说明这一问题，需要引进**长细比**（slenderness）的概念。

长细比是综合反映压杆长度、约束条件、截面尺寸和截面形状对压杆分叉载荷影响的量，用 λ 表示，由下式确定：

$$\lambda = \frac{\mu l}{i} \tag{11-14}$$

其中，i 为压杆横截面的惯性半径：

$$i = \sqrt{\frac{I}{A}} \tag{11-15}$$

式中，I 为横截面的惯矩；A 为横截面面积。

11.5.2 三类不同压杆的不同失效形式

根据长细比的大小可将压杆分为三类：

(1) 细长杆

长细比 λ 大于或等于某个极限值 λ_p 时，压杆将发生**弹性屈曲**。这时，压杆在直线平衡构形下横截面上的正应力不超过材料的比例极限，这类压杆称为**细长杆**。

(2) 中长杆

长细比 λ 小于 λ_p，但大于或等于另一个极限值 λ_s 时，压杆也会发生屈曲。这时，压杆在直线平衡构形下横截面上的正应力已经超过材料的比例极限，截面上某些部分已进入塑性状态。这种屈曲称为非弹性屈曲。这类压杆称为**中长杆**。

(3) 粗短杆

长细比 λ 小于极限值 λ_s 时，压杆不会发生屈曲，但将会发生屈服。这类压杆称为**粗短杆**。

需要特别指出的是，细长杆和中长杆在轴向压缩载荷作用下，虽然都会发生屈曲，但这是两类不同的屈曲：从平衡路径看，细长杆的轴向压力超过临界力后（图11-8(b)），平衡路

径的分叉点即为临界点。这类屈曲称为分叉屈曲(bifurcation buckling)。中长杆在轴向压缩载荷作用下,其平衡路径无分叉和分叉点,只有极值点,如图 11-13 所示,这类屈曲称为**极值点屈曲**(limited point buckling)。

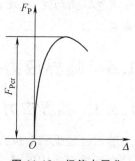

图 11-13　极值点屈曲

11.5.3　三类压杆的临界应力公式

对于细长杆,根据临界力公式(11-10)以及公式(11-12),临界应力为

$$\sigma_{cr} = \frac{\pi^2 E}{\lambda^2} \quad (11\text{-}16)$$

对于中长杆,由于发生了塑性变形,理论计算比较复杂,工程中大多采用经验公式计算其临界应力,常用的是直线公式:

$$\sigma_{cr} = a - b\lambda \quad (11\text{-}17)$$

其中,a 和 b 为与材料有关的常数,单位为 MPa。常用工程材料的 a 和 b 数值列于表 11-1 中。

表 11-1　常用工程材料的 a 和 b 数值

材料(σ_s,σ_b 的单位为 MPa)	a/MPa	b/MPa
Q235 钢($\sigma_s=235$,$\sigma_b\geqslant372$)	304	1.12
优质碳素钢($\sigma_s=306$,$\sigma_b\geqslant417$)	461	2.568
硅钢($\sigma_s=353$,$\sigma_b=510$)	578	3.744
铬钼钢	9807	5.296
铸铁	332.2	1.454
强铝	373	2.15
木材	28.7	0.19

对于粗短杆,因为不发生屈曲,而只发生屈服(韧性材料),故其临界应力即为材料的屈服应力,亦即:

$$\sigma_{cr} = \sigma_s \quad (11\text{-}18)$$

将上述各式乘以压杆的横截面面积,即得到三类压杆的临界载荷。

11.5.4　临界应力总图与 λ_P、λ_s 值的确定

根据三种压杆的临界应力表达式,在 $O\sigma_{cr}\lambda$ 坐标系中可以作出 σ_{cr}-λ 关系曲线,称为**临界应力总图**(figures of critical stresses),如图 11-14 所示。

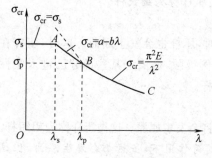

图 11-14　临界应力总图

根据临界应力总图中所示之 σ_{cr}-λ 关系,可以确定区分不同材料三类压杆的长细比极限值 λ_p、λ_s。

令细长杆的临界应力等于材料的比例极限(图 11-14 中的 B 点),得到

$$\lambda_p = \sqrt{\frac{\pi^2 E}{\sigma_p}} \quad (11\text{-}19)$$

对于不同的材料,由于 E、σ_p 各不相同,λ_p 的数值亦不

相同。一旦给定 E、σ_p，即可算得 λ_p。例如，对于 Q235 钢，$E=206$ GPa，$\sigma_p=200$ MPa，由式(11-19)算得 $\lambda_p=101$。

若令中长杆的临界应力等于屈服强度(图 11-14 中的 A 点)，得到

$$\lambda_s = \frac{a-\sigma_s}{b} \tag{11-20}$$

例如，对于 Q235 钢，$\sigma_s=235$ MPa，$a=304$ MPa，$b=1.12$ MPa，由式(11-20)可以算得 $\lambda_s=61.6$。

【例题 11-1】 图 11-15(a)、(b)中所示之压杆，其直径均为 d，材料都是 Q235 钢，但二者长度和约束条件各不相同。试：
(1) 分析哪一根杆的临界载荷较大？
(2) 计算 $d=160$ mm，$E=206$ GPa 时，二杆的临界载荷。

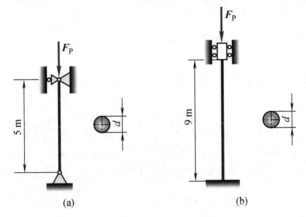

图 11-15 例题 11-1 图

解：(1) 计算长细比，判断哪一根杆的临界载荷大

因为 $\lambda=\mu l/i$，其中 $i=\sqrt{I/A}$，而二者均为圆截面且直径相同，故有

$$i = \sqrt{\frac{\pi d^4/64}{\pi d^2/4}} = \frac{d}{4}$$

因二者约束条件和杆长都不相同，所以 λ 也不一定相同。

对于两端铰支的压杆(图 11-15(a))，$\mu=1$，$l=5$ m

$$\lambda_a = \frac{\mu l}{i} = \frac{1\times 5 \text{ m}}{\dfrac{d}{4}} = \frac{20 \text{ m}}{d}$$

对于两端固定的压杆(图 11-15(b))，$\mu=0.5$，$l=9$ m，

$$\lambda_b = \frac{\mu l}{i} = \frac{0.5\times 9 \text{ m}}{\dfrac{d}{4}} = \frac{18 \text{ m}}{d}$$

可见本例中两端铰支压杆的临界载荷，小于两端固定压杆的临界载荷。

(2) 计算各杆的临界载荷

对于两端铰支的压杆，

$$\lambda_a = \frac{\mu l}{i} = \frac{20\text{ m}}{d} = \frac{20\text{ m}}{0.16\text{ m}} = 125 > \lambda_p = 101$$

属于细长杆,利用欧拉公式计算临界力

$$F_{Pcr} = \sigma_{cr} A = \frac{\pi^2 E}{\lambda^2} \times \frac{\pi d^2}{4} = \frac{\pi^2 \times 206 \times 10^9 \text{ Pa}}{125^2} \times \frac{\pi \times (160 \times 10^{-3}\text{ m})^2}{4}$$

$$= 2.6 \times 10^6 \text{ N} = 2.60 \times 10^3 \text{ kN}$$

对于两端固定的压杆,

$$\lambda_a = \frac{\mu l}{i} = \frac{18\text{ m}}{d} = \frac{18\text{ m}}{0.16\text{ m}} = 112.5 > \lambda_p = 101$$

也属于细长杆,即

$$F_{Pcr} = \sigma_{cr} A = \frac{\pi^2 E}{\lambda^2} \times \frac{\pi d^2}{4} = \frac{\pi^2 \times 206 \times 10^9 \text{ Pa}}{112.5^2} \times \frac{\pi \times (160 \times 10^{-3}\text{ m})^2}{4}$$

$$= 3.23 \times 10^6 \text{ N} = 3.23 \times 10^3 \text{ kN}$$

最后,请读者思考以下几个问题:

(1) 本例中的两根压杆,在其他条件不变时,当杆长 l 减小一半时,其临界载荷将增加几倍?

(2) 对于以上二杆,如果改用高强度钢(屈服强度比 Q235 钢高 2 倍以上,E 相差不大)能否提高临界载荷?

【例题 11-2】 Q235 钢制成的矩形截面杆,两端约束以及所承受的压缩载荷如图 11-16 所示(图 11-16(a)为正视图;图 11-16(b)为俯视图),在 A、B 两处为销钉连接。若已知 $l = 2300$ mm,$b = 40$ mm,$h = 60$ mm,材料的弹性模量 $E = 205$ GPa。试求此杆的临界载荷。

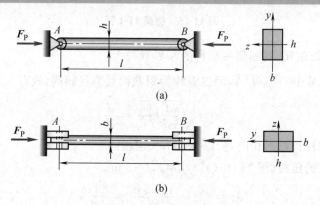

图 11-16 例题 11-2 图

解:给定的压杆在 A、B 两处为销钉连接,这种约束与球铰约束不同。在正视图平面内屈曲时,A、B 两处可以自由转动,相当于铰链;而在俯视图平面内屈曲时,A、B 二处不能转动,这时可近似视为固定端约束。又因为是矩形截面,压杆在正视图平面内屈曲时,截面将绕 z 轴转动;而在俯视图平面内屈曲时,截面将绕 y 轴转动。

根据以上分析,为了计算临界力,应首先计算压杆在两个平面内的长细比,以确定它将在哪一平面内发生屈曲。

在正视图平面(图 11-16(a))内：

$$I_z = \frac{bh^3}{12}, \quad A = bh, \quad \mu = 1.0$$

$$i_z = \sqrt{\frac{I_z}{A}} = \frac{h}{2\sqrt{3}}$$

$$\lambda_z = \frac{\mu l}{i_z} = \frac{\mu l}{\frac{h}{2\sqrt{3}}} = \frac{1 \times 2300 \text{ mm} \times 10^{-3} \times 2\sqrt{3}}{60 \text{ mm} \times 10^{-3}} = 132.8 > \lambda_p = 101$$

在俯视图平面(图 11-16(b))内：

$$I_y = \frac{hb^3}{12}, \quad A = bh, \quad \mu = 0.5$$

$$i_y = \sqrt{\frac{I_y}{A}} = \frac{b}{2\sqrt{3}}$$

$$\lambda_y = \frac{\mu l}{i_y} = \frac{\mu l}{\frac{b}{2\sqrt{3}}} = \frac{0.5 \times 2300 \times 10^{-3} \text{ m} \times 2\sqrt{3}}{40 \times 10^{-3} \text{ m}} = 99.6 < \lambda_p = 101$$

比较上述结果，可以看出，$\lambda_z > \lambda_y$。所以，压杆将在正视图平面内屈曲。又因为在这一平面内，压杆的长细比 $\lambda_z > \lambda_p$，属于细长杆，可以用欧拉公式计算压杆的临界载荷：

$$F_{Pcr} = \sigma_{cr} A = \frac{\pi^2 E}{\lambda^2_z} \times bh = \frac{\pi^2 \times 205 \times 10^9 \text{ Pa} \times 40 \times 10^{-3} \text{ m} \times 60 \times 10^{-3} \text{ m}}{132.8^2}$$

$$= 276.2 \times 10^3 \text{ N} = 276.2 \text{ kN}$$

11.6　压杆稳定性设计的安全因数法

11.6.1　稳定性设计内容

稳定性设计(stability design)一般包括：

（1）确定临界载荷

当压杆的材料、约束以及几何尺寸已知时，根据三类不同压杆的临界应力公式(11-12)～(11-14)，确定压杆的临界载荷。

（2）稳定性安全校核

当外加载荷、杆件各部分尺寸、约束以及材料性能均为已知时，验证压杆是否满足稳定性设计准则。

11.6.2　安全因数法与稳定性安全条件

为了保证压杆具有足够的稳定性，设计中，必须使杆件所承受的实际压缩载荷（又称为工作载荷）小于杆件的临界载荷，并且具有一定的安全裕度。

压杆的稳定性设计一般采用安全因数法与稳定系数法。本书只介绍安全因数法。

采用安全因数法时，**稳定性安全条件**一般可表示为

$$n_w \geqslant [n]_{st} \tag{11-21}$$

这一条件又称为**稳定性设计准则**(criterion of design for stability)。式中,n_w 为工作安全因数,由下式确定:

$$n_w = \frac{F_{Pcr}}{F} = \frac{\sigma_{cr}A}{F} \tag{11-22}$$

式中,F 为压杆的工作载荷;A 为压杆的横截面面积。

式(11-21)中,$[n]_{st}$ 为规定的稳定安全因数。在静载荷作用下,稳定安全因数应略高于强度安全因数。这是因为实际压杆不可能是理想直杆,而是具有一定的初始缺陷(例如初曲率),压缩载荷也可能具有一定的偏心度。这些因素都会使压杆的临界载荷降低。对于钢材,取 $[n]_{st}=1.8\sim3.0$;对于铸铁,取 $[n]_{st}=5.0\sim5.5$;对于木材,取 $[n]_{st}=2.8\sim3.2$。

11.6.3 稳定性设计过程

根据上述设计准则,进行压杆的稳定性设计,首先必须根据材料的弹性模量 E 与比例极限 σ_p,由式(11-19)和(11-20)计算出长细比的极限值 λ_p、λ_s;再根据压杆的长度 l、横截面的惯性矩 I 和面积 A,以及两端的支承条件 μ,计算压杆的实际长细比 λ;然后比较压杆的实际长细比值与极限值,判断属于哪一类压杆,选择合适的临界应力公式,确定临界载荷;最后,由式(11-22)计算压杆的工作安全因数,并验算是否满足稳定性设计准则(11-21)。

对于简单结构,则需应用受力分析方法,首先确定哪些杆件承受压缩载荷,然后再按上述过程进行稳定性计算与设计。

【**例题 11-3**】 图 11-17 所示的结构中,梁 AB 为 No.14 普通热轧工字钢,CD 为圆截面直杆,其直径为 $d=20$ mm,二者材料均为 Q235 钢。结构受力如图中所示,A、C、D 三处均为球铰约束。若已知 $F_P=25$ kN,$l_1=1.25$ m,$l_2=0.55$ m,$\sigma_s=235$ MPa。强度安全因数 $n_s=1.45$,稳定安全因数 $[n]_{st}=1.8$。试校核此结构是否安全?

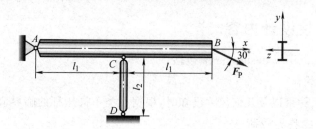

图 11-17 例题 11-3 图

解:在给定的结构中共有两个构件:梁 AB,承受拉伸与弯曲的组合作用,属于强度问题;杆 CD 承受压缩载荷,属于稳定性问题。现分别校核如下:

(1) 梁 AB 的强度校核

梁 AB 在截面 C 处弯矩最大,该处横截面为危险截面,其上的弯矩和轴力分别为

$$M_{max} = (F\sin 30°)l_1 = (25 \text{ kN} \times 10^3 \times 0.5) \times 1.25 \text{ m}$$
$$= 15.63 \times 10^3 \text{ N} \cdot \text{m} = 15.63 \text{ kN} \cdot \text{m}$$

$$F_N = F_P\cos 30° = 25 \text{ kN} \times 10^3 \times \cos 30° = 21.65 \times 10^3 \text{ N} = 21.65 \text{ kN}$$

由型钢表查得 No.14 普通热轧工字钢的

$$W_z = 102 \text{ cm}^3 = 102 \times 10^3 \text{ mm}^3$$

$$A = 21.5 \text{ cm}^2 = 21.5 \times 10^2 \text{ mm}^2$$

由此得到

$$\sigma_{\max} = \frac{M_{\max}}{W_z} + \frac{F_{Nx}}{A} = \frac{15.63 \times 10^3 \text{ N} \cdot \text{m}}{102 \times 10^3 \times 10^{-9} \text{ m}^3} + \frac{21.65 \times 10^3 \text{ N}}{21.5 \times 10^2 \times 10^{-6} \text{ m}^2}$$

$$= 163.3 \times 10^6 \text{ Pa} = 163.3 \text{ MPa}$$

Q235 钢的许用应力

$$[\sigma] = \frac{\sigma_s}{n_s} = \frac{235 \text{ MPa}}{1.45} = 162 \text{ MPa}$$

$\sigma_{\max}$ 略大于 $[\sigma]$，但 $(\sigma_{\max} - [\sigma]) \times 100\%/[\sigma] = 0.7\% < 5\%$，工程上仍认为是安全的。

（2）校核压杆 CD 的稳定性

由平衡方程求得压杆 CD 的轴向压力

$$F_{NCD} = 2F_P \sin 30° = F_P = 25 \text{ kN}$$

因为是圆截面杆，故惯性半径

$$i = \sqrt{\frac{I}{A}} = \frac{d}{4} = 5 \text{ mm}$$

又因为两端为球铰约束 $\mu = 1.0$，所以

$$\lambda = \frac{\mu l}{i} = \frac{1.0 \times 0.55 \text{ m}}{5 \times 10^{-3} \text{ m}} = 110 > \lambda_p = 101$$

这表明，压杆 CD 为细长杆，故需采用式（11-13）和（11-16）计算其临界应力

$$F_{Pcr} = \sigma_{cr} A = \frac{\pi^2 E}{\lambda^2} \times \frac{\pi d^2}{4} = \frac{\pi^2 \times 206 \times 10^9 \text{ Pa}}{110^2} \times \frac{\pi \times (20 \times 10^{-3} \text{ m})^2}{4}$$

$$= 52.8 \times 10^3 \text{ N} = 52.8 \text{ kN}$$

于是，压杆的工作安全因数

$$n_w = \frac{\sigma_{cr}}{\sigma_w} = \frac{F_{Pcr}}{F_{NCD}} = \frac{52.8 \text{ kN}}{25 \text{ kN}} = 2.11 > [n]_{st} = 1.8$$

这一结果说明，压杆的稳定性是安全的。

上述两项计算结果表明，整个结构的强度和稳定性都是安全的。

11.7 结论与讨论

11.7.1 稳定性设计的重要性

由于受压杆的失稳而使整个结构发生坍塌，不仅会造成物质上的巨大损失，而且还危及人民的生命安全。在 19 世纪末，瑞士的一座铁桥，当一辆客车通过时，桥桁架中的压杆失稳，致使桥发生灾难性坍塌，大约有 200 人受难。前面提到的加拿大魁北克桥和俄国的一些铁路桥梁也曾经由于压杆失稳而造成灾难性事故。

虽然科学家和工程师早就面对着这类灾害，进行了大量的研究，采取了很多预防措施，但直到现在还不能完全终止这种灾害的发生。

1983 年 10 月 4 日，地处北京的中国社会科学院科研楼工地的钢管脚手架距地面 5～6 m 处突然外弓。刹那间，这座高达 54.2 m、长 17.25 m、总重 565.4 kN 的大型脚手架轰然坍塌，5 人死亡，7 人受伤，脚手架所用建筑材料大部分报废，经济损失 4.6 万元；工期推迟一

个月,现场调查结果表明,脚手架结构本身存在严重缺陷,致使结构失稳坍塌,是这次灾难性事故的直接原因。

脚手架由里、外层竖杆和横杆绑结而成,如图 11-18 所示。

图 11-18　脚手架中压杆的稳定性问题

调查中发现支搭技术上存在以下问题:

(1) 钢管脚手架是在未经清理和夯实的地面上搭起的。这样在自重和外加载荷作用下必然使某些竖杆受力大,另外一些杆受力小。

(2) 脚手架未设"扫地横杆",各大横杆之间的距离太大,最大达 2.2 m,超过规定值 0.5 m。两横杆之间的竖杆,相当于两端铰支的压杆,横杆之间的距离越大,竖杆临界载荷便越小。

(3) 高层脚手架在每层均应设有与建筑墙体相连的牢固连接点。而这座脚手架竟有 8 层没有与墙体的连接点。

(4) 这类脚手架的稳定安全因数规定为 3.0,而这座脚手架的安全因数,内层杆为 1.75;外层杆仅为 1.11。

这些便是导致脚手架失稳的必然因素。

11.7.2　影响压杆承载能力的因素

对于细长杆,由于其临界载荷为

$$F_{Pcr} = \frac{\pi^2 EI}{(\mu l)^2}$$

所以,影响承载能力的因素较多。临界载荷不仅与材料的弹性模量 E 有关,而且与长细比有关。长细比包含了截面形状、几何尺寸以及约束条件等多种因素。

对于中长杆,临界载荷

$$F_{Pcr} = \sigma_{cr} A = (a - b\lambda) A$$

影响其承载能力的主要是材料常数 a 和 b,以及压杆的长细比,当然还有压杆的横截面面积。

对于粗短杆,因为不发生屈曲,而只发生屈服或破坏,故

$$F_{Pcr} = \sigma_{cr} A = \sigma_s A$$

临界载荷主要取决于材料的屈服强度和杆件的横截面面积。

11.7.3 提高压杆承载能力的主要途径

为了提高压杆承载能力,必须综合考虑杆长、支承、截面的合理性以及材料性能等因素的影响。可能的措施有以下几方面:

(1) 尽量减小压杆杆长

对于细长杆,其临界载荷与杆长平方成反比。因此,减小杆长可以显著地提高压杆承载能力,在某些情形下,通过改变结构或增加支点可以达到减小杆长、从而提高压杆承载能力的目的,如,图 11-19(a)、(b)中所示之两种桁架,读者不难分析,两种桁架中的①、④杆均为压杆,但图 11-19(b)中压杆承载能力要远远高于图 11-19(a)中的压杆。

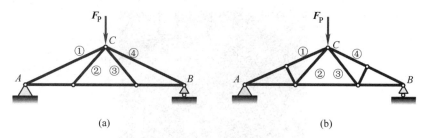

图 11-19 减小压杆的长度提高结构的承载能力

(2) 增强支承的刚性

支承的刚性越大,压杆长度系数值越低,临界载荷越大,例如,将两端铰支的细长杆,变成两端固定约束的情形,临界载荷将呈数倍增加。

(3) 合理选择截面形状

当压杆两端在各个方向弯曲平面内具有相同的约束条件时,压杆将在刚度最小的主轴平面内屈曲,这时,如果只增加截面某个方向的惯性矩(例如只增加矩形截面高度),并不能提高压杆的承载能力,最经济的办法是将截面设计成中空的,且使 $I_y = I_z$,从而加大横截面的惯性矩,并使截面对各个方向轴的惯性矩均相同。因此,对于一定的横截面面积,正方形截面或圆截面比矩形截面好;空心正方形或环形截面比实心截面好。

当压杆端部在不同的平面内具有不同的约束条件时,应采用最大与最小主惯性矩不等的截面(例如矩形截面),并使主惯性矩较小的平面内具有较强刚性的约束,尽量使两主惯性矩平面内,压杆的长细比相互接近。

(4) 合理选用材料

在其他条件均相同的条件下,选用弹性模量大的材料,可以提高细长压杆的承载能力,例如钢杆临界载荷大于铜、铸铁或铝制压杆的临界载荷。但是,普通碳素钢,合金钢以及高强度钢的弹性模量数值相差不大。因此,对于细长杆,若选用高强度钢,对压杆临界载荷影响甚微,意义不大,反而造成材料的浪费。

但对于粗短杆或中长杆,其临界载荷与材料的比例极限或屈服强度有关,这时选用高强度钢会使临界载荷有所提高。

11.7.4 稳定性设计中需要注意的几个重要问题

(1) 正确地进行受力分析,准确地判断结构中哪些杆件承受压缩载荷,对于这些杆件必须按稳定性设计准则进行稳定性计算或稳定性设计。

如果构件的热膨胀受到限制，也会产生压缩载荷。这种压缩载荷超过一定数值，同样可能使构件或结构丧失平衡的稳定性。

图 11-20(a)中所示为除去封头的直管式换热器；图 11-20(b)中为结构原理简图。直管的两端胀接在管板上。直杆受热后沿轴线方向产生热膨胀，由于两端管板的限制，直管不能自由膨胀，因而产生轴向压缩载荷。当运行温度（一般为高温）与制造安装温度（一般为常温）相差很大时，这种轴向压缩载荷可以达到很高的数值，足以使直管丧失稳定性，导致换热器丧失正常换热的功能。为了防止发生稳定性问题，在两端管板之间，安装了隔板，限制直管的侧向位移，这类似于减小了直管的长度，提高了直管的平衡稳定性。

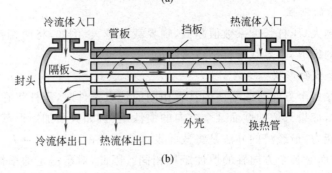

图 11-20　直管换热器中换热管的稳定性问题

化工、热能工业中的涉热管道也有类似问题。图 11-21 所示为两端固定的输热管道，管道在室温下安装，工作时温度升高，管道将产生热膨胀，由于两端固定，固定的轴向移动受到限制。请读者思考：采用什么措施能够有效地防止发生稳定性失效？

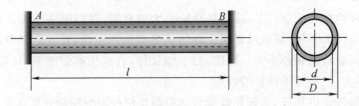

图 11-21　由热膨胀受限制引起的稳定性问题

(2) 要根据压杆端部约束条件以及截面的几何形状，正确判断可能在哪一个平面内发生屈曲，从而确定欧拉公式中的截面惯性矩，或压杆的长细比。

例如，图 11-22 所示为两端球铰约束细长杆的各种可能截面形状，请读者自行分析，压

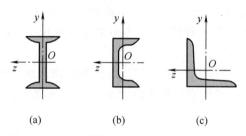

图 11-22 不同横截面形状压杆的稳定性问题

杆屈曲时横截面将绕哪一根轴转动？

(3) 确定压杆的长细比，判断属于哪一类压杆，采用合适的临界应力公式计算临界载荷。

例如，图 11-23 所示之 4 根圆轴截面压杆，若材料和圆截面尺寸都相同，请读者判断哪一根杆最容易失稳？哪一根杆最不容易失稳？

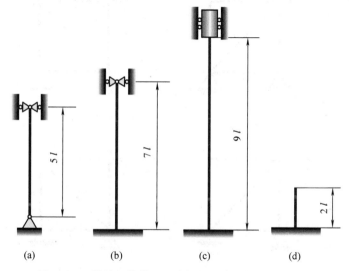

图 11-23 材料和横截面尺寸都相同的压杆稳定性问题

(4) 应用稳定性设计准则进行稳定性安全校核或设计压杆横截面尺寸。

本章前面几节所讨论的压杆，都是理想化的，即压杆必须是直的，没有任何初始曲率；载荷作用线沿着压杆的中心线；由此导出的欧拉临界载荷公式只适用于应力不超过比例极限的情形。

工程实际中的压杆大都不满足上述理想化的要求。因此实际压杆的设计都是以经验公式为依据的。这些经验公式是以大量实验结果为基础建立起来的。

习题

11-1 关于钢制细长压杆承受轴向压力达到分叉载荷之后，还能不能继续承载有如下四种答案，试判断哪一种是正确的。

（A）不能。因为载荷达到临界值时屈曲位移将无限制地增加；

（B）能。因为压杆一直到折断时为止都有承载能力；

(C) 能。只要横截面上的最大正应力不超过比例极限；

(D) 不能。因为超过分叉载荷后，变形不再是弹性的。

正确答案是_____。

11-2 图示(a)、(b)、(c)、(d)四桁架的几何尺寸、圆杆的横截面直径、材料、加力点及加力方向均相同。关于四桁架所能承受的最大外力 F_{Pmax} 有如下四种结论，试判断哪一种是正确的。

(A) $F_{Pmax}(a) = F_{Pmax}(c) < F_{Pmax}(b) = F_{Pmax}(d)$；

(B) $F_{Pmax}(a) = F_{Pmax}(c) = F_{Pmax}(b) = F_{Pmax}(d)$；

(C) $F_{Pmax}(a) = F_{Pmax}(d) < F_{Pmax}(b) = F_{Pmax}(c)$；

(D) $F_{Pmax}(a) = F_{Pmax}(b) < F_{Pmax}(c) = F_{Pmax}(d)$。

正确答案是_____。

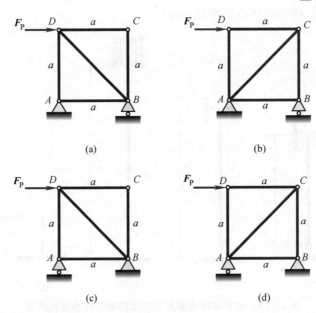

习题 11-2 图

11-3 一端固定、另一端由弹簧侧向支承的细长压杆，可采用欧拉公式 $F_{Pcr} = \pi^2 EI/(\mu l)^2$ 计算。试确定压杆的长度系数 μ 的取值范围：

(A) $\mu > 2.0$； (B) $0.7 < \mu < 2.0$； (C) $\mu < 0.5$； (D) $0.5 < \mu < 0.7$。

正确答案是_____。

11-4 正三角形截面压杆，其两端为球铰链约束，加载方向通过压杆轴线。当载荷超过临界值，压杆发生屈曲时，横截面将绕哪一根轴转动？现有四种答案，请判断哪一种是正确的。

(A) 绕 y 轴；

(B) 绕通过形心 C 的任意轴；

(C) 绕 z 轴；

(D) 绕 y 轴或 z 轴。

正确答案是_____。

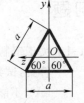

习题 11-4 图

11-5 同样材料、同样截面尺寸和长度的两根管状大长细比压杆两端由球铰链支承,承受轴向压缩载荷,其中,管 a 内无内压作用,管 b 内有内压作用。关于二者横截面上的真实应力 $\sigma(a)$ 与 $\sigma(b)$、临界应力 $\sigma_{cr}(a)$ 与 $\sigma_{cr}(b)$ 之间的关系,有如下结论。试判断哪一结论是正确的。

(A) $\sigma(a)>\sigma(b),\sigma_{cr}(a)=\sigma_{cr}(b)$;

(B) $\sigma(a)=\sigma(b),\sigma_{cr}(a)<\sigma_{cr}(b)$;

(C) $\sigma(a)<\sigma(b),\sigma_{cr}(a)<\sigma_{cr}(b)$;

(D) $\sigma(a)<\sigma(b),\sigma_{cr}(a)=\sigma_{cr}(b)$。

正确答案是_____。

11-6 提高钢制大长细比压杆承载能力有如下方法。试判断哪一种是最正确的。
(A) 减小杆长,减小长度系数,使压杆沿横截面两形心主轴方向的长细比相等;
(B) 增加横截面面积,减小杆长;
(C) 增加惯性矩,减小杆长;
(D) 采用高强度钢。

正确答案是_____。

11-7 根据压杆稳定性设计准则,压杆的许可载荷 $[F_P]=\dfrac{\sigma_{cr}A}{[n]_{st}}$。当横截面面积 A 增加 1 倍时,试分析压杆的许可载荷将按下列四种规律中的哪一种变化?

(A) 增加 1 倍;

(B) 增加 2 倍;

(C) 增加 1/2 倍;

(D) 压杆的许可载荷随着 A 的增加呈非线性变化。

正确答案是_____。

11-8 图示托架中杆 AB 的直径 $d=40$ mm,长度 $l=800$ mm。两端可视为球铰链约束,材料为 Q235 钢。试:
(1) 求托架的临界载荷;
(2) 若已知工作载荷 $F_P=70$ kN,并要求杆 AB 的稳定安全因数 $[n]_{st}=2.0$,校核托架是否安全;
(3) 若横梁为 No.18 普通热轧工字钢,$[\sigma]=160$ MPa,则托架所能承受的最大载荷有没有变化?

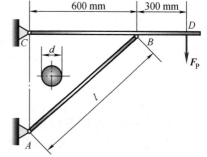

习题 11-8 图

11-9 图示结构中 BC 为圆截面杆,其直径 $D=80$ mm,AC 为边长 $A=70$ mm 的正方形截面杆,已知该结构的约束情况为 A 端固定,B、C 为球铰。两杆材料相同,为 Q235 钢,弹性模量 $E=210$ GPa,$\sigma_P=195$ MPa,$\sigma_s=235$ MPa。它们可以各自独立发生弯曲而互不影响。若该结构的稳定安全因数 $n_{st}=2.5$,试求所承受的最大安全压力。

11-10 图示正方形桁架结构,由五根圆截面钢杆组成,连接处均为铰链,各杆直径均为 $d=40$ mm,$a=1$ m。材料均为 Q235 钢,$E=200$ GPa,$\sigma_p=195$ MPa,$[\sigma]=160$ MPa,$[n]_{st}=1.8$。
(1) 试求结构的许可载荷;
(2) 若 F_P 力的方向与图中相反,问:许可载荷是否改变,若有改变应为多少?

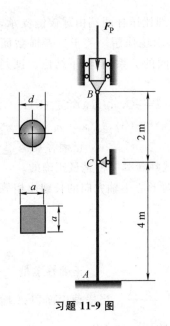

习题 11-9 图

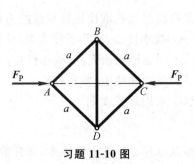

习题 11-10 图

11-11　图示结构中 AC 与 CD 杆均用 3 号钢制成，C、D 两处均为球铰。已知 $d=20$ mm，$b=100$ mm，$h=180$ mm；$E=200$ GPa，$\sigma_s=240$ MPa，$\sigma_b=400$ MPa；强度安全因数 $n=2.0$，稳定安全因数 $n_{st}=3.0$。试确定该结构的最大许可荷载。

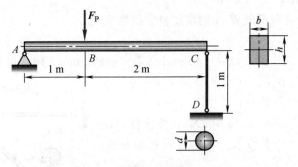

习题 11-11 图

11-12　图示两端固定的钢管在温度 $t_1=20\,℃$ 时安装，此时杆不受力。已知杆长 $l=6$ m，钢管内直径 $d=60$ mm，外直径 $D=70$ mm，材料为 Q235 钢，$E=206$ GPa。试问：当温度升高到多少度时，杆将失稳（材料的线膨胀系数 $\alpha=12.5\times10^{-6}/℃$）。

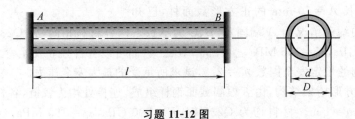

习题 11-12 图

第三篇　专题概述

第三篇　寺廟建築

第12章 简单的静不定问题

前面几章讨论的问题中,作用在杆件上的外力或杆件横截面上的内力,都能够由静力平衡方程直接确定,这类问题称为静定问题。

工程中为了提高结构的强度、刚度,或者为了满足构造及其他工程技术要求,常常在静定结构中再附加某些约束(包括添加杆件)。这时,由于未知力的个数多于所能提供的独立的平衡方程的数目,因而仅仅依靠静力平衡方程无法确定全部未知力。这类问题称为静不定问题。

静力学中,由于所涉及的是刚体模型,所以无法求解静不定问题。材料力学中,通过变形体模型,研究了杆件的受力和变形,以及二者的相互关系后,为求解静不定问题提供了可能。

本章首先介绍一般静不定系统的有关概念和求解方法,然后分别求解简单的拉压静不定问题、扭转静不定问题以及简单静不定梁,最后介绍求解简单静不定系统的力法与力法中的正则方程。

12.1 静不定问题的概念与方法

12.1.1 静定与静不定的概念

仅仅用平衡方程可以解出全部未知力(包括约束力与内力)的结构,称为静定结构,相应的问题称为**静定问题**(statically determinate problem)。

如果结构上的未知力的个数多于独立平衡方程的数目,则仅仅根据平衡方程无法求得全部未知力,这种结构称为静不定结构或超静定结构,相应的问题称为**静不定问题**(statically indeterminate problem)或超静定问题。

12.1.2 多余约束的概念与静不定次数

静不定结构是相对于静定结构而言,约束个数多于平衡方程的数目。因此,也可以说,静不定结构是在静定结构上再增加1个或若干个约束而形成的。

在静定结构上增加的这种约束,对于保持结构的静定性质是多余的,因而称为**多余约束**(redundant constraint)。这种多余只是对保证结构的平衡与几何不变性而言,对于提高结构的强度、刚度以及其他工程要求则是需要的。

未知力的个数与平衡方程数目之差,即多余约束的数目,称为**静不定次数**(degree of statically indeterminate problem)。静不定次数表示求解全部未知力,除了平衡方程外,所需要的补充方程的个数。

例如,如果在图12-1(a)所示的静定悬臂梁自由端增加一个辊轴支座(图12-1(b)),未知约束力由原来的3个变成4个,而平面力系独立的平衡方程只有3个,因而是一次静不定梁;如果在自由端增加一个固定铰支座(图12-1(c)),未知约束力变成5个,则为二次静不定梁;在图12-1(d)中悬臂梁的自由端变成固定端,未知约束力变成6个,从而成为三次静不定梁。

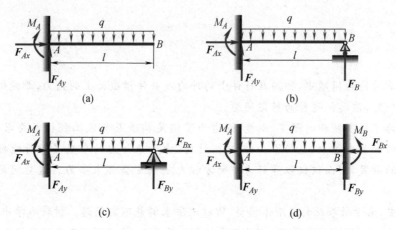

图 12-1 多余约束与静不定次数

12.1.3 求解静不定问题的基本方法

多余约束使结构由静定变为静不定,问题由静力平衡可解变为静力平衡不可解,这只是问题的一方面。问题的另一方面是,多余约束对结构或构件的变形起着一定的限制作用,而结构或构件的变形又是与受力密切相关的,这就为求解静不定问题提供了补充条件。

因此,求解静不定梁,除了平衡方程外,还需要根据多余约束对位移或变形的限制,建立各部分位移或变形之间的几何关系,即建立**几何方程**,又称为**变形协调方程**(compatibility equation),并建立力与位移或变形之间的物理关系,即**物理方程**或称为**本构方程**(constitutive equations)。将这二者联立才能找到求解静不定问题所需的补充方程。

据此,求解静不定梁以及其他静不定问题的过程是:

首先,要正确判断结构是静定还是静不定的,如果是静不定的,还需要确定静不定的次数,也就是确定有几个多余约束。

其次,选择合适的多余约束,将其解除,使静不定结构变成静定的,在解除约束处代之以多余约束力。

第三,将解除约束后的静定结构与原来的静不定结构相比较,确定在多余约束处应当满足什么样的变形条件才能使解除约束后的系统的受力和变形与原来系统的受力和变形等效,从而写出变形协调方程和相应的物理方程。

最后,联立求解平衡方程、变形协调方程以及物理方程,解出全部未知力;进而根据工程要求进行强度计算与刚度计算。

12.2 简单的静不定问题

12.2.1 拉压静不定问题

【例题 12-1】 图 12-2(a)中所示桁架，A、B、C、D 四处均为铰链。1 杆的刚度为 E_1A_1、长度为 l_1，2、3 杆的刚度相同 $E_2A_2=E_3A_3$、长度为 $l_2=l_3$。桁架受力如图所示。若 E_1A_1、E_2A_2、l_1、l_2、F_P 均为已知，试求各杆受力。

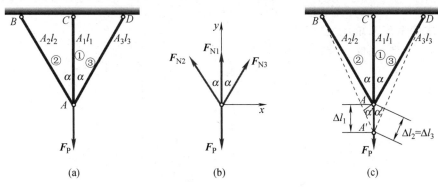

图 12-2 例题 12-1 图

解：(1) 平衡方程

因为 A、B、C、D 四处均为铰链，故 1、2、3 三杆均为二力杆，设其轴力分别为 F_{N1}、F_{N2}、F_{N3}。由图 12-2(b)受力图可知，其中有三个力是未知的，而平衡方程只有两个，故为一次静不定结构。

由

$$\sum F_x = 0$$
$$\sum F_y = 0$$

有

$$F_{N3}\sin\alpha - F_{N2}\sin\alpha = 0$$
$$F_{N1} + F_{N2}\cos\alpha + F_{N3}\cos\alpha - F_P = 0$$

整理后得

$$\left.\begin{array}{l} F_{N2} = F_{N3} \\ F_{N1} + 2F_{N2}\cos\alpha = F_P \end{array}\right\} \quad (a)$$

(2) 变形协调方程

因为结构左右对称，故受力后点 A 将沿铅垂方向移至点 A'，各杆变形后的位置如图 12-2(c)中虚线所示，以保证各杆变形后仍连接于点 A'。于是，三根杆的变形必须满足下列变形协调方程：

$$\Delta l_2 = \Delta l_3 = \Delta l_1 \cos\alpha' = \Delta l_1 \cos\alpha \quad (b)$$

式中，$\alpha'=\alpha$ 是应用小变形条件的结果。

(3) 物理方程

根据弹性范围内，各杆的轴力与轴向变形之间的关系，建立物理方程

$$\left.\begin{array}{l}\Delta l_1 = \dfrac{F_{N1} l_1}{E_1 A_1} \\[2mm] \Delta l_2 = \dfrac{F_{N2} l_2}{E_2 A_2}\end{array}\right\} \tag{c}$$

(4) 补充方程

将式(c)代入式(b)，便得到补充方程：

$$\dfrac{F_{N2} l_2}{E_2 A_2} = \dfrac{F_{N1} l_1}{E_1 A_1} \cos \alpha \tag{d}$$

(5) 求解全部未知力

将式(a)与式(d)联立，即可解出：

$$\left.\begin{array}{l} F_{N1} = \dfrac{F_P}{1 + \dfrac{2 E_2 A_2 l_1}{E_1 A_1 l_2}} \\[4mm] F_{N2} = F_{N3} = \dfrac{F_P \dfrac{E_2 A_2 l_1}{E_1 A_1 l_2}}{1 + \dfrac{2 E_2 A_2 l_1}{E_1 A_1 l_2}} \end{array}\right\} \tag{e}$$

12.2.2 扭转静不定问题

【例题 12-2】 图 12-3(a)中所示为两端固定的圆轴 AB，在截面 C 处承受绕轴线的扭转力偶作用，力偶矩 M_e 为已知。试求：两固定端的约束力偶矩。

解：(1) 平衡方程

设 A、B 端的约束力偶矩分别为 M_A 和 M_B，如图 12-3(b)所示。于是，由平衡方程

$$\sum M_x = 0$$

有

$$M_A + M_B = M_e \tag{a}$$

两个未知约束力，一个独立的平衡方程，所以是一次扭转静不定问题。

(2) 变形协调方程

解除 B 端的约束，代之以约束力偶 M_B，如图 12-3(c)所示。比较图 12-3(c)所示之静定圆轴与图 12-3(b)所示之静不定圆轴，二者的受力和变形必须完全相同。由于静不定圆轴两端固定，A、B 两截面的相对扭转角应为零，于是得到变形协调方程

$$\varphi_{AB} = \varphi_{AC} + \varphi_{CB} = 0 \tag{b}$$

(3) 物理方程

应用截面法，AC 段的扭矩 $M_x(AC) = -M_A$，CB 段的扭矩 $M_x(CB) = M_B$。根据圆轴扭转时相对扭转角与横截面上扭矩的关系式，有

$$\varphi_{AC} = \dfrac{M_x(AC)\left(\dfrac{2l}{3}\right)}{GI_p} = -\dfrac{2 M_A l}{3 G I_p}, \quad \varphi_{CB} = \dfrac{M_x(CB)\left(\dfrac{l}{3}\right)}{GI_p} = \dfrac{M_B l}{3 G I_p} \tag{c}$$

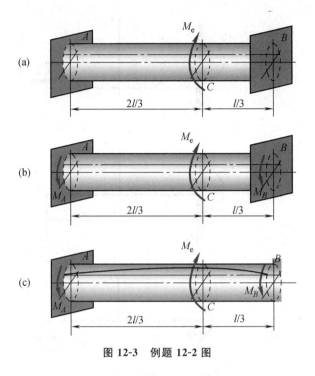

图 12-3 例题 12-2 图

（4）补充方程

将式（c）代入式（b）得到补充方程

$$\varphi_{AB} = -\frac{2M_A l}{3GI_p} + \frac{M_B l}{3GI_p} = 0$$

化简后，得到

$$\varphi_{AB} = -2M_A + M_B = 0 \tag{d}$$

（5）解联立方程

联立式（a）、（d），解得

$$M_A = \frac{1}{3}M_e, \quad M_B = \frac{2}{3}M_e$$

12.2.3 简单的静不定梁

【**例题 12-3**】 等刚度 EI 梁，左端固定、右端为辊轴支座，受力如图 12-4(a)所示。试求梁的全部约束力。

解：（1）判断静不定次数

前已分析，梁的两端共有 4 个未知约束力，只有 3 个独立的平衡方程，所以是一次静不定梁。

（2）平衡方程

将 B 处的辊轴约束作为多余约束解除，代之以约束力 F_{By}，如图 12-4(b)所示。于是，可以建立平衡方程

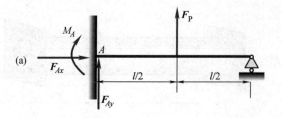

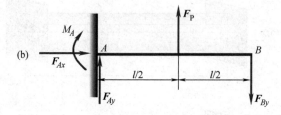

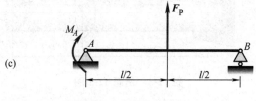

图 12-4 例题 12-3 图

$$\left.\begin{array}{l}\sum F_x = 0, \quad F_{Ax} = 0 \\ \sum F_y = 0, \quad F_{Ay} - F_{By} + F_P = 0 \\ \sum M_A = 0, \quad F_P \times \dfrac{l}{2} - F_{By} \times l - M_A = 0\end{array}\right\} \quad \text{(a)}$$

（3）变形协调方程

将图 12-4(b)中解除约束后得到的静定梁，与图 12-4(a)中的静不定梁相比较，因为二者的受力和变形应该完全相同，所以在解除的多余约束 B 处即可建立变形协调方程

$$w_B = w_B(F_P) + w_B(F_{By}) = 0 \tag{b}$$

（4）物理方程

考查图 12-4(b)中作用在静定梁上的载荷 F_P 与多余约束力 F_{By} 在 B 端引起的挠度，即可建立力与挠度之间的关系，亦即物理方程。

由挠度表查得

$$\left.\begin{array}{l}w_B(F_P) = -\dfrac{5F_P l^3}{48EI} \\ \\ w_B(F_{By}) = \dfrac{F_{By} l^3}{3EI}\end{array}\right\} \quad \text{(c)}$$

（5）补充方程

将式(c)代入式(b)，得到变形补充方程为

$$-\frac{5F_P l^3}{48EI} + \frac{F_{By} l^3}{3EI} = 0 \tag{d}$$

(6) 求解多余约束力

由式(d),解得

$$F_{By} = \frac{5F_P}{16} \qquad (e)$$

所得结果为正,说明所设约束力 $\boldsymbol{F}_{By}$ 的方向正确。

(7) 求解全部约束力

多余约束力确定后,将其代入平衡方程(a),即可得到固定端 A 处的约束力和约束力偶

$$F_{Ay} = \frac{11F}{16}(\downarrow), \quad M_A = \frac{3Fl}{16}(\circlearrowleft)$$

(8) 本例讨论

上述分析和求解的过程中,是将 B 处的辊轴作为多余约束的。在很多情形下,多余约束的选择并不是唯一的。例如对于本例中的静不定梁,也可将固定端处限制截面 A 转动的约束当作多余约束。如果将限制转动的约束解除,应该代之以约束力偶 M_A,如图 12-4(c)所示。相应的变形协调方程为

$$\theta_A = 0$$

据此解出的约束力与约束力偶与上述解答完全相同。

【例题 12-4】 图示 12-5(a)之三支承梁,A 处为固定铰链支座,B、C 二处为辊轴支座。梁作用有均布载荷。已知:均布载荷集度 $q = 15$ N/mm,$l = 4$ m,圆截面梁的直径 $d = 100$ mm,$[\sigma] = 100$ MPa,试校核该梁的强度是否安全。

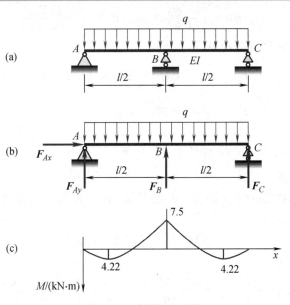

图 12-5 例题 12-4 图

解:(1) 判断静不定次数

梁在 A、B、C 三处共有 4 个未知约束力,而梁在平面一般力系作用下,只有 3 个独立的平衡方程,故为一次静不定梁。

(2) 解除多余约束，使静不定梁变成静定梁

本例中 B、C 两处的辊轴支座，可以选择其中的一个作为多余约束，现在将支座 B 作为多余约束解除，在 B 处代之以相应的多余约束力 F_B。解除约束后所得到的静定梁为一简支梁，如图 12-5(b) 所示。

(3) 建立平衡方程

以图 12-5(b) 中所示之静定梁作为研究对象，可以写出下列平衡方程：

$$\sum F_x = 0, \quad F_{Ax} = 0$$

$$\sum F_y = 0, \quad F_{Ay} + F_B + F_C - ql = 0$$

$$\sum M_C = 0, \quad -F_{Ay}l - F_B \times \frac{l}{2} + ql \times \frac{l}{2} = 0 \tag{a}$$

(4) 建立变形协调条件

比较解除约束前的静不定梁（图 12-5(a)）和解除约束后的静定梁（图 12-5(b)），二者的受力和变形必须完全相同，因此，图 12-5(b) 中的静定梁在 B 处的挠度必须等于零。于是，可以写出变形协调条件为

$$w_B = w_B(q) + w_B(F_B) = 0 \tag{b}$$

其中，$w_B(q)$ 为均布载荷 q 作用在静定梁上引起的 B 处的挠度；$w_B(F_B)$ 为多余约束力 $\boldsymbol{F}_B$ 作用在静定梁上引起的 B 处的挠度。

(5) 查表确定 $w_B(q)$ 和 $w_B(F_B)$

由挠度表 9-1 查得

$$w_B(q) = \frac{5}{384}\frac{ql^4}{EI}, \quad w_B(F_B) = -\frac{1}{48}\frac{F_B l^3}{EI} \tag{c}$$

联立式(a)、(b)、(c)，解得全部约束力：

$$F_{Ax} = 0, \quad F_{Ay} = \frac{3}{16}ql = 11.25 \text{ kN}$$

$$F_B = \frac{5}{8}ql = 37.5 \text{ kN}$$

$$F_C = \frac{3}{16}ql = 11.25 \text{ kN}$$

(6) 校核梁的强度

作梁的弯矩图如图 12-5(c) 所示。由图可知，支座 B 处的截面为危险面，其上之弯矩值为

$$|M|_{\max} = 7.5 \text{ kN} \cdot \text{m}$$

危险面上的最大正应力

$$\sigma_{\max} = \frac{|M|_{\max}}{W} = \frac{32|M|_{\max}}{\pi d^3} = \frac{32 \times 7.5 \times 10^3 \text{ N} \cdot \text{m}}{\pi \times (100 \text{ mm} \times 10^{-3})^3}$$

$$= 76.4 \times 10^6 \text{ Pa} = 76.4 \text{ MPa}$$

$$\sigma_{\max} = 76.4 \text{ MPa} < [\sigma] = 100 \text{ MPa}$$

所以，静不定梁是安全的。

12.3 结论与讨论

12.3.1 关于静不定结构性质的讨论

1. 静不定结构的内力分配与刚度之比有关

对于由不同刚度（EA、EI、GI_p 等）杆件组成的静不定结构，各杆内力的大小不仅与外力有关，而且与各杆的刚度之比有关。这一结论不难从例题 12-1 的结果中看出。

考查图 12-6 中桁架的两种特殊情形，也不难得到类似的结论。例如，杆 2、3 的刚度远小于中间杆 1 的刚度，作为一种极端，令 $E_1A_1 \rightarrow \infty$，这时杆 1 将不会产生变形，因而，位于两侧的杆 2、3 也不可能发生变形，故二者受力将趋于零；反之，如果令 $E_1A_1 \rightarrow 0$，这相当于之间的杆 1 不存在，这时，外力将主要由杆 2、3 承受。

为什么静定结构中各构件受力与其刚度之比无关，而在静不定结构中却密切相关。其原因在于静定结构中各构件受力只需满足平衡要求，各杆件的变形是相互独立、互不牵制的。而在静不定结构中，满足平衡要求的受力，不一定满足变形协调条件。从这一意义上讲，这也是弹性静力学与刚体静力学最本质的差别。

2. 静不定结构的装配应力

正是由于这种差别，在静不定结构中，若其中的某一构件存在制造误差，装配后即使不加载，各构件也将产生内力和应力，这种应力称为**装配应力**（assemble stress）。例如图 12-7(a)中所示之静不定结构，如果中间的杆件的长度比规定的长度短了 Δ，这时，3 根杆不可能在规定的点 A 装配在一起，而只能在将中间杆拉长后装配，最后在点 A' 处 3 根杆装配在一起。这样，中间的杆将产生伸长变形，两侧的杆将发生缩短变形，相应地，3 根杆中都将产生应力，也就是装配应力。

在静定结构中，由于各杆件之间的变形互不牵制，因而不会产生装配应力。例如图 12-7(b)的静定结构，如果其中的某根杆的长度小于或大于规定长度，二者可以在不改变长度的情形下，在另外某一点（例如点 A'）处装配在一起。由于没有变形，二者都不会产生应力。

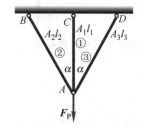
图 12-6 静不定结构中各构件的
内力大小与其刚度有关

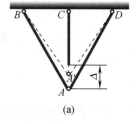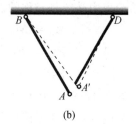
图 12-7 静不定结构的装配应力

3. 静不定结构的热应力

温度 T 的变化也会在静不定结构中产生内力和应力，这种应力称为**热应力**（thermal

stress)(图 12-8)。这也是静定结构所没有的特性。

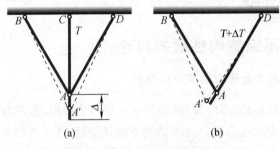

图 12-8 静不定结构的热应力

12.3.2 对称性在分析与求解静不定问题中的应用

若结构的几何形状、尺寸、构件材料及约束条件均对称于某一轴,则这样的结构称为**对称结构**(symmetric structure)。在不同的载荷作用下,对称结构可能产生对称变形、反对称变形或一般变形。如能正确而巧妙地应用对称性和反对称性,不仅可以推知某些未知量,而且可以使分析和计算过程大为简化。

1. 对称结构的对称变形

当对称结构承受对称载荷时,其约束力、内力分量以及位移都是对称的,也就是不存在反对称的约束力、内力分量以及位移。

如图 12-9(a)中所示之两端固定、承受均布载荷 q 作用的悬臂梁,因为每个固定端都有 3 个约束力,两个固定端共有 6 个约束力,而独立的平衡方程只有 3 个,故为 3 次静不定问题。

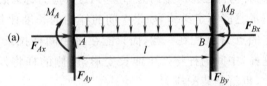

因为梁的结构、载荷与约束都是左、右对称的,根据对称性要求,两个对称的固定端的约束力必须是对称的。于是有

$$\left.\begin{array}{c} M_A = M_B \\ F_{Ax} = F_{Bx} \\ F_{Ay} = F_{By} \end{array}\right\}$$

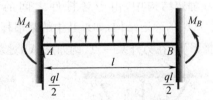

图 12-9 对称结构承受对称载荷

方向如图 12-9(a)中所示。

又因为在小变形情形下,忽略梁的轴向位移,固定端轴线方向不存在约束力,于是有

$$F_{Ax} = F_{Bx} = 0$$

此外,因为只有铅垂方向的均布载荷作用,所以应用铅垂方向的平衡条件,得到

$$F_{Ay} = F_{By} = \frac{ql}{2}$$

最后,只剩下一个未知量(图 12-9(b))

$$M_A = M_B = ?$$

2. 对称结构的反对称变形

当对称结构承受反对称载荷时,其上的约束力、内力分量以及位移都具有反对称的特征。

所谓反对称载荷是指,若将结构对称轴一侧的载荷反向,载荷便变为对称的,则原来的载荷称为反对称载荷。约束力、内力和分量以及位移的反对称含义与载荷反对称的含义相同。根据反对称特征也可以确定某些未知量,使计算过程简化。

图 12-10(a)所示之 3 根杆组成的一次静不定桁架,以杆②为对称轴,结构上、下对称。结构在点 D 承受铅垂向下的载荷 F_P,这一集中载荷可以分解为两个大小相等(都等于 $F_P/2$)、铅垂向下的力,如图 12-10(b)所示,这是一个对称结构承受反对称载荷的情形。根据反对称的要求,杆①和杆③的所受的轴力必须是反对称的;杆②的轴力必须等于零。于是,由图 12-10(c)所示之受力图,即可确定杆①和杆③的轴力 F_{N1} 和 F_{N3}。

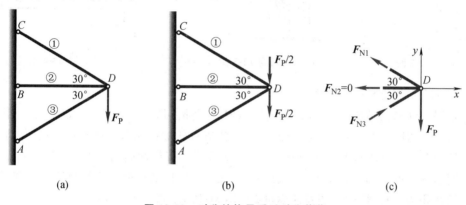

图 12-10 对称结构承受反对称载荷

习题

12-1 由铝板和钢板组成的复合柱,通过刚性板承受纵向载荷 $F_P = 385$ kN,其作用线沿着复合柱的轴线方向,图中单位为 mm。已知:$E_{钢} = 200$ GPa,$E_{铝} = 70$ GPa。试求铝板和钢板横截面上的正应力。

12-2 铜芯与铝壳组成的复合棒材如图所示,轴向载荷通过两端刚性板加在棒材上。现已知结构总长减少了 0.24 mm。试求:
(1) 所加轴向载荷的大小;
(2) 铜芯横截面上的正应力。

12-3 图示组合柱由钢和铸铁制成,组合柱横截面为边长为 $2b$ 的正方形,钢和铸铁各占横截面的一半($h \times 2b$)。载荷 F_P,通过刚性板沿铅

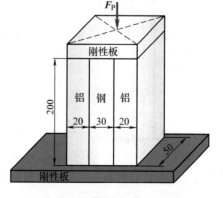

习题 12-1 图

垂方向加在组合柱上。已知钢和铸铁的弹性模量分别为 $E_s = 196$ GPa,$E_i = 98.0$ GPa。今欲使刚性板保持水平位置,试求加力点的位置 x。

12-4 在图示结构中,假设梁 AC 为钢杆,杆 1,2,3 的横截面面积相等,材料相同。试求三杆的轴力。

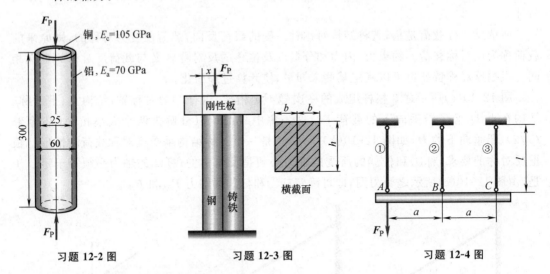

习题 12-2 图   习题 12-3 图   习题 12-4 图

12-5 试作图示等直杆的轴力图。

12-6 水平刚性横梁 AB 上部由杆①和杆②悬挂,下部由铰支座 C 支承,如图所示。由于制造误差,杆 1 的长度短了 $\delta = 1.5$ mm。已知两杆材料和横截面面积均相同,且 $E_1 = E_2 = E = 200$ GPa,$A_1 = A_2 = A$。试求:装配后两杆横截面的应力。

12-7 两端固定的阶梯杆如图所示。已知 AC 段和 BD 段的横截面面积为 A,CD 段的横截面面积为 $2A$。杆材料的弹性模量 $E = 210$ GPa,线膨胀系数 $\alpha = 12 \times 10^{-6}/℃$。试求:当温度升高 30℃ 后,该杆各段横截面内的应力。

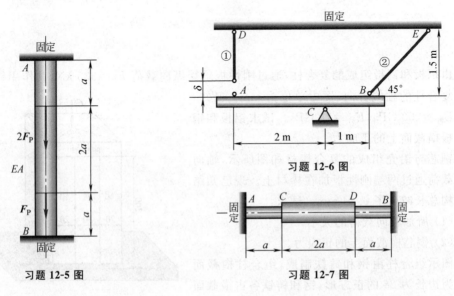

习题 12-5 图   习题 12-6 图

习题 12-7 图

12-8 图示为一两端固定的阶梯状圆轴,在截面突变处受外力偶矩 M_e。若 $d_1=2d_2$。试求固定端的约束力偶 M_A 和 M_B。

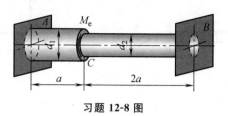

习题 12-8 图

12-9 图示组合轴由圆管 1 和同心实心圆轴 2 组成,组合轴左端固定,右端与可以转动的刚性圆盘固结成一体。组合轴承受沿轴线方向的均布扭转力偶,其集度为 m;同时在刚性圆盘施加集中扭转力偶,其力偶矩为 $M=ml$。已知圆管与实心圆轴材料相同,切变模量 $G_1=G_2=G$,圆管的截面极惯性矩是实心圆轴极惯性矩的 2 倍: $I_{P1}=2I_{P2}$。试求刚性圆盘相对于固定端的转角。

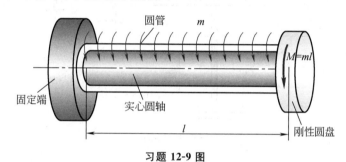

习题 12-9 图

12-10 梁 AB 因强度和刚度不足,用同一材料和同样截面的短梁 AC 加固,如图所示。试求:

(1) 两梁接触处的压力 F_C;

(2) 加固后梁 AB 的最大弯矩和 B 点的挠度减小的百分数。

12-11 梁 AB 和 BC 在 B 处铰接,A、C 两端固定,梁的抗弯刚度均为 EI, $F_P=40\ \text{kN}$, $q=20\ \text{kN/m}$。试求 B 处约束力。

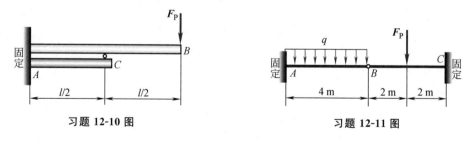

习题 12-10 图 习题 12-11 图

12-12 带有中间铰的梁受力如图所示,在力 F_P 的作用下,截面 A、B 二处的弯矩之比有如下四种答案,试判断哪一种是正确的。

(A) 1:2 (B) 1:1 (C) 2:1 (D) 1:4

正确答案是_____。

12-13 作图示连续梁的剪力图与弯矩图。$F_P=ql$，EI 为常数。

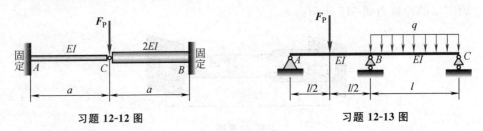

习题 12-12 图　　习题 12-13 图

12-14 图示结构中，梁与柱的材料均为 Q235 钢，$E=206$ GPa，$\sigma_s=240$ MPa。均匀分布载荷集度 $q=40$ kN/m。竖杆为两根 63 mm×63 mm×5 mm 等边角钢（连结成一整体）。试确定梁与柱的工作安全因数。

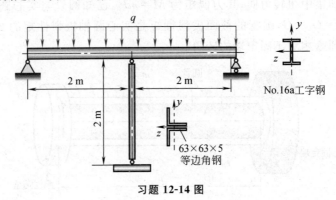

习题 12-14 图

第13章 动载荷与疲劳强度概述

本书前面几章所讨论的都是静载荷作用下所产生的变形和应力,这种载荷称为**静载荷**(statical load),相应的应力和变形分别称为**静应力**(statical stress)和**静变形**(statical deformation)。静应力的特点,一是与加速度无关;二是不随时间的改变而变化。

工程中一些高速旋转或者以很高的加速度运动的构件,以及承受冲击物作用的构件,其上作用的载荷,称为**动载荷**(dynamical load)。构件上由于动载荷引起的应力,称为**动应力**(dynamic stresses)。这种应力有时会达到很高的数值,从而导致构件或零件失效。

工程结构中还有一些构件或零部件中的应力虽然与加速度无关,但是,这些应力的大小或方向却随着时间而变化,这种应力称为**交变应力**(alternative stress)。在交变应力作用下发生的失效,称为疲劳失效,简称为**疲劳**(fatigue)。对于矿山、冶金、动力、运输机械以及航空航天等工业部门,疲劳是零件或构件的主要失效形式。统计结果表明,在各种机械的断裂事故中,大约有80%以上是由于疲劳失效引起的。疲劳失效过程往往不易被察觉,所以常常表现为突发性事故,从而造成灾难性后果。因此,对于承受交变应力的构件,疲劳分析在设计中占有重要的地位。

本章将首先应用达朗贝尔原理和机械能守恒定律,分析两类动载荷和动应力。然后将简要介绍疲劳失效的主要特征与失效原因,以及其影响疲劳强度的主要因素。

13.1 达朗贝尔原理(动静法)

在惯性参考系 $Oxyz$ 中,设一非自由质点的质量为 m,加速度为 a,在主动力 F、约束力 F_N 作用下运动。根据牛顿第二定律,有

$$ma = F + F_N$$

若将上式左端的 ma 移至右端,则成为

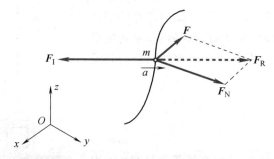

图 13-1 质点的惯性力与达朗贝尔原理

$$F + F_N - ma = 0 \tag{a}$$

令

$$F_I = -ma \tag{13-1}$$

假想 F_I 是一个力,它的大小等于质点的质量与加速度的乘积,方向与质点加速度的方向相反。因其与质点的惯性有关,故称为**达朗贝尔惯性力**(D'Alembert inertial force),简称**惯性力**(inertial force)。

于是,式(a)可以改写成

$$F + F_N + F_I = 0 \tag{13-2}$$

这一方程形式上是一静力学平衡方程。可见,由于引入了达朗贝尔惯性力,质点动力学问题转化为形式上的静力学平衡问题。

式(13-2)就是形式上的平衡方程的矢量形式。这表明,假想在运动的质点上加上惯性力 $F_I = -ma$,即可认为作用在质点上的主动力、约束力以及惯性力,在形式上组成平衡力系,此即**达朗贝尔原理**(D'Alembert principle),这样处理动力学的方法称为**动静法**(method of kineto statics)。

应用上述方程时,除了要分析主动力、约束力外,还必须分析惯性力,并假想地加在质点上。其余过程与静力学完全相同。

值得注意的是,惯性力只是为了应用静力学方法求解动力学问题而假设的虚拟力,所谓的平衡方程,仍然反映了真实力与运动之间的关系。

13.2　等加速度直线运动时构件上的惯性力与动应力

对于以等加速度作直线运动构件,只要确定其上各点的加速度 a,就可以应用达朗贝尔原理施加惯性力,如果为集中质量 m,则惯性力为集中力,由式(13-1)确定:

$$F_I = -ma$$

如果是连续分布质量,则作用在质量微元上的惯性力为

$$dF_I = -dma \tag{13-3}$$

然后,按照静载荷作用下的应力分析方法对构件进行应力计算以及强度与刚度设计。

以图 13-2 中的起重机起吊重物为例,在开始吊起重物的瞬时,重物具有向上的加速度 a,重物上便有方向向下的惯性力,如图 13-2 所示。这时吊起重物的钢丝绳,除了承受重物的重量,还承受由此而产生的惯性力,这一惯性力就是钢丝绳所受的动载荷;而重物的重量则是钢丝绳的静载荷。作用在钢丝绳的总载荷是动载荷与静载荷之和:

$$F_T = F_I + F_{st} = ma + F_W = \frac{F_W}{g}a + F_W \tag{13-4}$$

式中,F_T 为总载荷;F_{st} 与 F_I 分别为静载荷与惯性力引起的动载荷。

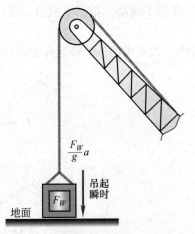

图 13-2　吊起重物时钢丝绳的动载荷

按照单向拉伸时杆件的应力公式,钢丝绳横截面上的总正应力为

$$\sigma_T = \sigma_{st} + \sigma_I = \frac{F_N}{A} = \frac{F_T}{A} \tag{13-5}$$

其中

$$\sigma_{st} = \frac{F_W}{A}, \quad \sigma_I = \frac{F_W}{Ag}a \tag{13-6}$$

分别为静应力和动应力。

根据上述二式,总正应力表达式可以写成静应力乘以一个大于1的系数的形式:

$$\sigma_T = \sigma_{st} + \sigma_I = \left(1 + \frac{a}{g}\right)\sigma_{st} = K_I \sigma_{st} \tag{13-7}$$

式中,系数 K_I 称为**动载系数**或**动荷系数**(coefficient in dynamic load)。对于作等加速度直线运动的构件,根据式(13-7),动荷系数

$$K_I = 1 + \frac{a}{g} \tag{13-8}$$

13.3 旋转构件的受力分析与动应力计算

旋转构件由于动应力而引起的失效问题在工程中也是很常见的。处理这类问题时,首先是分析构件的运动,确定其加速度,然后应用达朗贝尔原理,在构件上施加惯性力,最后按照静载荷的分析方法,确定构件的内力和应力。

考查图 13-3(a)中所示之以等角速度 ω 旋转的飞轮。飞轮材料密度为 ρ,轮缘平均半径为 R,轮缘部分的横截面面积为 A。

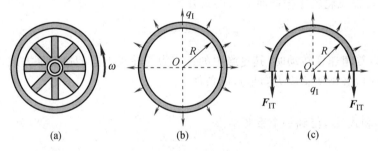

图 13-3 飞轮中的动应力

设计轮缘部分的截面尺寸时,为简单起见,可以不考虑轮辐的影响,从而将飞轮简化为平均半径等于 R 的圆环。

由于飞轮作等角速度转动,其上各点均只有向心加速度,故惯性力均沿着半径方向、背向旋转中心,且为沿圆周方向连续均匀分布力,如图 13-3(b)所示,其中 q_I 为均匀分布惯性力的集度。

沿直径方向将圆环截开,其受力如图 13-3(c)所示,其中 F_{IT} 为圆环横截面上的环向拉力。

为求 q_I,考查圆环上弧长为 ds 的微段

$$ds = Rd\theta \tag{a}$$

圆环微段的质量为

$$dm = \rho A\,ds = \rho A R\,d\theta \tag{b}$$

于是,微段质量的向心加速度为

$$a_n = R\omega^2 \tag{c}$$

方向指向圆心。圆环上微段质量的惯性力大小为

$$dF_I = R\omega^2\,dm = R\omega^2 \rho A R\,d\theta \tag{d}$$

其方向背向圆心。于是,均匀分布惯性力的集度为

$$q_I = \frac{dF_I}{ds} = \frac{dF_I}{R\,d\theta} = \frac{R\omega^2\,dm}{R\,d\theta} = R\omega^2 \rho A \tag{e}$$

均匀分布惯性力的合力在竖直方向上的投影,可以用类似薄壁容器应力分析中的简化方法求得(参见第 10 章)。

$$F_{Iy} = q_I D = 2q_I R = 2R^2\omega^2 \rho A \tag{f}$$

考查图 13-3(c)所示之半圆环的平衡,由平衡方程

$$\sum F_y = 0 \tag{g}$$

有

$$2F_{IT} - F_{Iy} = 0 \tag{h}$$

将式(f)代入式(h),得到

$$F_{IT} = R^2 \omega^2 \rho A = v^2 \rho A \tag{i}$$

其中,v 为飞轮轮缘上任意点的切向速度,即

$$v = R\omega \tag{j}$$

当轮缘厚度远小于半径 R 时,圆环横截面上的正应力可视为均匀分布,并用 σ_{IT} 表示。于是,由式(i)可得飞轮轮缘横截面上的正应力为

$$\sigma_{IT} = \frac{F_{IT}}{A} = \rho v^2 \tag{k}$$

这说明,飞轮以等角速度转动时,其轮缘中的正应力与轮缘上点的速度平方成正比。

设计飞轮时,必须使总应力满足强度条件

$$\sigma_{IT} \leqslant [\sigma] \tag{l}$$

于是,由式(k)和式(l),得到一个重要结果

$$v \leqslant \sqrt{\frac{[\sigma]}{\rho}} \tag{13-9}$$

这一结果表明,为保证飞轮具有足够的强度,对飞轮轮缘点的速度必须加以限制,使之满足式(13-9)。工程上将这一速度称为**极限速度**(limited velocity);对应的转动速度称为**极限转速**(limited rotational velocity)。

上述结果还表明:飞轮中的总应力与轮缘的横截面面积无关。因此,增加轮缘部分的横截面面积,无助于降低飞轮轮缘横截面上的总应力,对于提高飞轮的强度没有任何意义。

【例题 13-1】 图 13-4(a)所示结构中,钢制 AB 轴的中点处固结一与之垂直的均质杆 CD,二者的直径均为 d。长度 $AC=CB=CD=l$。轴 AB 以等角速度 ω 绕自身轴旋转。已知:$l=0.6$ m,$d=80$ mm,$\omega=40$ rad/s;材料重度 $\gamma=78$ kN/m³,许用应力 $[\sigma]=70$ MPa。试校核:轴 AB 和杆 CD 的强度是否安全。

第 13 章 动载荷与疲劳强度概述

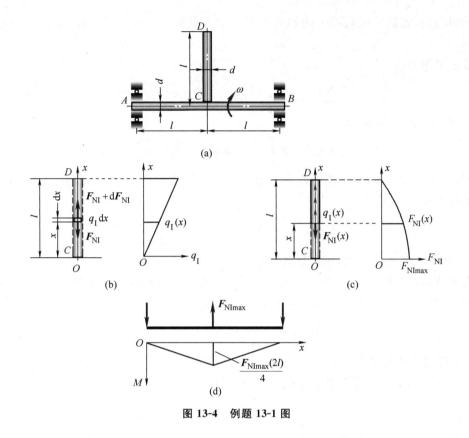

图 13-4 例题 13-1 图

解：(1) 分析运动状态，确定动载荷

当轴 AB 以 ω 等角速度旋转时，杆 CD 上的各个质点具有数值不同的向心加速度，其值为

$$a_n = x\omega^2 \tag{a}$$

式中，x 为质点到 AB 轴线的距离。AB 轴上各质点，因距轴线 AB 极近，加速度 a_n 很小，故不予考虑。

杆 CD 上各质点到轴线 AB 的距离各不相等，因而各点的加速度和惯性力亦不相同。

为了确定作用在杆 CD 上的最大轴力，以及杆 CD 作用在轴 AB 上的最大载荷。首先必须确定杆 CD 上的动载荷——沿杆 CD 轴线方向分布的惯性力。

为此，在杆 CD 上建立 Ox 坐标，如图 13-4(b) 所示。设沿杆 CD 轴线方向单位长度上的惯性力为 q_I，则微段长度 dx 上的惯性力为

$$q_I dx = (dm)a_n = \left(\frac{A\gamma}{g}dx\right)(x\omega^2) \tag{b}$$

由此得到

$$q_I = \frac{A\gamma\omega^2}{g}x \tag{c}$$

其中，A 为杆 CD 的横截面面积；g 为重力加速度。

式(c)表明，杆 CD 上各点的轴向惯性力与各点到轴线 AB 的距离 x 成正比。

为求杆 CD 横截面上的轴力，并确定轴力最大的作用面，用假想截面从任意处（坐标为

x)将杆截开,假设这一横截面上的轴力为 F_{NI},考查截面以上部分的平衡,如图 13-4(c)中所示。

建立平衡方程

$$\sum F_x = 0; \quad -F_{NI} + \int_x^l q_1 \mathrm{d}x = 0 \tag{d}$$

将式(c)代入式(d),解得

$$F_{NI} = \int_x^l q_1 \mathrm{d}x = \int_x^l \frac{A\gamma\omega^2}{g} x \mathrm{d}x = \frac{A\gamma\omega^2}{2g}(l^2 - x^2) \tag{e}$$

根据上述结果,在 $x=0$ 的横截面上,即杆 CD 与轴 AB 相交处的 C 截面上,杆 CD 横截面上的轴力最大,其值为

$$F_{NImax} = \frac{A\gamma\omega^2}{2g}(l^2 - 0^2) = \frac{A\gamma\omega^2}{2g}l^2 \tag{f}$$

(2) 画轴 AB 的弯矩图,确定最大弯矩

上面所得到的最大轴力,也是作用在轴 AB 上的最大横向载荷。于是,可以画出轴 AB 的弯矩图,如图 13-4(d)所示。轴中点截面上的弯矩最大,其值为

$$M_{Imax} = \frac{F_{NImax}(2l)}{4} = \frac{A\gamma\omega^2 l^3}{4g} \tag{g}$$

(3) 应力计算与强度校核

对于杆 CD,最大拉应力发生在截面 C 处,其值为

$$\sigma_{Imax} = \frac{F_{NImax}}{A} = \frac{\gamma\omega^2 l^2}{2g} \tag{h}$$

将已知数据代入式(h),得到

$$\sigma_{Imax} = \frac{\gamma\omega^2 l^2}{2g} = \frac{7.8 \times 10^4 \times 40^2 \times 0.6^2}{2 \times 9.81} = 2.29 \text{ MPa}$$

对于轴 AB,最大弯曲正应力为

$$\sigma_{Imax} = \frac{M_{Imax}}{W} = \frac{A\gamma\omega^2 l^3}{4g} \times \frac{1}{W} = \frac{2\gamma\omega^2 l^3}{gd}$$

将已知数据代入上式,得到

$$\sigma_{Imax} = \frac{2 \times 7.8 \times 10^4 \times 40^2 \times 0.6^3}{9.81 \times 80 \times 10^{-3}} = 68.7 \text{ MPa}$$

13.4 构件上的冲击载荷与冲击应力计算

13.4.1 计算冲击载荷所用的基本假定

具有一定速度的运动物体,向着静止的构件冲击时,冲击物的速度在很短的时间内发生了很大变化,即冲击物得到了很大的负值加速度。这表明,冲击物受到与其运动方向相反的很大的力作用。同时,冲击物也将很大的力施加于被冲击的构件上,这种力工程上称为**冲击力**或**冲击载荷**(impact load)。

由于冲击过程中,构件上的应力和变形分布比较复杂,因此,精确地计算冲击载荷,以及被冲击构件中由冲击载荷引起的应力和变形,是很困难的。工程中大都采用简化计算方法,

这种简化计算基于以下假设：

（1）假设冲击物的变形可以忽略不计；从开始冲击到冲击产生最大位移时，冲击物与被冲击构件一起运动，而不发生回弹。

（2）忽略被冲击构件的质量，认为冲击载荷引起的应力和变形，在冲击瞬时遍及被冲击构件；并假设被冲击构件仍处在弹性范围内。

（3）假设冲击过程中没有其他形式的能量转换，机械能守恒定律仍成立。

13.4.2 机械能守恒定律的应用

现以简支梁为例，说明应用机械能守恒定律计算冲击载荷的简化方法。

图 13-5(a)中所示之简支梁，在其上方高度 h 处，有一重量为 F_W 的物体，自由下落后，冲击在梁的中点。

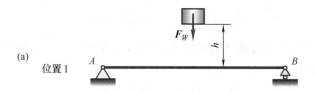

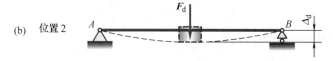

图 13-5　冲击载荷的简化计算方法

冲击终了时，冲击载荷及梁中点的位移都达到最大值，二者分别用 F_d 和 Δ_d 表示，其中的下标 d 表示冲击力引起的动载荷，以区别惯性力引起的动载荷。

该梁可以视为一线性弹簧，弹簧的刚度系数为 k。

设冲击之前，梁没有发生变形时的位置为位置1（图 13-5(a)）；冲击终了的瞬时，即梁和重物运动到梁的最大变形时的位置为位置2（图 13-5(b)）。考查这两个位置时系统的动能和势能。

重物下落前和冲击终了时，其速度均为零，因而在位置 1 和 2，系统的动能均为零，即

$$T_1 = T_2 = 0 \tag{a}$$

以位置 1 为势能零点，即系统在位置 1 的势能为零，即

$$V_1 = 0 \tag{b}$$

重物和梁（弹簧）在位置 2 时的势能分别记为 $V_2(F_W)$ 和 $V_2(k)$：

$$V_2(F_W) = -F_W(h + \Delta_d) \tag{c}$$

$$V_2(k) = \frac{1}{2}k\Delta_d^2 \tag{d}$$

上述二式中，$V_2(F_W)$ 为重物的重力从位置 2 回到位置 1（势能零点）所做的功，因为力与位移方向相反，故为负值；$V_2(k)$ 为梁发生变形（从位置 1 到位置 2）后，储存在梁内的应变能，又称为弹性势能，数值上等于冲击力从位置 1 到位置 2 时所做的功。

因为假设在冲击过程中，被冲击构件仍在弹性范围内，故冲击力 F_d 和冲击位移 Δ_d 之间存在线性关系，即

$$F_d = k\Delta_d \tag{e}$$

这一表达式与静载荷作用下力与位移的关系相似：

$$F_s = k\Delta_s \tag{f}$$

上述二式中 k 为类似线性弹簧刚度系数，动载与静载时弹簧的刚度系数相同。式(f)中的 Δ_s 为 F_d 作为静载施加在冲击处时，梁在该处的位移。

因为系统上只作用有惯性力和重力，二者均为保守力。故重物下落前（位置 1）到冲击终了后（位置 2），系统的机械能守恒，即

$$T_1 + V_1 = T_2 + V_2 \tag{g}$$

将式(a)～(d)代入式(g)后，有

$$\frac{1}{2}k\Delta_d^2 - F_W(h+\Delta_d) = 0 \tag{h}$$

再从式(f)中解出常数 k，并且考虑到静载时 $F_s = F_W$，一并代入式(h)，即可消去常数 k，从而得到关于 Δ_d 的二次方程：

$$\Delta_d^2 - 2\Delta_s\Delta_d - 2\Delta_s h = 0 \tag{i}$$

由此解出

$$\Delta_d = \Delta_s\left(1 + \sqrt{1 + \frac{2h}{\Delta_s}}\right) \tag{13-10}$$

根据式(13-10)以及式(e)和(f)，得到

$$F_d = F_s \times \frac{\Delta_d}{\Delta_s} = F_W\left(1 + \sqrt{1 + \frac{2h}{\Delta_s}}\right) \tag{13-11}$$

这一结果表明，最大冲击载荷与静位移有关，即与梁的刚度有关；梁的刚度愈小，静位移愈大，冲击载荷将相应地减小。设计承受冲击载荷的构件时，应当充分利用这一特性，以减小构件所承受的冲击力。

若令式(13-11)中 $h=0$，得到

$$F_d = 2F_W \tag{13-12}$$

这等于将重物突然放置在梁上，这时梁上的实际载荷是重物重量的 2 倍。这时的载荷称为**突加载荷**。

13.4.3　冲击时的动荷系数

为计算方便，工程上通常也将式(13-11)写成动荷系数的形式：

$$F_d = K_d F_s \tag{13-13}$$

其中，K_d 为冲击时的动荷系数，它表示构件承受的冲击载荷是静载荷的若干倍数。

对于图 13-5 中所示之简支梁，由式(13-11)，动荷系数

$$K_d = 1 + \sqrt{1 + \frac{2h}{\Delta_s}} \tag{13-14}$$

构件中由冲击载荷引起的应力和位移也可以写成动荷系数的形式：

$$\sigma_d = K_d \sigma_s \tag{13-15}$$

$$\Delta_d = K_d \Delta_s \tag{13-16}$$

【例题 13-2】 图 13-6 所示之悬臂梁，A 端固定，自由端 B 的上方有一重物自由落下，撞击到梁上。已知：梁材料为木材，弹性模量 $E=10$ GPa；梁长 $l=2$ m；截面为 120 mm×200 mm 的矩形，重物高度为 40 mm。重量 $F_W=1$ kN。试求：
(1) 梁所受的冲击载荷；
(2) 梁横截面上的最大冲击正应力与最大冲击挠度。

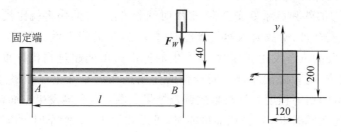

图 13-6　例题 13-2 图

解：(1) 梁横截面上的最大静应力和冲击处最大挠度

悬臂梁在静载荷 F_W 的作用下，横截面上的最大正应力发生在固定端处弯矩最大的截面上，其值为

$$\sigma_{smax} = \frac{M_{max}}{W} = \frac{F_W l}{\frac{bh^2}{6}} = \frac{1 \times 10^3 \times 2 \times 6}{120 \times 200^2 \times 10^{-9}} = 2.5 \text{ MPa} \tag{a}$$

由梁的挠度表 9-1，可以查得自由端承受集中力的悬臂梁的最大挠度发生在自由端处，其值为：

$$\omega_{smax} = \frac{F_W l^3}{3EI} = \frac{F_W l^3}{3 \times E \times \frac{bh^3}{12}} = \frac{4 F_W l^3}{E \times b \times h^3} = \frac{4 \times 1 \times 10^3 \times 2^3}{10 \times 10^9 \times 120 \times 200^3 \times 10^{-12}}$$

$$= \frac{10}{3} \text{ mm} \tag{b}$$

(2) 确定动荷系数

根据式(13-14)和本例的已知数据，动荷系数

$$K_d = 1 + \sqrt{1 + \frac{2h}{\Delta_s}} = 1 + \sqrt{1 + \frac{2 \times 40}{\frac{10}{3}}} = 6 \tag{c}$$

(3) 计算冲击载荷、最大冲击应力和最大冲击挠度

冲击载荷：
$$F_d = K_d F_s = K_d F_W = 6 \times 1 \times 10^3 = 6 \times 10^3 \text{ N} = 6 \text{ kN}$$

最大冲击应力：
$$\sigma_{dmax} = K_d \sigma_{smax} = 6 \times 2.5 \text{ MPa} = 15 \text{ MPa}$$

最大冲击挠度：
$$\omega_{dmax} = K_d \omega_{smax} = 6 \times \frac{10}{3} \text{ mm} = 20 \text{ mm}$$

大多数情形下，冲击力对于机械和结构的破坏作用非常突出，经常会造成人民生命和财产的巨大损失。因此，除了有益的冲击力（如冲击锤、打桩机）外，工程上都要采取一些有效的措施，防止发生冲击，或者当冲击无法避免时尽量减小冲击力。

减小冲击力最有效的办法是减小冲击物和被冲击物的刚性、增加其弹性，吸收冲击发生时的能量。简而言之，就是尽量做到"软接触"，避免"硬接触"。汽车驾驶室中的安全带、前置气囊，都能起到减小冲击力的作用。如果二者同时发挥作用，当发生事故时，驾驶员的生命安全有可能得到保障。

图 13-7(a)中的驾驶员系好安全带，事故时气囊弹出，受的伤害就比较小；图 13-7(b)中的驾驶员没有系安全带，事故时虽然气囊也即时弹出，受的伤害就比较大，甚至还会有生命危险。当高速行驶的汽车发生碰撞时，所产生的冲击力可能超过司机体重的 20 倍，可以将驾乘人员抛离座位，或者抛出车外。安全带的作用是在汽车发生碰撞事故时，吸收碰撞能量，减轻驾乘人员的伤害程度。汽车事故调查结果表明：当车辆发生正面碰撞时，如果系了安全带，可以使死亡率减少 57%；侧面碰撞时，可以减少 44%；翻车时可以减少 80%。

(a)　　　　　　　　　　　(b)

图 13-7　减小冲击力的伤害，安全带与气囊相辅相成

13.5　疲劳强度概述

13.5.1　交变应力的名词和术语

一点的应力随着时间的改变而变化，这种应力称为交变应力。工程中承受交变应力的构件或零部件很多，图 13-8 中的火车车轴就是一例。

图 13-9(a)和(b)中所示为火车车轴的实际受力与力学模型简图，梁的两个车轮之间的横截面上将只有弯矩一个内力分量，因而横截面上将只有正应力。

火车的自重以及装载物的总重量作用在车轴的两端，其大小和方向在火车行驶的过程中都不会发生变化。但是，由于车轴的转动，车轴横截面上任意点的正应力将随着时间的变化而改变。

以图 13-9(c)中点 a 为例，当其位于上方位置 1 时，承受最大拉应力；当轴按顺时针方向转动时，点 a 承受的拉应力逐渐减小，转到位置 2 时，应力减小到零；继续顺时针转动，点 a 开始承受压应力，而且压应力数值逐渐增加，当点 a 转到下方位置 3 时，压应力达到最大值；点 a 从位置 3 向位置 4 转动时，点 a 所承受的压应力数值将逐渐减小，到达位置 4 时，应力又变为零；继

图 13-8　承受交变应力的火车车轴

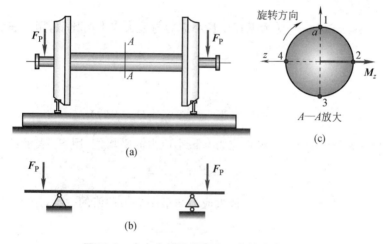

图 13-9　火车车轴横截面上一点的交变应力

而,当点 a 从位置 4 转回到位置 1,其上的正应力从零逐渐增加,在位置 1 又回到最大拉应力值。火车行驶时,点 a 的正应力将按上述变化规律往复交变,如图 13-10 所示。

工程上,承受交变应力作用的构件或零部件,大都在规则(图 13-11)或不规则(图 13-12)变化的应力作用下工作。

材料在交变应力作用下的力学行为首先与应力变化状况(包括应力变化幅度)有很大关系。因此,在强度设计中必然涉及有关应力变化的若干名词和术语,现简单介绍如下。

图 13-13 中所示为杆件横截面上一点应力随时间 t 的变化曲线。其中 S 为广义应力,它可以是正应力,也可以是剪应力。

根据应力随时间变化的状况,定义下列名词与术语:

应力循环(stress cycle)——应力变化一个周期,称为应力的一次循环。例如应力从最大值变到最小值,再从最小值变到最大值。

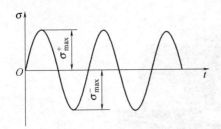

图 13-10 火车车轴横截面上一点应力随时间变化曲线

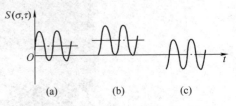

图 13-11 几种规则的交变应力

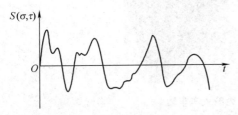

图 13-12 不规则的交变应力

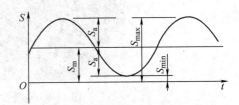

图 13-13 交变应力的名词与术语

应力比(stress ratio)——应力循环中最小应力与最大应力的比值,用 r 表示:

$$r = \frac{S_{\min}}{S_{\max}} \quad (当 |S_{\min}| \leqslant |S_{\max}| 时) \tag{13-17a}$$

或

$$r = \frac{S_{\max}}{S_{\min}} \quad (当 |S_{\min}| \geqslant |S_{\max}| 时) \tag{13-17b}$$

平均应力(mean stress)——最大应力与最小应力的平均值,用 S_m 表示:

$$S_m = \frac{S_{\max} + S_{\min}}{2} \tag{13-18}$$

应力幅值(stress amplitude)——最大应力与最小应力差值的一半,用 S_a 表示:

$$S_a = \frac{S_{\max} - S_{\min}}{2} \tag{13-19}$$

最大应力(maximum stress)——应力循环中的最大值:

$$S_{\max} = S_m + S_a \tag{13-20}$$

最小应力(minimum stress)——应力循环中的最小值:

$$S_{\min} = S_m - S_a \tag{13-21}$$

对称循环(symmetrical reversed cycle)——应力循环中应力数值与正负号都反复变化,且有 $S_{\max} = -S_{\min}$,这种应力循环称为对称循环。这时,

$$r = -1, \quad S_m = 0, \quad S_a = S_{\max}$$

脉冲循环(fluctuating cycle)——应力循环中,只有应力数值随时间变化,应力的正负号不发生变化,且最小应力等于零($S_{\min} = 0$),这种应力循环称为脉冲循环。这时,

$$r = 0$$

静应力(statical stress)——静载荷作用时的应力,静应力是交变应力的特例。在静应力作用下:

$$r = 1, \quad S_{\max} = S_{\min} = S_{\mathrm{m}}, \quad S_{\mathrm{a}} = 0$$

需要注意的是，应力循环指一点的应力随时间的变化循环，最大应力与最小应力等都是指一点的应力循环中的数值。它们既不是指横截面上由于应力分布不均匀所引起的最大和最小应力，也不是指一点应力状态中的最大和最小应力。

上述广义应力记号 S 泛指正应力和剪应力。若为拉、压交变或反复弯曲交变，则所有符号中的 S 均为 σ；若为反复扭转交变，则所有 S 均为 τ，其余关系不变。

上述应力均未考虑应力集中的影响，即由理论应力公式算得。如

$$\sigma = \frac{F_{\mathrm{N}}}{A} \quad (\text{拉伸})$$

$$\sigma = -\frac{M_z y}{I_z}, \quad \sigma = \frac{M_y z}{I_y} \quad (\text{平面弯曲})$$

$$\tau = \frac{M_x \rho}{I_{\mathrm{P}}} \quad (\text{圆截面杆扭转})$$

这些应力统称为**名义应力**(nominal stress)。

13.5.2 疲劳失效特征

大量的试验结果以及实际零件和部件的破坏现象表明，构件在交变应力作用下发生失效时，具有以下明显的特征：

(1) 破坏时的名义应力值远低于材料在静载荷作用下的强度极限，甚至低于屈服强度。

(2) 构件在一定量的交变应力作用下发生破坏有一个过程，即需要经过一定数量的应力循环。

(3) 构件在破坏前没有明显的塑性变形，即使塑性很好的材料，也会呈现脆性断裂。

(4) 同一疲劳破坏断口，一般都有明显的光滑区域与颗粒状区域。

上述破坏特征与疲劳破坏的起源和传递过程(统称"损伤传递过程")密切相关。

经典理论认为：在一定数值的交变应力作用下，金属零件或构件表面处的某些晶粒(图 13-14(a))，经过若干次应力循环之后，其原子晶格开始发生剪切与滑移，逐渐形成滑移带(slip bands)。随着应力循环次数的增加，滑移带变宽并不断延伸。这样的滑移带可以在某个滑移面上产生初始疲劳裂纹，如图 13-14(b) 所示；也可以逐步积累，在零件或构件表面形成切口样的凸起与凹陷，在"切口"尖端处由于应力集中，因而产生初始疲劳裂纹，如图 13-14(c) 所示。初始疲劳裂纹最初只在单个晶粒中发生，并沿着滑移面扩展，在裂纹尖端应力集中作用下，裂纹从单个晶粒贯穿到若干晶粒。图 13-15 中所示为滑移带的微观图像。

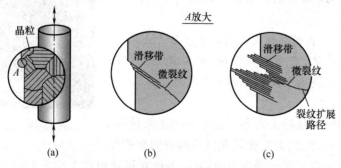

图 13-14 由滑移带形成的初始疲劳裂纹

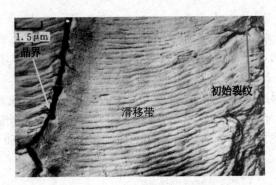

图 13-15　滑移带的微观图像

金属晶粒的边界以及夹杂物与金属相交界处，由于强度较低因而也可能是初始裂纹的发源地。

近年来，新的疲劳理论认为疲劳起源是由于位错运动所引起的。所谓**位错**（dislocation），是指金属原子晶格的某些空穴、缺陷或错位。微观尺度的塑性变形就能引起位错在原子晶格间运动。从这个意义上讲，可以认为，位错通过运动聚集在一起，便形成了初始的疲劳裂纹。这些裂纹长度一般为 $13^{-4} \sim 13^{-7}$ m 的量级，故称为**微裂纹**（microcrack）。

形成微裂纹后，在微裂纹处又形成新的应力集中，在这种应力集中和应力反复交变的条件下，微裂纹不断扩展、相互贯通，形成较大的裂纹，其长度大于 13^{-4} m，能为裸眼所见，故称为**宏观裂纹**（macrocrack）。

再经过若干次应力循环后，宏观裂纹继续扩展，致使截面削弱，类似在构件上形成尖锐的"切口"。这种切口造成的应力集中使局部区域内的应力达到很大数值。结果，在较低的名义应力数值下构件便发生破坏。

根据以上分析，由于裂纹的形成和扩展需要经过一定的应力循环次数，因而疲劳破坏需要经过一定的时间过程。由于宏观裂纹的扩展，在构件上形成尖锐的"切口"，在切口的附近不仅形成局部的应力集中，而且使局部的材料处于三向拉伸应力状态，在这种应力状态下，即使塑性很好的材料也会发生脆性断裂。所以疲劳破坏时没有明显塑性变形。此外，在裂纹扩展的过程中，由于应力反复交变，裂纹时张、时合，类似研磨过程，从而形成疲劳断口上的光滑区；而断口上的颗粒状区域则是脆性断裂的特征。

图 13-16 所示为典型的疲劳破坏断口，其上有三个不同的区域：

① 为疲劳源区，初始裂纹由此形成并扩展开去；

② 为疲劳扩展区，有明显的条纹，类似贝壳或被海浪冲击后的海滩，它是由裂纹的传播所形成的；

③ 为瞬间断裂区。

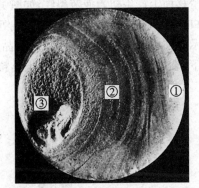

图 13-16　疲劳破坏断口

需要指出的是，裂纹的生成和扩展是一个复杂过程，它与构件的外形、尺寸、应力变化情况以及所处的介质等都有关系。因此，对于承受交变应力的构件，不仅在设计中要考虑疲劳问题，而且在使用期限需进行中修或大修，以检测构件是否发生裂纹及裂纹扩展的情况。对于某些维系人民生命的重要构件,还需要作经常性的检测。

乘坐过火车的读者可能会注意到,火车停站后,都有铁路工人用小铁锤轻轻敲击车厢车轴的情景。这便是检测车轴是否发生裂纹,以防止发生突然事故的一种简易手段。因为火车车厢及所载旅客的重力方向不变,而车轴不断转动,其横截面上任意一点的位置均随时间不断变化,故该点的应力亦随时间而变化,车轴因而可能发生疲劳破坏。用小铁锤敲击车轴,可以从声音直观判断是否存在裂纹以及裂纹扩展的程度。

13.6 疲劳极限与应力-寿命曲线

所谓疲劳极限是指经过无穷多次应力循环而不发生破坏时的最大应力值,又称为**持久极限**(endurance limit)。

为了确定疲劳极限,需要用若干光滑小尺寸试样(图 13-17(a)),在专用的疲劳试验机上进行试验,图 13-17(b)所示为对称循环疲劳试验机。

将试样分成若干组,各组中的试样最大应力值分别由高到低(即不同的应力水平),经历应力循环,直至发生疲劳破坏。记录下每根试样中最大应力 S_{max}(名义应力)以及发生破坏时所经历的应力循环次数(又称寿命)N。将这些试验数据标在 S-N 坐标中,如图 13-18 所示。可以看出,疲劳试验结果具有明显的分散性,但是通过这些点可以画出一条曲线表明试件寿命随其承受的应力而变化的趋势。这条曲线称为应力-寿命曲线,简称 S-N 曲线。

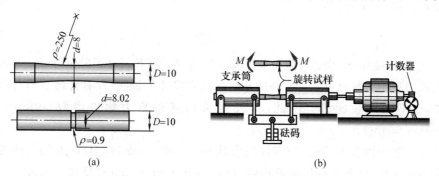

图 13-17 疲劳试样与对称循环疲劳试验机简图

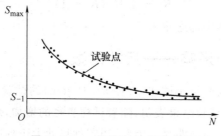

图 13-18 一般的应力-寿命曲线

S-N 曲线若有水平渐近线,则表示试样经历无穷多次应力循环而不发生破坏,渐近线的纵坐标即为光滑小试样的疲劳极限。对于应力比为 r 的情形,其疲劳极限用 S_r 表示;对称循环下的疲劳极限为 S_{-1}。

所谓"无穷多次"应力循环,在试验中是难以实现的。工程设计中通常规定:对于 S-N 曲线有水平渐近线的材料(如结构钢),若经历 10^7 次应力循环而不破坏,即认为可承受无穷多次应力循环;对于 S-N 曲线没有水平渐近线的材料(例如铝合金),规定某一循环次数(例如 2×10^7 次)下不破坏时的最大应力作为条件疲劳极限。

13.7 影响疲劳寿命的因素

光滑小试样的疲劳极限,并不是零件的疲劳极限,零件的疲劳极限则与零件状态和工作条件有关。零件状态包括应力集中、尺寸、表面加工质量和表面强化处理等因素;工作条件包括载荷特性、介质和温度等因素。其中载荷特性包括应力状态、应力比、加载顺序和载荷频率等。

13.7.1 应力集中的影响——有效应力集中因数

在构件或零件截面形状和尺寸突变处(如阶梯轴轴肩圆角、开孔、切槽等),局部应力远远大于按一般理论公式算得的数值,这种现象称为应力集中。显然,应力集中的存在不仅有利于形成初始的疲劳裂纹,而且有利于裂纹的扩展,从而降低零件的疲劳极限。

在弹性范围内,应力集中处的最大应力(又称峰值应力)与名义应力的比值称为理论应力集中因数。用 K_t 表示,即

$$K_t = \frac{S_{\max}}{S_n} \tag{13-22}$$

式中,$S_{\max}$ 为峰值应力;S_n 为名义应力。对于正应力,K_t 为 $K_{t\sigma}$;对于剪应力,K_t 为 $K_{t\tau}$。

理论应力集中因数只考虑了零件的几何形状和尺寸的影响,没有考虑不同材料对于应力集中具有不同的敏感性。因此,工程上采用**有效应力集中因数**(effective stress concentration factor)。

有效应力集中因数 K_f 不仅与零件的形状和尺寸有关,而且与材料有关。前者由理论应力集中因数反映;后者由**缺口敏感因数**(notch sensitivity factor)反映。三者之间有如下关系

$$K_f = 1 + q(K_t - 1) \tag{13-23}$$

此式对于正应力和剪应力集中都适用。

13.7.2 零件尺寸的影响——尺寸因数

前面所讲的疲劳极限为光滑小试样(直径 6~10 mm)的试验结果,称为"试样的疲劳极限"或"材料的疲劳极限"。试验结果表明,随着试样直径的增加,疲劳极限将下降,而且对于钢材,强度愈高,疲劳极限下降愈明显。因此,当零件尺寸大于标准试样尺寸时,必须考虑尺寸的影响。

尺寸引起疲劳极限降低的原因主要有以下几种:一是毛坯质量因尺寸而异,大尺寸毛坯所包含的缩孔、裂纹、夹杂物等缺陷要比小尺寸毛坯多;二是大尺寸零件表面积和表层积都比较大,而裂纹源一般都在表面或表面层下,故形成疲劳源的概率也比较大;三是应力

梯度的影响：如图 13-19 所示,若大、小零件的最大应力 σ_{max} 相同,从最大应力 σ_{max} 到另一应力 σ_0,二者变化的梯度不同,在从 σ_{max} 到 σ_0 的表层厚度内,大尺寸零件的材料所承受的平均应力要高于小尺寸零件,这些都有利于初始裂纹的形成和扩展,因而使疲劳极限降低。

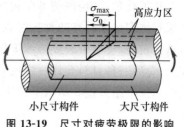

图 13-19 尺寸对疲劳极限的影响

零件尺寸对疲劳极限的影响用尺寸因数 ε 度量：

$$\varepsilon = \frac{(\sigma_{-1})_d}{\sigma_{-1}} \qquad (13\text{-}24)$$

式中,σ_{-1} 和 $(\sigma_{-1})_d$ 分别为试样和光滑零件在对称循环下的疲劳极限。式(13-24)也适用于剪应力循环的情形。

13.7.3 表面加工质量的影响——表面质量因数

零件承受弯曲或扭转时,表层应力最大,对于几何形状有突变的拉压构件,表层处也会出现较大的峰值应力。因此,表面加工质量将会直接影响裂纹的形成和扩展,从而影响零件的疲劳极限。

表面加工质量对疲劳极限的影响,用表面质量因数 β 度量：

$$\beta = \frac{(\sigma_{-1})_\beta}{\sigma_{-1}} \qquad (13\text{-}25)$$

式中,σ_{-1} 和 $(\sigma_{-1})_\beta$ 分别为磨削加工和其他加工时的对称循环疲劳极限。

上述各种影响零件疲劳极限的因数都可以从有关的设计手册中查到,本书不再赘述。

13.8 基于无限寿命设计方法的疲劳强度

13.8.1 构件寿命的概念

若将 $S_{max}\text{-}N$ 试验数据标在 $\lg S\text{-}\lg N$ 坐标中,所得到应力-寿命曲线可近似视为由两段直线所组成,如图 13-20 所示。两直线的交点之横坐标值 N_0,称为循环基数;与循环基数对应的应力值(交点的纵坐标)即为疲劳极限。因为循环基数都比较大(10^6 次以上),故按疲劳极限进行强度设计,称为无限寿命设计。双对数坐标中 $\lg S\text{-}\lg N$ 曲线的斜直线部分,可以表成

$$S_i^m N_i = C \qquad (13\text{-}26)$$

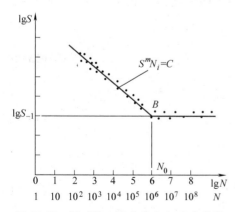

图 13-20 双对数坐标中的应力-寿命曲线

式中,m 和 C 均为与材料有关的常数。斜直线上一点的纵坐标为试样所承受的最大应力 S_i,在这一应力水平下试样发生疲劳破坏的寿命为 N_i。S_i 称为在规定寿命 N_i 下的条件疲劳极限。按照条件疲劳极限进行强度设计,称为有限寿命设计。因此,双对数坐标中 $\lg S\text{-}\lg N$ 曲线上循环基数 N_0 以右部分(水平直线)称为无限寿命区;以左部分(斜直线)称为有限寿命区。

从工程角度,构件的寿命包括裂纹萌生期和裂纹扩展期,在传统的 S-N 曲线中,裂纹萌生很难辨别出来。有的材料对疲劳抵抗较弱,一旦形成初始裂纹很快就破坏;有的材料对疲劳抵抗较强,能够带裂纹持续工作相当长一段时间。对前一种材料,设计上是不允许裂纹存在的;对后一种材料允许一定尺寸的裂纹存在,这是有限寿命设计的基本思路。对于航空,国防和核电站等重要结构上的构件设计,如能保证在安全的条件下,延长使用寿命,则具有重大意义。

13.8.2 无限寿命设计方法——安全因数法

若变应力的应力幅均保持不变,则称为**等幅交变应力**(alternative stress with equal amplitude)。

工程设计中一般都是根据静载设计准则首先确定构件或零部件的初步尺寸,然后再根据疲劳强度设计准则对危险部位作疲劳强度校核。通常将疲劳强度设计准则写成安全因数的形式,即

$$n \geqslant [n] \tag{13-27}$$

式中,n 为零部件的工作安全因数,又称计算安全因数;$[n]$ 为规定安全因数,又称许用安全因数。

当材料较均匀,且载荷和应力计算精确时,取 $[n]=1.3$;当材料均匀程度较差、载荷和应力计算精确度又不高时,取 $[n]=1.5\sim1.8$;当材料均匀程度和载荷、应力计算精确度都很差时取 $[n]=1.8\sim2.5$。

疲劳强度计算的主要工作是计算工作安全因数 n。

13.8.3 等幅对称应力循环下的工作安全因数

在对称应力循环下,应力比 $r=-1$,对于正应力循环,平均应力 $\sigma_m=0$,应力幅 $\sigma_a=\sigma_{max}$;对于剪应力循环,则有 $\tau_m=0,\tau_a=\tau_{max}$。考虑到上一节中关于应力集中、尺寸和表面加工质量的影响,实际应力比名义应力大 $\dfrac{K_{f\sigma}}{\varepsilon\beta}$ 倍,对于对称应力循环,危险点的名义应力为 $\sigma_{max}=\sigma_a$,零件或构件的实际应力为 σ_p,于是有

$$\sigma_p = \frac{K_{f\sigma}}{\varepsilon\beta}\sigma_a \tag{13-28}$$

正应力对称循环时的工作安全因数为

$$n_\sigma = \frac{\sigma_{-1}}{\sigma_p} = \frac{\sigma_{-1}}{\dfrac{K_{f\sigma}}{\varepsilon\beta}\sigma_a} \tag{13-29}$$

类似地,剪应力对称循环时的工作安全因数为

$$n_\tau = \frac{\tau_{-1}}{\tau_P} = \frac{\tau_{-1}}{\dfrac{K_{f\tau}}{\varepsilon\beta}\tau_a} \tag{13-30}$$

其中,σ_a,τ_a——分别为正应力和剪应力对称循环的名义应力幅值;

σ_{-1},τ_{-1}——光滑小试样在对称应力循环下的疲劳极限;

$K_{f\sigma},K_{f\tau}$——有效应力集中因数;

ε——尺寸因数；

β——表面质量因数。

13.8.4 等幅交变应力作用下的疲劳寿命估算

对于等幅应力循环，可以根据光滑小试样的 $S\text{-}N$ 曲线，也可以根据构件或零件的 $S\text{-}N$ 曲线，确定给定应力幅下的寿命。

以对称循环为例，根据光滑小试样的 $S\text{-}N$ 曲线确定疲劳寿命时，首先需要确定构件或零件上的可能危险点，并根据载荷变化状况，确定危险点应力循环中的最大应力或应力幅（$S_{max}=S_a$）；然后考虑应力集中、尺寸、表面质量等因素的影响，得到 $K_{fs}S_a/\varepsilon\beta$。据此，由 $S\text{-}N$ 曲线，求得在应力 $S=K_{fs}S_a/\varepsilon\beta$ 作用下发生疲劳断裂时所需的应力循环数 N，此即所要求的寿命（图 13-21(a)）。

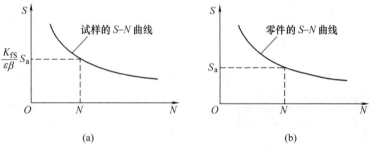

图 13-21 等幅应力循环时疲劳寿命估算

当根据零件试验所得到的应力-寿命曲线确定疲劳寿命时，由于试验结果已经包含了应力集中、尺寸和表面质量的影响，在确定了危险点的应力幅 S_a 之后，可直接根据 S_a 由 $S\text{-}N$ 曲线求得这一应力水平下发生疲劳断裂时的循环次数 N（图 13-21(b)）。

现代疲劳设计所采用的零件或部件的疲劳寿命或疲劳极限，大多数都是由零件或部件的疲劳试验直接得到。图 13-22 中所示为汽车发动机曲轴的高频疲劳试验机。图 13-22(a)的左边为高频激振器，产生水平方向的高频振动，激励右边的音叉产生一张一合振荡，从而将方向反复交变的弯矩施加在音叉上部的接受试验的曲轴上，在曲轴横截面上产生交变应力。图 13-22(b)为接受试验的曲轴。由于高频激振器和音叉的振动频率很高，可以大大缩短疲劳试验时间。

图 13-22 汽车曲轴疲劳试验机

13.9 结论与讨论

13.9.1 不同情形下动荷系数具有不同的形式

比较式(13-14)和式(13-8),可以看出,冲击载荷的动荷系数与等加速度运动构件的动荷系数有着明显的差别。即使同是冲击载荷,有初速度的落体冲击与没有初速度的自由落体冲击时的动荷系数也是不同的。落体冲击与非落体冲击(例如,图 13-23 所示之水平冲击)时的动荷系数,也是不同的。

因此,使用动荷系数计算动载荷与动应力时一定要选择与动载荷情形相一致的动荷系数表达式,切勿张冠李戴。

有兴趣的读者,不妨应用机械能守恒定律导出图 13-23 所示之水平冲击时的动荷系数。

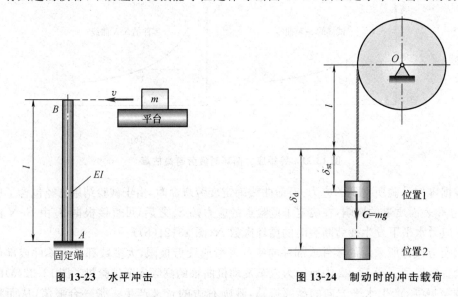

图 13-23　水平冲击　　　　图 13-24　制动时的冲击载荷

13.9.2 运动物体突然制动或突然刹车的动载荷与动应力

运动物体或运动构件突然制动或突然刹车时也会在构件中产生冲击载荷与冲击应力。例如,图 13-24 所示之鼓轮绕过点 O、垂直于纸平面的轴等速转动,并且绕在其上的缆绳带动重物以等速度升降。当鼓轮突然被制动而停止转动时,悬挂重物的缆绳就会受到很大的冲击载荷作用。

这种情形下,如果能够正确选择势能零点,分析重物在不同位置时的动能和势能,应用机械能守恒定律也可以确定缆绳受的冲击载荷。为了简化,可以不考虑鼓轮的质量。有兴趣的读者也可以一试。

13.9.3 提高构件疲劳强度的途径

所谓提高疲劳强度,通常是指在不改变构件的基本尺寸和材料的前提下,通过减小应力集中和改善表面质量,以提高构件的疲劳极限。通常有以下一些途径:

(1) 缓和应力集中

截面突变处的应力集中是产生裂纹以及裂纹扩展的重要原因,通过适当加大截面突变处的过渡圆角以及其他措施,有利于缓和应力集中,从而可以明显地提高构件的疲劳强度。

(2) 提高构件表面层质量

在应力非均匀分布的情形(例如弯曲和扭转)下,疲劳裂纹大都从构件表面开始形成和扩展。因此,通过机械的或化学的方法对构件表面进行强化处理,改善表面层质量,将使构件的疲劳强度有明显的提高。

表面热处理和化学处理(例如表面高频淬火、渗碳、渗氮和氰化等),冷压机械加工(例如表面滚压和喷丸处理等),都有助于提高构件表面层的质量。

这些表面处理,一方面可以使构件表面的材料强度提高;另一方面可以在表面层中产生残余压应力,抑制疲劳裂纹的形成和扩展。

喷丸处理方法,近年来得到广泛应用,并取得了明显的效益。这种方法是将很小的钢丸、铸铁丸、玻璃丸或其他硬度较大的小丸以很高的速度喷射到构件表面上,使表面材料产生塑性变形而强化,同时产生较大的残余压应力。

习题

13-1 图示的 No. 20a 普通热轧槽钢以等减速度下降,若在 0.2 s 时间内速度由 1.8 m/s 降至 0.6 m/s,已知:$l=6$ m,$b=1$ m。试求槽钢中最大的弯曲正应力。

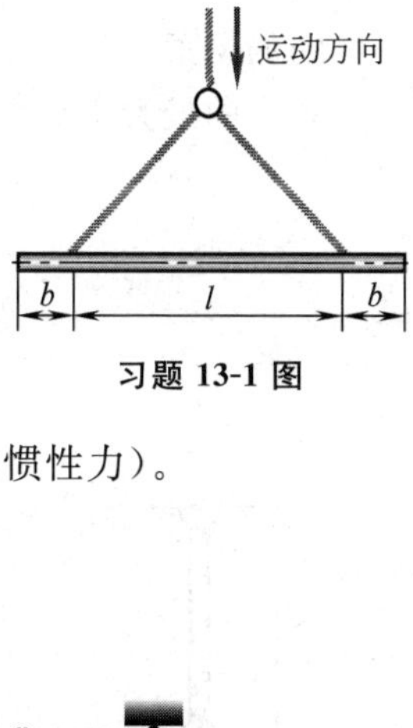

13-2 钢制圆轴 AB 上装有一开孔的匀质圆盘如图所示。圆盘厚度为 δ,孔直径 300 mm。圆盘和轴一起以等角速度 ω 转动。若已知:$\delta=30$ mm,$a=1000$ mm,$e=300$ mm;轴直径 $d=120$ mm,$\omega=40$ rad/s;圆盘材料密度 $\rho=7.8\times10^3$ kg/m³。试求由于开孔引起的轴内最大弯曲正应力(提示:可以将圆盘上的孔作为一负质量($-m$),计算由这一负质量引起的惯性力)。

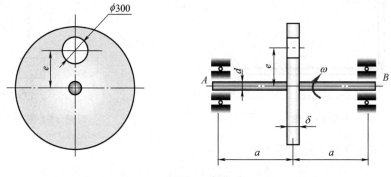

习题 13-1 图

习题 13-2 图

13-3 质量为 m 的匀质矩形平板用两根平行且等长的轻杆悬挂着,如图所示。已知:平板的尺寸为 h、l。若将平板在图示位置无初速度释放,试求:此瞬时两杆所受的轴向力。

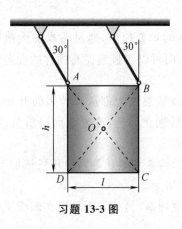

习题 13-3 图

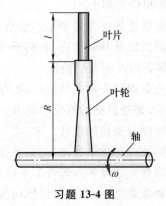

习题 13-4 图

13-4 计算图示汽轮机叶片的受力时，可近似将叶片视为等截面匀质杆。若已知叶轮的转速 $n=3000$ r/min，叶片长度 $l=250$ mm，叶片根部处叶轮的半径 $R=600$ mm。试求叶片根部横截面上的最大拉应力。

13-5 图示结构中，重量为 F_W 的重物 C 可以绕 A 轴（垂直于纸面）转动，重物在铅垂位置时，具有水平速度 v，然后冲击到 AB 梁的中点。梁的长度为 l、材料的弹性模量为 E；梁横截面的惯性矩为 I、弯曲截面系数为 W。如果 l、E、F_W、I、W、v 等均为已知，试求梁内的最大弯曲正应力。

13-6 铰车起吊重量为 $F_W=50$ kN 的重物，以等速度 $v=1.6$ m/s 下降。当重物与铰车之间的钢索长度 $l=240$ m 时，突然刹住铰车。若钢索横截面积 $A=1000$ mm^2，试求钢索内的最大正应力（不计钢索自重）。

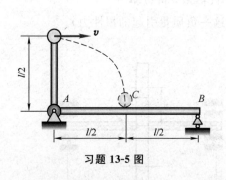

习题 13-5 图

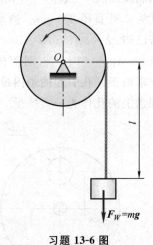

习题 13-6 图

13-7 试确定下列各题中轴上点 B 的应力比：
（1）图（a）为轴固定不动，滑动绕轴转动，滑轮上作用着不变载荷 F_P；
（2）图（b）为轴与滑轮固结成一体面转动，滑轮上作用着不变载荷 F_P。

13-8 确定下列各题中构件上指定点 B 的应力比：
（1）图（a）为一端固定的圆轴，在自由端处装有一绕轴转动的轮子，轮上有一偏心质量 m。

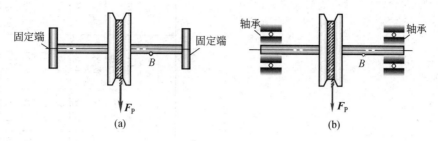

习题 13-7 图

（2）图(b)为旋转轴，其上安装有偏心零件 AC。
（3）图(c)为梁上安装有偏心转子电机，引起振动，梁的静载挠度为 δ，振幅为 a。
（4）图(d)为小齿轮(主动轮)驱动大齿轮时，小齿轮上的点 B。

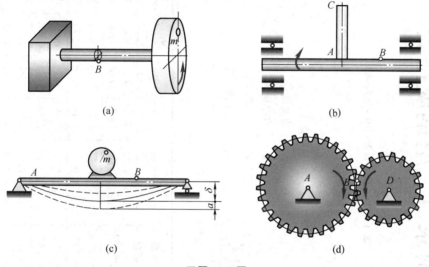

习题 13-8 图

附录 A 型钢规格表

表 1 热轧等边角钢（GB 9787—88）

符号意义：
b ——边宽度；
d ——边厚度；
r ——内圆弧半径；
r_1 ——边端内圆弧半径；
I ——惯性矩；
i ——惯性半径；
W ——截面模量；
z_0 ——重心距离。

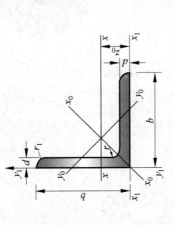

角钢号数	尺寸/mm			截面面积/cm²	理论重量/(kg/m)	外表面积/(m²/m)	参 考 数 值											
							x—x			x_0—x_0			y_0—y_0			x_1—x_1	z_0
	b	d	r				I_x/cm⁴	i_x/cm	W_x/cm³	I_{x0}/cm⁴	i_{x0}/cm	W_{x0}/cm³	I_{y0}/cm⁴	i_{y0}/cm	W_{y0}/cm³	I_{x1}/cm⁴	/cm
2	20	3	3.5	1.132	0.889	0.078	0.40	0.59	0.29	0.63	0.75	0.45	0.17	0.39	0.20	0.81	0.60
		4		1.459	1.145	0.077	0.50	0.58	0.36	0.78	0.73	0.55	0.22	0.38	0.24	1.09	0.64
2.5	25	3	3.5	1.432	1.124	0.098	0.82	0.76	0.46	1.29	0.95	0.73	0.34	0.49	0.33	1.57	0.73
		4		1.859	1.459	0.097	1.03	0.74	0.59	1.62	0.93	0.92	0.43	0.48	0.40	2.11	0.76
3.0	30	3	4.5	1.749	1.373	0.117	1.46	0.91	0.68	2.31	1.15	1.09	0.61	0.59	0.51	2.71	0.85
		4		2.276	1.786	0.117	1.84	0.90	0.87	2.92	1.13	1.37	0.77	0.58	0.62	3.63	0.89
3.6	36	3	4.5	2.109	1.656	0.141	2.58	1.11	0.99	4.09	1.39	1.61	1.07	0.71	0.76	4.68	1.00
		4		2.756	2.163	0.141	3.29	1.09	1.28	5.22	1.38	2.05	1.37	0.70	0.93	6.25	1.04
		5		3.382	2.654	0.141	3.95	1.08	1.56	6.24	1.36	2.45	1.65	0.70	1.09	7.84	1.07

附录 A 型钢规格表

续表

角钢号数	尺寸/mm			截面面积/cm²	理论重量/(kg/m)	外表面积/(m²/m)	参考数值										
	b	d	r				$x-x$			x_0-x_0			y_0-y_0			x_1-x_1	z_0/cm
							I_x/cm⁴	i_x/cm	W_x/cm³	I_{x0}/cm⁴	i_{x0}/cm	W_{x0}/cm³	I_{y0}/cm⁴	i_{y0}/cm	W_{y0}/cm³	I_{x1}/cm⁴	
4.0	40	3	5	2.359	1.852	0.157	3.59	1.23	1.23	5.69	1.55	2.01	1.49	0.79	0.96	6.41	1.09
		4		3.086	2.422	0.157	4.60	1.22	1.60	7.29	1.54	2.58	1.91	0.79	1.19	8.56	1.13
		5		3.791	2.976	0.156	5.53	1.21	1.96	8.76	1.52	3.01	2.30	0.78	1.39	10.74	1.17
4.5	45	3	5	2.659	2.088	0.177	5.17	1.40	1.58	8.20	1.76	2.58	2.14	0.90	1.24	9.12	1.22
		4		3.486	2.736	0.177	6.65	1.38	2.05	10.56	1.74	3.32	2.75	0.89	1.54	12.18	1.26
		5		4.292	3.369	0.176	8.04	1.37	2.51	12.74	1.72	4.00	3.33	0.88	1.81	15.25	1.30
		6		5.076	3.985	0.176	9.33	1.36	2.95	14.76	1.70	4.64	3.89	0.88	2.06	18.36	1.33
5	50	3	5.5	2.971	2.332	0.197	7.18	1.55	1.96	11.37	1.96	3.22	2.98	1.00	1.57	12.50	1.34
		4		3.897	3.059	0.197	9.26	1.54	2.56	14.70	1.94	4.16	3.82	0.99	1.96	16.60	1.38
		5		4.803	3.770	0.196	11.21	1.53	3.13	17.79	1.92	5.03	4.64	0.98	2.31	20.90	1.42
		6		5.688	4.465	0.196	13.05	1.52	3.68	20.68	1.91	5.85	5.42	0.98	2.63	25.14	1.46
5.6	56	3	6	3.343	2.624	0.221	10.19	1.75	2.48	16.14	2.20	4.08	4.24	1.13	2.02	17.56	1.48
		4		4.390	3.446	0.220	13.18	1.73	3.24	20.92	2.18	5.28	5.46	1.11	2.52	23.43	1.53
5.6	56	5	6	5.415	4.251	0.220	16.02	1.72	3.97	25.42	2.17	6.42	6.61	1.10	2.98	29.33	1.57
		8	7	8.367	6.568	0.219	23.63	1.68	6.03	37.37	2.11	9.44	9.89	1.09	4.16	47.24	1.68
6.3	63	4	7	4.978	3.907	0.248	19.03	1.96	4.13	30.17	2.46	6.78	7.89	1.26	3.29	33.35	1.70
		5		6.143	4.822	0.248	23.17	1.94	5.08	36.77	2.45	8.25	9.57	1.25	3.90	41.73	1.74
		6		7.288	5.721	0.247	27.12	1.93	6.00	43.03	2.43	9.66	11.20	1.24	4.46	50.14	1.78
		8		9.515	7.469	0.247	34.46	1.90	7.75	54.56	2.40	12.25	14.33	1.23	5.47	67.11	1.85
		10		11.657	9.151	0.246	41.09	1.88	9.39	64.85	2.36	14.56	17.33	1.22	6.36	84.31	1.93
7	70	4	8	5.570	4.372	0.275	26.39	2.18	5.14	41.80	2.74	8.44	10.99	1.40	4.17	45.74	1.86
		5		6.875	5.397	0.275	32.21	2.16	6.32	51.08	2.73	10.32	13.34	1.39	4.95	57.21	1.91
		6		8.160	6.406	0.275	37.77	2.15	7.48	59.93	2.71	12.11	15.61	1.38	5.67	68.73	1.95
		7		9.424	7.398	0.275	43.09	2.14	8.59	68.35	2.69	13.81	17.82	1.38	6.34	80.29	1.99
		8		10.667	8.373	0.274	48.17	2.12	9.68	76.37	2.68	15.43	19.98	1.37	6.98	91.92	2.03

续表

角钢号数	尺寸/mm b	尺寸/mm d	尺寸/mm r	截面面积/cm²	理论重量/(kg/m)	外表面积/(m²/m)	$x-x$ I_x/cm⁴	$x-x$ i_x/cm	$x-x$ W_x/cm³	x_0-x_0 I_{x0}/cm⁴	x_0-x_0 i_{x0}/cm	x_0-x_0 W_{x0}/cm³	y_0-y_0 I_{y0}/cm⁴	y_0-y_0 i_{y0}/cm	y_0-y_0 W_{y0}/cm³	x_1-x_1 I_{x1}/cm⁴	z_0/cm
7.5	75	5	9	7.367	5.818	0.295	39.97	2.33	7.32	63.30	2.92	11.94	16.63	1.50	5.77	70.56	2.04
		6		8.797	6.905	0.294	46.95	2.31	8.64	74.38	2.90	14.02	19.51	1.49	6.67	84.55	2.07
		7		10.160	7.976	0.294	53.57	2.30	9.93	84.96	2.89	16.02	22.18	1.48	7.44	93.71	2.11
		8		11.503	9.030	0.294	59.96	2.28	11.20	95.07	2.88	17.93	24.86	1.47	8.19	112.97	2.15
		10		14.126	11.089	0.293	71.98	2.26	13.64	113.92	2.84	21.48	30.05	1.46	9.56	141.71	2.22
8	80	5	9	7.912	6.211	0.315	48.79	2.48	8.34	77.33	3.13	13.67	20.25	1.60	6.66	85.36	2.15
		6		9.397	7.376	0.314	57.35	2.47	9.87	90.98	3.11	16.08	23.72	1.59	7.65	102.50	2.19
		7		10.860	8.525	0.314	65.58	2.46	11.37	104.07	3.10	18.40	27.09	1.58	8.58	119.70	2.23
		8		12.303	9.658	0.314	73.49	2.44	12.83	116.60	3.08	20.61	30.39	1.57	9.46	136.97	2.27
		10		15.126	11.874	0.313	88.43	2.42	15.64	140.09	3.04	24.76	36.77	1.56	11.08	171.74	2.35
9	90	6	10	10.637	8.350	0.354	82.77	2.79	12.61	131.26	3.51	20.63	34.28	1.80	9.95	145.87	2.44
		7		12.301	9.656	0.354	94.83	2.78	14.54	150.47	3.50	23.64	39.18	1.78	11.19	170.30	2.48
		8		13.944	10.946	0.353	106.47	2.76	16.42	168.97	3.48	26.55	43.97	1.78	12.35	194.80	2.52
		10		17.167	13.476	0.353	128.58	2.74	20.07	203.90	3.45	32.04	53.26	1.76	14.52	244.07	2.59
		12		20.306	15.940	0.352	149.22	2.71	23.57	236.21	3.41	37.12	62.22	1.75	16.49	293.76	2.67
10	100	6	12	11.932	9.366	0.393	114.95	3.01	15.68	181.98	3.90	25.74	47.92	2.00	12.69	200.07	2.67
		7		13.796	10.830	0.393	131.86	3.09	18.10	208.97	3.89	29.55	54.74	1.99	14.26	233.54	2.71
		8		15.638	12.276	0.393	148.24	3.08	20.47	235.07	3.88	33.24	61.41	1.98	15.75	267.09	2.76
		10		19.261	15.120	0.392	179.51	3.05	25.06	284.68	3.84	40.26	74.35	1.96	18.54	334.48	2.84
		12		22.800	17.898	0.391	208.90	3.03	29.48	330.95	3.81	46.80	86.84	1.95	21.08	402.34	2.91
		14		26.256	20.611	0.391	236.53	3.00	33.73	374.06	3.77	52.90	99.00	1.94	23.44	470.75	2.99
		16		29.627	23.257	0.390	262.53	2.98	37.82	414.16	3.74	58.57	110.89	1.94	25.63	539.80	3.06

附录 A 型钢规格表

续表

角钢号数	尺寸/mm b	d	r	截面面积/cm²	理论重量/(kg/m)	外表面积/(m²/m)	参考数值 x—x I_x/cm⁴	i_x/cm	W_x/cm³	x_0—x_0 I_{x0}/cm⁴	i_{x0}/cm	W_{x0}/cm³	y_0—y_0 I_{y0}/cm⁴	i_{y0}/cm	W_{y0}/cm³	x_1—x_1 I_{x1}/cm⁴	z_0/cm
11	110	7	12	15.196	11.928	0.433	177.16	3.41	22.05	280.94	4.30	36.12	73.38	2.20	17.51	310.64	2.96
		8		17.238	13.532	0.433	199.46	3.40	24.95	316.49	4.28	40.69	82.42	2.19	19.39	355.20	3.01
		10		21.261	16.690	0.432	242.19	3.38	30.60	384.39	4.25	49.42	99.98	2.17	22.91	444.65	3.09
		12		25.200	19.782	0.431	282.55	3.35	36.05	448.17	4.22	57.62	116.93	2.15	26.15	534.60	3.16
		14		29.056	22.809	0.431	320.71	3.32	41.31	508.01	4.18	65.31	133.40	2.14	29.14	625.16	3.24
12.5	125	8	14	19.750	15.504	0.492	297.03	3.88	32.52	470.89	4.88	53.28	123.16	2.50	25.86	521.01	3.37
		10		24.373	19.133	0.491	361.67	3.85	39.97	573.89	4.85	64.93	149.46	2.48	30.62	651.93	3.45
		12		28.912	22.696	0.491	423.16	3.83	41.17	671.44	4.82	75.96	174.88	2.46	35.03	783.42	3.53
		14		33.367	26.193	0.490	481.65	3.80	54.16	763.73	4.78	86.41	199.57	2.45	39.13	915.61	3.61
14	140	10	14	27.373	21.488	0.551	514.65	4.34	50.58	817.27	5.46	82.56	212.04	2.78	39.20	915.11	3.82
		12		32.512	25.522	0.551	603.68	4.31	59.80	958.79	5.43	96.85	248.57	2.76	45.02	1099.28	3.90
		14		37.567	29.490	0.550	688.81	4.28	68.75	1093.56	5.40	110.47	284.06	2.75	50.45	1284.22	3.98
		16		42.539	33.393	0.549	770.24	4.26	77.46	1221.81	5.36	123.42	318.67	2.74	55.55	1470.07	4.06
16	160	10	16	31.502	24.729	0.630	779.53	4.98	66.70	1237.30	6.27	109.36	321.76	3.20	52.76	1365.33	4.31
		12		37.441	29.391	0.630	916.58	4.95	78.98	1455.68	6.24	128.67	377.49	3.18	60.74	1639.57	4.39
		14		43.296	33.987	0.629	1048.36	4.92	90.95	1665.02	6.20	147.17	431.70	3.16	68.244	1914.68	4.47
		16		49.067	38.518	0.629	1175.08	4.89	102.63	1865.57	6.17	164.89	484.59	3.14	75.31	2190.82	4.55
18	180	12	16	42.241	33.159	0.710	1321.35	5.59	100.82	2100.10	7.05	165.00	542.61	3.58	78.41	2332.80	4.89
		14		48.896	38.388	0.709	1514.48	5.56	116.25	2407.42	7.02	189.14	625.53	3.56	88.38	2723.48	4.97
		16		55.467	43.542	0.709	1700.99	5.54	131.13	2703.37	6.98	212.40	698.60	3.55	97.83	3115.29	5.05
		18		61.955	48.634	0.708	1875.12	5.50	145.64	2988.24	6.94	234.78	762.01	3.51	105.14	3502.43	5.13
20	200	14	18	54.642	42.894	0.788	2103.55	6.20	144.70	3343.26	7.82	236.40	863.83	3.98	111.82	3734.10	5.46
		16		62.013	48.680	0.788	2366.15	6.18	163.65	3760.89	7.79	265.93	971.41	3.96	123.96	4270.39	5.54
		18		69.301	54.401	0.787	2620.64	6.15	182.22	4164.54	7.75	294.48	1076.74	3.94	135.52	4808.13	5.62
		20		76.505	60.056	0.787	2867.30	6.12	200.42	4554.55	7.72	322.06	1180.04	3.93	146.55	5347.51	5.69
		24		90.661	71.168	0.785	2338.25	6.07	236.17	5294.97	7.64	374.41	1381.53	3.90	166.55	6457.16	5.87

注：截面图中的 $r_1=\frac{1}{3}d$ 及表中 r 值的数据用于孔型设计，不作交货条件。

表 2 热轧不等边角钢（GB 9788—88）

符号意义：
B——长边宽度；
b——短边宽度；
d——边厚度；
r——内圆弧半径；
r_1——边端内圆弧半径；
I——惯性矩；
i——惯性半径；
W——截面模量；
x_0——重心距离；
y_0——重心距离。

角钢号数	尺寸/mm				截面面积/cm²	理论重量/(kg/m)	外表面积/(m²/m)	参考数值												
	B	b	d	r				x—x			y—y			x_1—x_1		y_1—y_1		u—u			
								I_x/cm⁴	i_x/cm	W_x/cm³	I_y/cm⁴	i_y/cm	W_y/cm³	I_{x1}/cm⁴	y_0/cm	I_{y1}/cm⁴	x_0/cm	I_u/cm⁴	i_u/cm	W_u/cm³	$\tan\alpha$
2.5/1.6	25	16	3	3.5	1.162	0.912	0.080	0.70	0.78	0.43	0.22	0.44	0.19	1.56	0.86	0.43	0.42	0.14	0.34	0.16	0.392
			4		1.499	1.176	0.079	0.88	0.77	0.55	0.27	0.43	0.24	2.09	0.90	0.59	0.46	0.17	0.34	0.20	0.381
3.2/2	32	20	3	3.5	1.492	1.171	0.102	1.53	1.01	0.72	0.46	0.55	0.30	3.27	1.08	0.82	0.49	0.28	0.43	0.25	0.382
			4		1.939	1.522	0.101	1.93	1.00	0.93	0.57	0.54	0.39	4.37	1.12	1.12	0.53	0.35	0.42	0.32	0.374
4/2.5	40	25	3	4	1.890	1.484	0.127	3.08	1.28	1.15	0.93	0.70	0.49	6.39	1.32	1.59	0.59	0.56	0.54	0.40	0.386
			4		2.467	1.936	0.127	3.93	1.26	1.49	1.18	0.69	0.63	8.53	1.37	2.14	0.63	0.71	0.54	0.52	0.381
4.5/2.8	45	28	3	5	2.149	1.687	0.143	4.45	1.44	1.47	1.34	0.79	0.62	9.10	1.47	2.23	0.64	0.80	0.61	0.51	0.383
			4		2.806	2.203	0.143	5.69	1.42	1.91	1.70	0.78	0.80	12.13	1.51	3.00	0.68	1.02	0.60	0.66	0.380
5/3.2	50	32	3	5.5	2.431	1.908	0.161	6.24	1.60	1.84	2.02	0.91	0.82	12.49	1.60	3.31	0.73	1.20	0.70	0.68	0.404
			4		3.177	2.494	0.160	8.02	1.59	2.39	2.58	0.90	1.06	16.65	1.65	4.45	0.77	1.53	0.69	0.87	0.402
5.6/3.6	56	36	3	6	2.743	2.153	0.181	8.88	1.80	2.32	2.92	1.03	1.05	17.54	1.78	4.70	0.80	1.73	0.79	0.87	0.408
			4		3.590	2.818	0.180	11.45	1.79	3.03	3.76	1.02	1.37	23.39	1.82	6.33	0.85	2.23	0.79	1.13	0.408
			5		4.415	3.466	0.180	13.86	1.77	3.71	4.49	1.01	1.65	29.25	1.87	7.94	0.88	2.67	0.78	1.36	0.404
6.3/4	63	40	4	7	4.058	3.185	0.202	16.49	2.02	3.87	5.23	1.14	1.70	33.30	2.04	8.63	0.92	3.12	0.88	1.40	0.398
			5		4.993	3.920	0.202	20.02	2.00	4.74	6.31	1.12	2.71	41.63	2.08	10.86	0.95	3.76	0.87	1.71	0.396
			6		5.908	4.638	0.201	23.36	1.96	5.59	7.29	1.11	2.43	49.98	2.12	13.12	0.99	4.34	0.86	1.99	0.393
			7		6.802	5.339	0.201	26.53	1.98	6.40	8.24	1.10	2.78	58.07	2.15	15.47	1.03	4.97	0.86	2.29	0.389

续表

附录 A 型钢规格表

角钢号数	尺寸/mm B	b	d	r	截面面积/cm²	理论重量/(kg/m)	外表面积/(m²/m)	$x-x$ I_x/cm⁴	i_x/cm	W_x/cm³	$y-y$ I_y/cm⁴	i_y/cm	W_y/cm³	x_1-x_1 I_{x1}/cm⁴	y_0/cm	y_1-y_1 I_{y1}/cm⁴	x_0/cm	$u-u$ I_u/cm⁴	i_u/cm	W_u/cm³	$\tan\alpha$
7/4.5	70	45	4	7.5	4.547	3.570	0.226	23.17	2.26	4.86	7.55	1.29	2.17	45.92	2.24	12.26	1.02	4.40	0.98	1.77	0.410
			5		5.609	4.403	0.225	27.95	2.23	5.92	9.13	1.28	2.65	57.10	2.28	15.39	1.06	5.40	0.98	2.19	0.407
			6		6.647	5.218	0.225	32.54	2.21	6.95	10.62	1.26	3.12	68.35	2.32	18.58	1.09	6.35	0.98	2.59	0.404
			7		7.657	6.011	0.225	37.22	2.20	8.03	12.01	1.25	3.57	79.99	2.36	21.84	1.13	7.16	0.97	2.94	0.402
(7.5/5)	75	50	5	8	6.125	4.808	0.245	34.86	2.39	6.83	12.61	1.44	3.30	70.00	2.40	21.04	1.17	7.41	1.10	2.74	0.435
			6		7.260	5.699	0.245	41.12	2.38	8.12	14.70	1.42	3.88	84.30	2.44	25.37	1.21	8.54	1.08	3.19	0.435
			8		9.467	7.431	0.244	52.39	2.35	10.52	18.53	1.40	4.99	112.50	2.52	34.23	1.29	10.87	1.07	4.10	0.429
			10		11.590	9.098	0.244	62.71	2.33	12.79	21.96	1.38	6.04	140.80	2.60	43.43	1.36	13.10	1.06	4.99	0.423
8/5	80	50	5	8	6.375	5.005	0.255	41.96	2.56	7.78	12.82	1.42	3.32	85.21	2.60	21.06	1.14	7.66	1.10	2.74	0.388
			6		7.560	5.935	0.255	49.49	2.56	9.25	14.95	1.41	3.91	102.53	2.65	25.41	1.18	8.85	1.08	3.20	0.387
			7		8.724	6.848	0.255	56.16	2.54	10.58	16.96	1.39	4.48	119.33	2.69	29.82	1.21	10.18	1.08	3.70	0.384
			8		9.867	7.745	0.254	62.83	2.52	11.92	18.85	1.38	5.03	136.41	2.73	34.32	1.25	11.38	1.07	4.16	0.381
9/5.6	90	56	5	9	7.212	5.661	0.287	60.45	2.90	9.92	18.32	1.59	4.21	121.32	2.91	29.53	1.25	10.98	1.23	3.49	0.385
			6		8.557	6.717	0.286	71.03	2.88	11.74	21.42	1.58	4.96	145.59	2.95	35.58	1.29	12.90	1.23	4.18	0.384
			7		9.880	7.756	0.286	81.01	2.86	13.49	24.36	1.57	5.70	169.66	3.00	41.71	1.33	14.67	1.22	4.72	0.382
			8		11.183	8.779	0.286	91.03	2.85	15.27	27.15	1.56	6.41	194.17	3.04	47.93	1.36	16.34	1.21	5.29	0.380
10/6.3	100	63	6	10	9.617	7.550	0.320	99.06	3.21	14.64	30.94	1.79	6.35	199.71	3.24	50.50	1.43	18.42	1.38	5.25	0.394
			7		11.111	8.722	0.320	113.45	3.20	16.88	35.26	1.78	7.29	233.00	3.28	59.14	1.47	21.00	1.38	6.02	0.393
			8		12.584	9.878	0.319	127.37	3.18	19.08	39.39	1.77	8.21	266.32	3.32	67.88	1.50	23.50	1.37	6.78	0.391
			10		15.467	12.142	0.319	153.81	3.15	23.32	47.12	1.74	9.98	333.06	3.40	85.73	1.58	28.33	1.35	8.24	0.387
10/8	100	80	6	10	10.637	8.350	0.354	107.04	3.17	15.19	61.24	2.40	10.16	199.83	2.95	102.68	1.97	31.65	1.72	8.37	0.627
			7		12.301	9.656	0.354	122.73	3.16	17.52	70.08	2.39	11.71	233.20	3.00	119.98	2.01	36.17	1.72	9.60	0.626
			8		13.944	10.946	0.353	137.92	3.14	19.81	78.58	2.37	13.21	266.61	3.04	137.37	2.05	40.58	1.71	10.80	0.625
			10		17.167	13.476	0.353	166.87	3.12	24.24	94.65	2.35	16.12	333.63	3.12	172.48	2.13	49.10	1.69	13.12	0.622
11/7	110	70	6	10	10.637	8.350	0.354	133.37	3.54	17.85	42.92	2.01	7.90	265.78	3.53	69.08	1.57	25.36	1.54	6.53	0.403
			7		12.301	9.656	0.354	153.00	3.53	20.60	49.01	2.00	9.09	310.07	3.57	80.82	1.61	28.95	1.53	7.50	0.402
			8		13.944	10.946	0.353	172.04	3.51	23.30	54.87	1.98	10.25	354.39	3.62	92.70	1.65	32.45	1.53	8.45	0.401
			10		17.167	13.476	0.353	208.39	3.48	28.54	65.88	1.96	12.48	443.13	3.70	116.83	1.72	39.20	1.51	10.29	0.397
12.5/8	125	80	7	11	14.096	11.066	0.403	277.98	4.02	26.86	74.42	2.30	12.01	454.99	4.01	120.32	1.80	43.81	1.76	9.92	0.408
			8		15.989	12.551	0.403	256.77	4.01	30.41	83.49	2.28	13.56	519.99	4.06	137.85	1.84	49.15	1.75	11.18	0.407
			10		19.712	15.474	0.402	312.04	3.98	37.33	100.67	2.26	16.56	650.09	4.14	173.40	1.92	59.45	1.74	13.64	0.404
			12		23.351	18.330	0.402	364.41	3.95	44.01	116.67	2.24	19.43	780.39	4.22	209.67	2.00	69.35	1.72	16.01	0.400

续表

角钢号数	尺寸/mm B	b	d	r	截面面积/cm²	理论重量/(kg/m)	外表面积/(m²/m)	参考数值 x—x I_x/cm⁴	i_x/cm	W_x/cm³	y—y I_y/cm⁴	i_y/cm	W_y/cm³	x_1—x_1 I_{x1}/cm⁴	y_0/cm	y_1—y_1 I_{y1}/cm⁴	x_0/cm	u—u I_u/cm⁴	i_u/cm	W_u/cm³	$\tan\alpha$
14/9	140	90	8	12	18.038	14.160	0.453	365.64	4.50	38.48	120.69	2.59	17.34	730.53	4.50	195.79	2.04	70.83	1.98	14.31	0.411
			10		22.261	17.475	0.452	445.50	4.47	47.31	146.03	2.56	21.22	913.20	4.58	245.92	2.12	85.82	1.96	17.48	0.409
			12		26.400	20.724	0.451	521.59	4.44	55.87	169.79	2.54	24.95	1096.09	4.66	296.89	2.19	100.21	1.95	20.54	0.406
			14		30.456	23.908	0.451	594.10	4.42	64.18	192.10	2.51	28.54	1279.26	4.74	348.82	2.27	114.13	1.94	23.52	0.403
16/10	160	100	10	13	25.315	19.872	0.512	668.69	5.14	62.13	205.03	2.85	26.56	1362.89	5.24	336.59	2.28	121.74	2.19	21.92	0.390
			12		30.054	23.592	0.511	784.91	5.11	73.49	239.06	2.82	31.28	1635.56	5.32	405.94	2.36	142.33	2.17	25.79	0.388
			14		34.709	27.247	0.510	896.30	5.08	84.56	271.20	2.80	35.83	1908.50	5.40	476.42	2.43	162.23	2.16	29.56	0.385
			16		39.281	30.835	0.510	1003.04	5.05	95.33	301.60	2.77	40.24	2181.79	5.48	548.22	2.51	182.57	2.16	33.44	0.382
18/11	180	110	10	14	28.373	22.273	0.571	956.25	5.80	78.96	278.11	3.13	32.49	1940.40	5.89	447.22	2.44	166.50	2.42	26.88	0.376
			12		33.712	26.464	0.571	1124.72	5.78	93.53	325.03	3.10	38.32	2328.38	5.98	538.94	2.52	194.87	2.40	31.66	0.374
			14		38.967	30.589	0.570	1286.91	5.75	107.76	369.55	3.08	43.97	2716.60	6.06	631.95	2.59	222.30	2.39	36.32	0.372
			16		44.139	34.649	0.569	1443.06	5.72	121.64	411.85	3.06	49.44	3105.15	6.14	726.46	2.67	248.94	2.38	40.87	0.369
20/12.5	200	125	12	14	37.912	29.761	0.641	1570.90	6.44	116.73	483.16	3.57	49.99	3193.85	6.54	787.74	2.83	285.79	2.74	41.23	0.392
			14		43.867	34.436	0.640	1800.97	6.41	134.65	550.83	3.54	57.44	3726.17	6.62	922.47	2.91	326.58	2.73	47.34	0.390
			16		49.739	39.045	0.639	2023.35	6.38	152.18	615.44	3.52	64.69	4258.86	6.70	1058.86	2.99	366.21	2.71	53.32	0.388
			18		55.526	43.588	0.639	2238.30	6.35	169.33	677.19	3.49	71.74	4792.00	6.78	1197.13	3.06	404.83	2.70	59.18	0.385

注：1. 括号内型号不推荐使用。 2. 截面图中的 $r_1 = \frac{1}{3}d$ 及表中 r 的数据用于孔型设计，不作交货条件。

表 3 热轧工字钢（GB 706—88）

符号意义：
- h —— 高度；
- b —— 腿宽度；
- d —— 腰厚度；
- t —— 平均腿厚度；
- r —— 内圆弧半径；
- r_1 —— 腿端圆弧半径；
- I —— 惯性矩；
- W —— 截面模量；
- i —— 惯性半径；
- S —— 半截面的静矩。

型号	尺寸/mm						截面面积/cm²	理论重量/(kg/m)	参考数值						
									x—x				y—y		
	h	b	d	t	r	r_1			I_x/cm⁴	W_x/cm³	i_x/cm	$I_x:S_x$/cm	I_y/cm⁴	W_y/cm³	i_y/cm
10	100	68	4.5	7.6	6.5	3.3	14.3	11.2	245	49	4.14	8.59	33	9.72	1.52
12.6	126	74	5	8.4	7	3.5	18.1	14.2	488.43	77.529	5.195	10.85	46.906	12.677	1.609
14	140	80	5.5	9.1	7.5	3.8	21.5	16.9	712	102	5.76	12	64.4	16.1	1.73
16	160	88	6	9.9	8	4	26.1	20.5	1130	141	6.58	13.8	93.1	21.2	1.89
18	180	94	6.5	10.7	8.5	4.3	30.6	24.1	1660	185	7.36	15.4	122	26	2
20a	200	100	7	11.4	9	4.5	35.5	27.9	2370	237	8.15	17.2	158	31.5	2.12
20b	200	102	9	11.4	9	4.5	39.5	31.1	2500	250	7.96	16.9	169	33.1	2.06
22a	220	110	7.5	12.3	9.5	4.8	42	33	3400	309	8.99	18.9	225	40.9	2.31
22b	220	112	9.5	12.3	9.5	4.8	46.4	36.4	3570	325	8.78	18.7	239	42.7	2.27
25a	250	116	8	13	10	5	48.5	38.1	5023.54	401.88	10.18	21.58	280.046	48.283	2.403
25b	250	118	10	13	10	5	53.5	42	5283.96	422.72	9.938	21.27	309.297	52.423	2.404
28a	280	122	8.5	13.7	10.5	5.3	55.45	43.4	7114.14	508.15	11.32	24.62	345.051	56.565	2.495
28b	280	124	10.5	13.7	10.5	5.3	61.05	47.9	7480	534.29	11.08	24.24	379.496	61.209	2.493
32a	320	130	9.5	15	11.5	5.8	67.05	52.7	11075.5	629.2	12.84	27.46	459.93	70.758	2.619
32b	320	132	11.5	15	11.5	5.8	73.45	57.7	11621.4	726.33	12.58	27.09	501.53	75.989	2.614
32c	320	134	13.5	15	11.5	5.8	79.95	62.8	12167.5	760.47	12.34	26.77	543.81	81.166	2.608
36a	360	136	10	15.8	12	6	76.3	59.9	15760	875	14.4	30.7	552	81.2	2.69

续表

型号	尺寸/mm						截面面积/cm²	理论重量/(kg/m)	参考数值						
									x—x				y—y		
	h	b	d	t	r	r_1			I_x/cm⁴	W_x/cm³	i_x/cm	$I_x:S_x$/cm	I_y/cm⁴	W_y/cm³	i_y/cm
36b	360	138	12	15.8	12	6	83.5	65.6	16 530	919	14.1	30.3	582	84.3	2.64
36c	360	140	14	15.8	12	6	90.7	71.2	17 310	962	13.8	29.9	612	87.4	2.6
40a	400	142	10.5	16.5	12.5	6.3	86.1	67.6	21 720	1090	15.9	34.1	660	93.2	2.77
40b	400	144	12.5	16.5	12.5	6.3	94.1	73.8	22 780	1140	15.6	33.6	692	96.2	2.71
40c	400	146	14.5	16.5	12.5	6.3	102	80.1	23 850	1190	15.2	33.2	727	99.6	2.65
45a	450	150	11.5	18	13.5	6.8	102	80.4	32 240	1430	17.7	38.6	855	114	2.89
45b	450	152	13.5	18	13.5	6.8	111	87.4	33 760	1500	17.4	38	894	118	2.84
45c	450	154	15.5	18	13.5	6.8	120	94.5	35 280	1570	17.1	37.6	938	122	2.79
50a	500	158	12	20	14	7	119	93.6	46 470	1860	19.7	42.8	1120	142	3.07
50b	500	160	14	20	14	7	129	101	48 560	1940	19.4	42.4	1170	146	3.01
50c	500	162	16	20	14	7	139	109	50 640	2080	19	41.8	1220	151	2.96
56a	560	166	12.5	21	14.5	7.3	135.25	106.2	65 585.6	2342.31	22.02	47.73	1370.16	165.08	3.182
56b	560	168	14.5	21	14.5	7.3	146.45	115	68 512.5	2446.69	21.63	47.17	1486.75	174.25	3.162
56c	560	170	16.5	21	14.5	7.3	157.85	123.9	71 439.4	2551.41	21.27	46.66	1558.39	183.34	3.158
63a	630	176	13	22	15	7.5	154.9	121.6	93 916.2	2981.47	24.62	54.17	1700.55	193.24	3.314
63b	630	178	15	22	15	7.5	167.5	131.5	98 083.6	3163.38	24.2	53.51	1812.07	203.6	3.289
63c	630	180	17	22	15	7.5	180.1	141	102 251.1	3298.42	23.82	52.92	1924.91	213.88	3.268

注：截面图和表中标注的圆弧半径 r、r_1 的数据用于孔型设计，不作交货条件。

表 4 热轧槽钢（GB 707—88）

符号意义：
- h ——高度；
- b ——腿宽度；
- d ——腰厚度；
- t ——平均腿厚度；
- r ——内圆弧半径；
- r_1 ——腿端圆弧半径；
- I ——惯性矩；
- W ——截面模量；
- i ——惯性半径；
- z_0 —— y—y 轴与 y_1—y_1 轴间距。

型号	尺寸/mm						截面面积/cm²	理论重量/(kg/m)	参考数值							
									x—x			y—y			y_1—y_1	z_0/cm
	h	b	d	t	r	r_1			W_x/cm³	I_x/cm⁴	i_x/cm	W_y/cm³	I_y/cm⁴	i_y/cm	I_{y_1}/cm⁴	
5	50	37	4.5	7	7	3.5	6.93	5.44	10.4	26	1.94	3.55	8.3	1.1	20.9	1.35
6.3	63	40	4.8	7.5	7.5	3.75	8.444	6.63	16.123	50.786	2.453	4.50	11.872	1.185	28.38	1.36
8	80	43	5	8	8	4	10.24	8.04	25.3	101.3	3.15	5.79	16.6	1.27	37.4	1.43
10	100	48	5.3	8.5	8.5	4.25	12.74	10	39.7	198.3	3.95	7.8	25.6	1.41	54.9	1.52
12.6	126	53	5.5	9	9	4.5	15.69	12.37	62.137	391.466	4.953	10.242	37.99	1.567	77.09	1.59
14a	140	58	6	9.5	9.5	4.75	18.51	14.53	80.5	563.7	5.52	13.01	53.2	1.7	107.1	1.71
14b	140	60	8	9.5	9.5	4.75	21.31	16.73	87.1	609.4	5.35	14.12	61.1	1.69	120.6	1.67
16a	160	63	6.5	10	10	5	21.95	17.23	108.3	866.2	6.28	16.3	73.3	1.83	144.1	1.8
16	160	65	8.5	10	10	5	25.15	19.74	116.8	934.5	6.1	17.55	83.4	1.82	160.8	1.75
18a	180	68	7	10.5	10.5	5.25	25.69	20.17	141.4	1272.7	7.04	20.03	98.6	1.96	189.7	1.88
18	180	70	9	10.5	10.5	5.25	29.29	22.99	152.2	1369.9	6.84	21.52	111	1.95	210.1	1.84
20a	200	73	7	11	11	5.5	28.83	22.63	178	1780.4	7.86	24.2	128	2.11	244	2.01
20	200	75	9	11	11	5.5	32.83	25.77	191.4	1913.7	7.64	25.88	143.6	2.09	268.4	1.95
22a	220	77	7	11.5	11.5	5.75	31.84	24.99	217.6	2393.9	8.67	28.17	157.8	2.23	298.2	2.1

续表

型号	尺寸/mm						截面面积/cm²	理论重量/(kg/m)	参 考 数 值							
									x—x			y—y			y_1—y_1	z_0
	h	b	d	t	r	r_1			W_x/cm³	I_x/cm⁴	i_x/cm	W_y/cm³	I_y/cm⁴	i_y/cm	I_{y1}/cm⁴	/cm
22	220	79	9	11.5	11.5	5.75	36.24	28.45	233.8	2571.4	8.42	30.05	176.4	2.21	326.3	2.03
25a	250	78	7	12	12	6	34.91	27.47	269.597	3369.62	9.823	30.607	175.529	2.243	322.256	2.065
25b	250	80	9	12	12	6	39.91	31.39	282.402	3530.04	9.405	32.657	196.421	2.218	353.187	1.982
25c	250	82	11	12	12	6	44.91	35.32	295.236	3690.45	9.065	35.926	218.415	2.206	384.133	1.921
28a	280	82	7.5	12.5	12.5	6.25	40.02	31.42	340.328	4764.59	10.91	35.718	217.989	2.333	387.556	2.097
28b	280	84	9.5	12.5	12.5	6.25	45.62	35.81	366.46	5130.45	10.6	37.929	242.144	2.304	427.589	2.016
28c	280	86	11.5	12.5	12.5	6.25	51.22	40.21	392.594	5496.32	10.35	40.301	267.602	2.286	426.597	1.951
32a	320	88	8	14	14	7	48.7	38.22	474.879	7598.06	12.49	46.473	304.787	2.502	552.31	2.242
32b	320	90	10	14	14	7	55.1	43.25	509.012	8144.2	12.15	49.157	336.332	2.471	592.933	2.158
32c	320	92	12	14	14	7	61.5	48.28	543.145	8690.33	11.88	52.642	374.175	2.467	643.299	2.092
36a	360	96	9	16	16	8	60.89	47.8	659.7	11874.2	13.97	63.54	455	2.73	818.4	2.44
36b	360	98	11	16	16	8	68.09	53.45	702.9	12651.8	13.63	66.85	496.7	2.7	880.4	2.37
36c	360	100	13	16	16	8	75.29	50.1	746.1	13429.4	13.36	70.02	536.4	2.67	947.9	2.34
40a	400	100	10.5	18	18	9	75.05	58.91	878.9	17577.9	15.30	78.83	592	2.81	1067.7	2.49
40b	400	102	12.5	18	18	9	83.05	65.19	932.2	18644.5	14.98	82.52	640	2.78	1135.5	2.44
40c	400	104	14.5	18	18	9	91.05	71.47	985.6	19711.2	14.71	86.19	687.8	2.75	1220.7	2.42

注：截面图和表中标注的圆弧半径 r、r_1 的数据用于孔型设计，不作交货条件。

附录 B 习 题 答 案

第 1 章

1-1～1-6 略

1-7 图(a)：$F=1672$ N；   图(b)：$F=217$ N

1-8 图(a)：$F_3=\dfrac{\sqrt{2}}{2}F$(拉)，$F_1=\dfrac{\sqrt{2}}{2}F$(拉)，$F_2=F$(压)

图(b)：$F_3=0$，$F_1=0$，$F_2=F$(拉)

1-9 $F_{AB}=80$ kN

1-10 $\beta=\arctan\left(\dfrac{1}{2}\tan\theta\right)$

1-11 $\varphi_1=84°73'$，$\varphi_2=29°86'$。$F_{NA}=0.092$ N；$F_{NB}=1.73$ N

第 2 章

2-1 $\boldsymbol{F}_R=-\boldsymbol{F}(\leftarrow)$(在力 $2\boldsymbol{F}$ 下方，距离 $\boldsymbol{F}$ 为 $2d$)

2-2 $\boldsymbol{F}_R=\left(\dfrac{5}{2},\dfrac{10}{3}\right)$kN；合力大小 $F_R=\dfrac{25}{6}$ kN，方向与 x 轴正向夹角为 $\pi+\arctan\dfrac{4}{3}$；作用线方程：$y=\dfrac{4}{3}x+4$

2-3 图(a)：$F_A=F_B=\dfrac{M}{2l}$；   图(b)：$F_A=F_B=\dfrac{M}{l}$；   图(c)：本题无解。

2-4 $F_A=F_B'=269.4$ N，$F_C=269.4$ N

2-5 $F_A=\dfrac{3}{8}W=0.75$ kN，$F_B=0.75$ kN

2-6 $F_1=\dfrac{M}{d}$(拉)，$F_2=0$，$F_3=\dfrac{M}{d}$(压)

2-7 (a) $F_{RA}=F_{RC}=\dfrac{\sqrt{2}M}{d}$；   (b) $F_{RC}=F_D=\dfrac{M}{d}$，$F_{RA}=F_D'=\dfrac{M}{d}$

2-8 $M_1=M_2$

2-9 $M=Fd$

2-10 $F_{RB}=\dfrac{M}{d}(\leftarrow)$，$F_{RA}=\dfrac{M}{d}(\rightarrow)$

第 3 章

3-1 (a) $F_{Ax}=0$，$F_{Ay}=-20$ kN($\downarrow$)，$F_{RB}=40$ kN($\uparrow$)；
(b) $F_{Ax}=0$，$F_{Ay}=22.5$ kN($\uparrow$)，$F_{RB}=13.5$ kN($\uparrow$)

3-2 $F_{Ax}=0$，$F_{Ay}=F_P$($\uparrow$)，$M_A=F_Pd-M$(逆时针)

3-3 $F_{NA}=6.4$ kN，$F_{NB}=13.6$ kN

3-4　$F_{RA}=6.7$ kN(←), $F_{Bx}=6.7$ kN(→), $F_{By}=13.5$ kN(↑)

3-5　$F_{NA}=\dfrac{M}{\sqrt{d_1^2+d_2^2}}$, $F_{NB}=\dfrac{Md_1}{d_1^2+d_2^2}$, $F_{NC}=\dfrac{Md_2}{d_1^2+d_2^2}$

3-6　$l=1$ m

3-7　$F_{Ax}=0$, $F_{Ay}=43.2$ kN, $F_{Bx}=18.2$ kN, $F_{By}=6.8$ kN

3-8　(a) $F_{RC}=0$, $F_{Bx}=F_{By}=0$, $F_{Ax}=0$, $F_{Ay}=2qd(↑)$, $M_A=2qd^2$(逆)

　　(b) $F_{RC}=qd(↑)$, $F_{Bx}=0$, $F_{By}=qd(↑)$, $F_{Ax}=0$, $F_{Ay}=qd(↑)$, $M_A=2qd^2$(逆)

　　(c) $F_{RC}=\dfrac{1}{4}qd(↑)$, $F_{Bx}=0$, $F_{By}=\dfrac{3}{4}qd(↑)$, $F_{Ax}=0$, $F_{Ay}=\dfrac{7}{4}qd(↑)$,

　　　$M_A=3qd^2$(逆)

　　(d) $F_{RC}=\dfrac{M}{2d}(↑)$, $F_{Bx}=0$, $F_{By}=\dfrac{M}{2d}(↓)$, $F_{Ax}=0$, $F_{Ay}=\dfrac{M}{2d}(↓)$, $M_A=-M$(顺)

　　(e) $F_{RC}=0$, $F_{Bx}=F_{By}=0$, $F_{Ax}=F_{Ay}=0$, $M_A=M$(逆)

3-9　$F_T=107$ N, $F_{RA}=525$ N, $F_{RB}=375$ N

3-10　l, $\dfrac{l}{2}$, $\dfrac{l}{3}$, $\dfrac{l}{4}$, $\dfrac{l}{5}$, …

3-11　$F_{Ax}=12.5$ kN(→), $F_{Ay}=105.8$ kN(↑), $F_{Bx}=22.5$ kN(←), $F_{By}=94.2$ kN(↑)

3-12　$\dfrac{W_1}{W_2}=\dfrac{a}{l}$

3-13　$\dfrac{\sin\alpha-f_s\cos\alpha}{\cos\alpha+f_s\sin\alpha}F_Q\leqslant F_P\leqslant\dfrac{\sin\alpha+f_s\cos\alpha}{\cos\alpha-f_s\sin\alpha}F_Q$

3-14　$d\leqslant 110$ mm

3-15　$l\geqslant\dfrac{2Mef_s}{M-F_Pe}$

第 4 章

4-1　略

4-2　(a) $\gamma=\alpha$;　　(b) $\gamma=0$

4-3　(1) $\varepsilon_r=\dfrac{\Delta d}{d}$;　　(2) $\varepsilon_t=\dfrac{\pi(d+\Delta d)-\pi d}{\pi d}=\dfrac{\Delta d}{d}$

4-4　(1) 略;　　(2) $\varepsilon_{AC}=\dfrac{1}{500\sqrt{1+\left(\dfrac{dy}{dx}\right)^2}}$;　　(3) $\gamma=\dfrac{\pi}{2}-2\alpha$

第 5 章

5-1~5-3　略

5-4　(a) 1—1 截面: $F_Q=-qa$, $M=\dfrac{qa^2}{2}$;　　2—2 截面: $F_Q=-2qa$, $M=\dfrac{qa^2}{2}$

　　(b) 1—1 截面: $F_Q=2qa$, $M=-\dfrac{3}{2}qa^2$;　　2—2 截面: $F_Q=2qa$, $M=-\dfrac{qa^2}{2}$

　　(c) 1—1 截面: $F_Q=0.75$ kN, $M=1.5$ kN·m

2—2 截面：$F_Q=0.75$ kN，$M=-2.5$ kN·m

3—3 截面：$F_Q=0.75$ kN，$M=-1$ kN·m

4—4 截面：$F_Q=2$ kN，$M=-1$ kN·m

(d) 1—1 截面：$F_Q=4$ kN，$M=4$ kN·m

2—2 截面：$F_Q=-1$ kN，$M=4$ kN·m

3—3 截面：$F_Q=-1$ kN，$M=3$ kN·m

4—4 截面：$F_Q=-1$ kN，$M=1$ kN·m

5—5 略

5—6 (a) $|F_Q|_{max}=\dfrac{M}{2l}$，$|M|_{max}=2M$； (b) $|F_Q|_{max}=\dfrac{5ql}{4}$，$|M|_{max}=ql^2$

(c) $|F_Q|_{max}=ql$，$|M|_{max}=\dfrac{3ql^2}{2}$； (d) $|F_Q|_{max}=\dfrac{5ql}{4}$，$|M|_{max}=\dfrac{25ql^2}{32}$

(e) $|F_Q|_{max}=ql$，$|M|_{max}=ql^2$； (f) $|F_Q|_{max}=\dfrac{ql}{2}$，$|M|_{max}=\dfrac{ql^2}{8}$

第 6 章

6-1 $\Delta l_{AC}=2.21$ mm，$\Delta l_{AD}=4.55$ mm

6-2 $u_C=4.50$ mm

6-3 $\sigma_A=13.4$ MPa$<[\sigma]$，$\sigma_B=25.5$ MPa$<[\sigma]$

6-4 $h=118$ mm，$b=35.4$ mm

6-5 $[F_P]=67.3$ kN

6-6 $[F_P]=57.6$ kN

6-7 (1) 张紧器的螺杆需相对移动 6.334 mm； (2) $\sigma=109.7$ MPa$<[\sigma]$，强度安全

6-8 $\sigma_{AB}=123$ MPa$<[\sigma]$，强度安全

6-9 拉杆：20×20×4，压杆：40×40×5

6-10 (1) 活塞杆的正应力：$\sigma=75.9$ MPa，工作安全因数：$n=3.95$

(2) 螺栓数 $m=16$ 个

6-11 $E=70$ GPa，$\nu=0.327$

6-12 $d=15.2$ mm

6-13 $[F_P]=134.4$ kN

6-14 $b\geqslant 178.6$ mm

6-15 (1) $\sigma_c=3.33$ MPa； (2) $b\geqslant 525$ mm

第 7 章

7-1~7-3 略

7-4 $\tau_{max}=47.71$ MPa(BC 端)，$\varphi_{max}=2.271\times 10^{-2}$ rad

7-5 (1) $\tau_{max}=70.74$ MPa； (2) 6.25%； (3) 6.67%

7-6 结构所能承受的最大外力偶矩：2880 N·m

7-7 略

7-8 (1) $\tau_A = 20.4$ MPa, $\gamma_A = 0.248 \times 10^{-3}$; (2) $\tau_{max} = 40.7$ MPa, $\theta = 1.14°/m$

7-9 $D = 110.6$ mm

7-10 $\dfrac{M_{钢}}{M_{铝}} = 0.941$

7-11 $\tau_{max} = 21.6$ MPa $\leqslant [\tau]$

7-12 $\tau_{max} = 28.8$ MPa $\leqslant [\tau]$

第 8 章

8-1～8-4 略

8-5 $\sigma_A = 2.54$ MPa, $\sigma_B = -1.62$ MPa

8-6 $\sigma_{max} = 24.74$ MPa

8-7 截面横放(图(b))时梁内的最大正应力 3.91 MPa, 竖放(图(c))时梁内的最大正应力 1.95 MPa。

8-8 实心部分 $\sigma_{max} = 113.7$ MPa; 空心部分 $\sigma_{max} = 100.3$ MPa, 强度是安全的。

8-9 $\sigma_{max}^{+} = 60.24$ MPa $> [\sigma]^{+}$, $\sigma_{max}^{-} = 45.18$ MPa $< [\sigma]^{+}$, 强度不安全。

8-10 $[q] = 15.68$ kN/m

8-11 No. 16

8-12 $a = 1.384$ m

*8-13 (1) $\dfrac{h}{b} = \sqrt{2}$ (正应力尽可能小); (2) $\dfrac{h}{b} = \sqrt{3}$ (曲率半径尽可能大)

*8-14 上半部分布力系合力大小为 143 kN(压力), 作用位置离中心轴 $y = 70$ mm 处, 即位于腹板与翼缘交界处。

8-15 略

8-16 略

8-17 $\sigma_A = -6$ MPa, $\sigma_B = -1$ MPa, $\sigma_C = 11$ MPa, $\sigma_D = 6$ MPa

8-18 (1) $h = 2b \geqslant 71.12$ mm; (2) $d \geqslant 52.4$ mm

8-19 No. 16

8-20 $\dfrac{\sigma_a}{\sigma_b} = \dfrac{4}{3}$

8-21 $\sigma_{max} = 140$ MPa

第 9 章

9-1～9-3 略

9-4 (a) $w_A = -\dfrac{7ql^4}{384EI}(\uparrow)$, $\theta_B = -\dfrac{ql^3}{12EI}$(逆时针)

(b) $w_A = \dfrac{5ql^4}{24EI}(\downarrow)$, $\theta_B = -\dfrac{ql^3}{12EI}$(顺时针)

9-5 略

9-6 略

9-7 $w = 0.0246$ mm, 刚度安全。

9-8 $d \geqslant 0.1117$ m，取 $d=112$ mm

9-9 No. 22a 槽钢

第 10 章

10-1 (a) $\sigma=-3.84$ MPa，$\tau=0.6$ MPa； (b) $\sigma=-0.625$ MPa，$\tau=-1.08$ MPa

10-2 $|\tau_\theta|=1.55$ MPa$>$1 MPa，不满足

10-3 $\sigma_x=-33.3$ MPa，$\tau_{xy}=-57.7$ MPa

10-4 $\sigma_x=37.97$ MPa，$\tau_{yx}=-74.25$ MPa

10-5 $|\tau_{xy}|<120$ MPa

10-6 (1) $\sigma=-30.09$ MPa，$\tau=-10.95$ MPa； (2) $\sigma=50.97$ MPa，$\tau=-14.66$ MPa；
* (3) $\sigma=20.88$ MPa，$\tau=25.59$ MPa

10-7 $\Delta r=0.34$ mm

10-8 (1) $\sigma_{r3}=135$ MPa； (2) $\sigma_{r1}=30$ MPa

10-9 (1) $\sigma_{r3}=120$ MPa，$\sigma_{r4}=111$ MPa； (2) $\sigma_{r3}=161$ MPa，$\sigma_{r4}=139.8$ MPa；
(3) $\sigma_{r3}=90$ MPa，$\sigma_{r4}=78.1$ MPa； (4) $\sigma_{r3}=90$ MPa，$\sigma_{r4}=78$ MPa

10-10 $d=37.6$ mm

10-11 $d \geqslant 65.8$ mm

10-12 $\sigma_{r3}=159$ MPa$>[\sigma]$，所以车轴 AB 不安全。

第 11 章

11-1～11-7 略

11-8 (1) $F_{Pcr}=118$ kN； (2) $n_w=1.685$，不安全； (3) $F_{Qcr}=73.5$ kN

11-9 $[F_P]=211.7$ kN

11-10 (1) $[F_P]=189.6$ N； (2) $[F_P]=68.9$ kN

11-11 $[F_P]=15.5$ kN

11-12 66.7°

第 12 章

12-1 $\sigma_{钢}=175$ MPa(压)，$\sigma_{铝}=61.25$ MPa(压)

12-2 (1) $F_P=172.1$ kN； (2) $\sigma_{铜}=84$ MPa，$\sigma_{铝}=56$ MPa

12-3 $x=\dfrac{5}{6}b$

12-4 $F_{N1}=\dfrac{5F_P}{6}$，$F_{N2}=\dfrac{F_P}{3}$，$F_{N3}=\dfrac{F_P}{6}$

12-5 略

12-6 $\sigma_1=16.2$ MPa，$\sigma_2=45.9$ MPa

12-7 $\sigma_{AC}=-100.8$ MPa，$\sigma_{CD}=-50.4$ MPa，$\sigma_{DB}=-100.8$ MPa

12-8 $M_A=32\,M_e/33$，$M_B=M_e/33$

12-9 $\varphi_B=\dfrac{ml}{2GI_{p2}}$

12-10　$F_C = 5F_P/4$，$M_{B\max}$ 减小 50%，$w_{B\max}$ 减小 39%

12-11　$F_B = 8.75$ kN

12-12　(A)

12-13　略

12-14　梁的安全因数：1.82；柱的安全因数：2.387

第 13 章

13-1　$\sigma_{d\max} = 59.1$ MPa

13-2　$\sigma_{d\max} = 23.4$ MPa

13-3　$F_B = \dfrac{mg}{4l}(\sqrt{3}l - h)$，$F_A = \dfrac{mg}{4l}(\sqrt{3}l + h)$

13-4　140 MPa（叶片根部应力最大）

13-5　$\sigma_{d\max} = \dfrac{mgl}{4W}\left(1 + \sqrt{1 + \dfrac{48EI(v^2 + gl)}{mg^2 l^3}}\right)$

13-6　$\sigma_d = 157$ MPa

13-7　(1) $r = 1$；　(2) $r = -1$

13-8　(1) $r = -1$；　(2) $r = 1$；　(3) $r = \dfrac{\delta - a}{\delta + a}$；　(4) $r = 0$

附录C 索 引

B

本构方程(constitutive equations)　262
比例极限(proportional limit)　114
变形(deformation)　13
变形体(deformation body)　6
变形效应(effect of deformation)　14
变形协调方程(compatibility equation)　262
标准试样(standard specimen)　113
不连续(discontinuity)　118
不稳定的(unstable)　241

C

材料的力学行为(mechanical behavior of materials)　71
材料科学(materials science)　71
材料力学(mechanics of materials)　5,69,71
长度系数(coefficient of length)　244
持久极限(endurance limit)　289
冲击载荷(impact load)　280
纯剪应力状态(shearing state of stress)　204
纯弯曲(pure bending)　153
脆性材料(brittle materials)　113
长细比(slenderness)　245

D

达朗贝尔惯性力(D'Alembert inertial force)　276
达朗贝尔原理(D'Alembert principle)　276
单位长度相对扭转角(angle of twist per unit length of the shaft)　130
单向应力状态(one dimensional state of stress)　204
等幅交变应力(alternative stress with equal amplitude)　292
等效力系(equivalent system of forces)　31
叠加法(superposition method)　188
定位矢量(fixed vector)　14
动荷系数(coefficient in dynamic load)　277

动静法(method of kineto statics)　276
动应力(dynamic stresses)　275
动载荷(dynamical load)　275
对称结构(symmetric structure)　270
对称面(symmetric plane)　152
对称循环(symmetrical reversed cycle)　286
多余约束(redundant constraint)　261

E

二力构件(members subjected to the action of two forces)　15

F

分布力(distributed force)　13
分叉屈曲(bifurcation buckling)　241
分叉载荷(bifurcation load)　241
分离体(isolated body)　23

G

固定端或插入端(fixed end support)　38
杆(bar)　7
杆件(bar 或 rod)　71
刚度(rigidity)　6,71
刚度(stiffness)　71
刚度失效(failure by lost rigidity)　5
刚度条件(criterion for stiffness design)　194
刚化原理(rigidity principle)　13
刚体(rigid body)　7,13
刚体系(system of rigid bodies)　52
各向同性(isotropy)　74
各向同性假定(isotropy assumption)　74
各向异性(anisotropy)　74
工程力学(engineering mechanics)　1,5
工程设计(engineering design)　71
固体力学(solid mechanics)　71
惯性半径(radius of gyration)　147
惯性积(product of inertia)　147

惯性矩(moment of inertia)　147
惯性力(inertial force)　276
光滑面约束(smooth surface constraint)　17
光滑圆柱铰链(smooth cylindrical pin)　18
广义胡克定律(generalization Hooke law)　218
辊轴支承(roller support)　17

H

合力矩定理(theorem of the moment of a resultant)　22
横弯曲(transverse bending)　153
宏观裂纹(macrocrack)　288
胡克定律(Hooke law)　81,106
滑移矢量(slip vector)　14,15
环向应力(hoop stress)　230

J

积分法(integration method)　186
畸变能密度(strain-energy density corresponding to the distortion)　221
畸变能密度准则(criterion of strain energy density corresponding to distortion)　224
极惯性矩(polar moment of inertia)　147
极限速度(limited velocity)　278
极限转速(limited rotational velocity)　278
极值点屈曲(limited point buckling)　246
集中力(concentrated force)　13
挤压应力(bearing stresses)　121
剪力(shearing force)　77
剪力方程(equation of shearing force)　92
剪力图(diagram of shearing force)　95
剪切(shearing)　73
剪切胡克定律(Hooke law in shearing)　131
剪应力或切应力(shearing stress)　78
剪应力成对定理(theorem of conjugate shearing stress)　129
简支梁(simple supported beam)　92
交变应力(alternative stress)　275
极限应力或危险应力(critical stress)　110
结晶各向异性(anisotropy of crystallographic)　74
截面二次极矩(second polar moment of an area)　147
截面二次轴矩(second moment of an area)　147
截面法(section-method)　78

截面一次矩(first moment of an area)　146
颈缩(neck)　114
静变形(statical deformation)　275
静不定次数(degree of statically indeterminate problem)　261
静不定结构(statically indeterminate structure)　53
静不定问题(statically indeterminate problem)　53,261
静定结构(statically determinate structure)　53
静定问题(statically determinate problem)　52,261
静矩(static moment)　146
静力学(statics)　5,11
静摩擦力(static friction force)　57
静摩擦因数(static friction factor)　57
静应力(statical stress)　275,286
静载荷(statical load)　275
局部平衡(local equilibrium)　84
局部应力(localized stresses)　118
均匀连续性假定(homogenization and continuity assumption)　74

K

空间力系(system of forces in different planes)　31
控制面(control cross-section)　85
库仑摩擦定律(Coulomb law of friction)　57
块体(body)　7

L

拉杆(bar in tension)　73
拉伸(或压缩)刚度(tensile or compression rigidity)　106
拉伸或压缩(tension or compression)　73
力(force)　14
力的可传性定理(principle of transmissibility of a force)　15
力的三要素(three elements of a force)　15
力对点之矩(moment of a force about a point)　20
力对轴之矩(moment of a force about an axis)　21

力矩中心(center of moment)　20
力偶(couple)　32
力偶臂(arm of couple)　32
力偶矩矢量(moment vector of a couple)　33
力偶系(system of couples)　34
力偶作用面(couple plane)　32
力系(system of forces)　11,14
力系简化(reduction of force system)　15,32
力向一点平移定理(theorem of translation of a force)　32
力学性能(mechanical properties)　71
梁(beam)　7,73
临界点(critical point)　241
临界应力(critical stress)　245
临界应力总图(figures of critical stresses)　246
临界载荷(critical load)　241

M

脉冲循环(fluctuating cycle)　286
面内最大剪应力(maximum shearing stresses in plane)　209
面内最小剪应力(minimum shearing stresses in plane)　209
名义应力(nominal stress)　287
摩擦(friction)　56
摩擦角(angle of friction)　62
莫尔应力圆(Mohr circle for stresses)　212

N

挠度(deflection)　183
挠度方程(deflection equation)　183
挠度曲线(deflection curve)　182
内力(internal force)　23,53
内力分量(components of internal forces)　77
内力主矩(principal moment of internal forces)　77
内力主矢(resultant vector of internal forces, principal vector of internal forces)　77
内约束(external constraint)　54
内约束力(internal constraint force)　54
扭矩(torsional moment,torque)　78
扭矩图(diagram of torsional moment)　88
扭转(torsion)　73,127

扭转变形(twist deformation)　128
扭转刚度(torsional rigidity)　132
扭转截面模量(section modulus in torsion)　132

P

泊松比(Poisson ratio)　107
疲劳(fatigue)　275
平衡的必要与充分条件(conditions both of necessary and sufficient for equilibrium)　43
平衡方程(equilibrium equations)　44
平衡构形(equilibrium configuration)　240
平衡构形分叉(bifurcation of equilibrium configuration)　241
平衡力系(equilibrium systems of forces)　43
平衡路径(equilibrium path)　241
平衡路径分叉(bifurcation of equilibrium path)　241
平衡条件(equilibrium conditions)　43
平均应力(average stress)　221
平均应力(mean stress)　286
平面假定(plane assumption)　154
平面力系(system of forces in a plane)　31
平面弯曲(plane bending)　153
平面应力状态(plane state of stresses)　205

Q

壳(shell)　7
强度(strength)　6,71
强度极限(strength limit)　114
强度设计(strength design)　110
强度设计准则(criterion for strength design)　110
强度失效(failure by lost strength)　5
强化(strengthening)　114
翘曲(warping)　138
切变模量(shearing modulus)　81,131
切应变(shearing strain)　81
球形铰链(ball-socket joint)　20
屈服(yield)　114
屈服强度(yield stress)　114
屈曲(buckling)　241
屈曲模态(buckling mode)　243
屈曲模态幅值(amplitude of buckling mode)　243
屈曲失效(failure by buckling)　238,241

缺口敏感因数(notch sensitivity factor) 290

R

扰动(disturbance) 241
热应力(thermal stress) 269
韧性材料(ductile materials) 113
柔索(cable) 17

S

三铰拱(three-pin arch, three hinged arch) 55
圣维南原理(Saint-Venant principle) 118
失稳(lost stability) 241
失效(failure) 5,71
失效应力(failure stress) 115
矢径(position vector) 20
矢量(vector) 14
受约束体(constrained body) 17
水平位移(horizontal displacement) 183

T

弹性极限(elastic limit) 114
条件屈服应力(offset yield stress) 114
体积改变能密度(strain-energy density corresponding to the change of volume) 221
弹性模量(modulus of elasticity) 81
弹性曲线(elastic curve) 182
弹性体平衡原理(equilibrium principle for elastic body) 84

W

外力(external force) 23,53
外伸梁(overhanding beam) 97
外约束力(external constraint force) 54
弯矩(bending moment) 78
弯矩方程(equation of bending moment) 92
弯矩图(diagram of bending moment) 95
弯曲(bend) 73
弯曲刚度(bending rigidity) 155
微裂纹(microcrack) 288
位移(displacement) 13,183
位错(dislation) 288
稳定的(stable) 241
稳定失效(failure by lost stability) 5

稳定性(stability) 6,71
稳定性设计(stability design) 249
稳定性设计准则(criterion of design for stability) 250
稳定性失效(failure by lost stability) 238

X

相当弯矩(equivalent bending moment) 228
相当应力(equivalent stress) 234
小变形假定(assumption of small deformation) 75
小挠度微分方程(differencial equation for small deflection) 185
协调(compatibility) 75
斜弯曲(skew bending) 165
形心(centroid of an area) 146
许用应力(allowable stress) 110
许用载荷(allowable load) 110

Y

压杆稳定性的静力学准则(statical criterion for elastic stability) 241
杨氏模量(Young's modulus) 81
移轴定理(parallel-axis theorem) 148
应变能(strain energy) 220
应变能密度(strain-energy density) 220
应变硬化(strain hard) 121
应力(stress) 78
应力-应变曲线(stress-strain curve) 113
应力比(stress ratio) 286
应力分析(stress analysis) 71
应力幅值(stress amplitude) 286
应力集中(stress concentration) 118
应力集中因数(factor of stress concentration) 118
应力强度(stress strength) 234
应力循环(stress cycle) 285
应力圆(stress circle) 211
应力状态(stress state at a point) 204
有效长度(effective length) 244
有效应力集中因数(effective stress concentration factor) 290
约束(constraint) 17

运动效应(effect of motion)　14

Z

正应变或线应变(normal strain)　80
正应力(normal stress)　78
中性面(neutral surface)　154
中性轴(neutral axis)　154
轴(shaft)　7,73
轴力(normal force)　77
轴力图(diagram of normal force)　86
轴向载荷(normal load)　85
主惯性矩(principal moment of inertia of an area)　150
主矩(principal moment)　31
主平面(principal plane)　207
主方向(principal direction)　208
主矢(principal vector)　31
主应变(principal strain)　219
主应力(principal stress)　208
主轴(principal axes)　150
主轴平面(plane including principal axes)　153

柱(column)　7,73
转角(slope)　183
转轴定理(rotation-axis theorem)　149
装配应力(assemble stress)　269
自锁(lockself)　62
自由体(free body)　17
纵向应力(longitudinal stress)　230
整体平衡或总体平衡(overall equilibrium)　84
组合受力与变形(complex loads and deformation)　73
最大剪应力准则(maximum shearing stress criterion)　223
最大静摩擦力(maximum static friction force)　57
最大拉应变准则(maximum tensile strain criterion)　222
最大拉应力准则(maximum tensile stress criterion)　221
最大应力(maximum stress)　286
最小应力(minimum stress)　286

主要参考书目

1. 范钦珊主编.工程力学[M].北京:清华大学出版社,2005.
2. 范钦珊主编.工程力学教程:第Ⅰ卷[M].北京:高等教育出版社,1998.
3. 范钦珊主编.工程力学[M].北京:高等教育出版社,2007.
4. 范钦珊主编.工程力学[M].北京:机械工业出版社,2002.
5. 范钦珊主编.材料力学[M].北京:清华大学出版社,2004.
6. 范钦珊主编.理论力学[M].北京:清华大学出版社,2004.
7. 范钦珊主编.应用力学[M].北京:中央广播电视大学出版社,1999.
8. Johnstton B. Mechanics of materials[M]. 2nd ed. New York:McGraw Hill,1985.
9. Roylance D. Mechanics of materials[M]. New York:John Wiley & Sons Inc.,1996.
10. Benham P P,Crawford. R J. Mechanics of materials[M]. London:Longman.,1987.